卫星导航定位技术系列丛书

北斗导航定位技术及其应用

BEIDOU DAOHANG DINGWEI JISHU JIQI YINGYONG

主　编　田建波　陈　刚
副主编　陈明剑　李俊毅　荆　炜
　　　　刘　兵　盖鹏飞　王广兴

中国地质大学出版社
ZHONGGUO DIZHI DAXUE CHUBANSHE

图书在版编目(CIP)数据

北斗导航定位技术及其应用/田建波,陈刚主编. —武汉:中国地质大学出版社,2017.4
(2024.1重印)(卫星导航定位技术系列丛书)
ISBN 978-7-5625-4024-3

Ⅰ. ①北…
Ⅱ. ①田…②陈…
Ⅲ. ①卫星导航-全球定位系统-介绍-中国
Ⅳ. ①P228.4

中国版本图书馆CIP 数据核字(2017)第062081号

北斗导航定位技术及其应用		田建波　陈　刚　主编
责任编辑:胡珞兰	选题策划:蓝　翔	责任校对:张咏梅

出版发行:中国地质大学出版社(武汉市洪山区鲁磨路388号)	邮编:430074
电　　话:(027)67883511　　传　真:(027)67883580	E-mail:cbb @ cug.edu.cn
经　　销:全国新华书店	Http://www.cugp.cug.edu.cn
开本:787毫米×1092毫米　1/16	字数:350千字　印张:13.75
版次:2017年4月第1版	印次:2024年1月第2次印刷
印刷:湖北睿智印务有限公司	
ISBN 978-7-5625-4024-3	定价:68.00元

如有印装质量问题请与印刷厂联系调换

前 言

北斗卫星导航定位系统是我国自主研发的全球卫星导航定位系统。在研发过程中,结合我国国情,科学合理地提出北斗卫星导航定位系统建设的"三步走"规划:第一步是试验阶段,即用2颗地球同步静止轨道卫星来完成试验任务,为北斗卫星导航定位系统建设积累技术经验、培养人才,研制一些地面应用基础设施设备等;第二步是到2012年,发射14颗卫星,建成覆盖亚太区域的北斗卫星导航定位系统(即"北斗二号"区域系统),为亚太地区用户提供定位、测速、授时、广域差分和短报文通信服务;第三步是建设北斗全球卫星导航定位系统,2020年前后,将完成35颗卫星发射组网,为全球用户提供服务。

1984年初我国开始酝酿利用地球静止轨道卫星进行导航定位的技术方案,1994年,我国正式开始北斗卫星导航试验系统("北斗一号")的研制。2000年10月31日,第一颗"北斗一号"实验导航卫星升空;2007年4月14日,成功将第一颗实用北斗导航卫星送入太空;2010年1月17日,将第三颗北斗导航卫星送入预定轨道,"北斗一号"卫星导航系统正式运行。

2004年,中国启动了具有全球导航能力的北斗卫星导航系统的建设("北斗二号");2010年4月29日军用标准时间正式启用,并通过北斗导航系统进行发播;2011年12月28日起,开始向中国及周边地区提供连续的导航定位服务;2012年10月1日"长河二号"授时系统开始发播军用标准时间。2012年底我国完成14颗卫星的发射,形成区域服务能力,"北斗二号"正始运行,向亚太大部分地区正式提供连续无源定位、导航、授时等服务。

2013年起陆续发射组网卫星,至2020年将完成35颗卫星发射,形成全球范围内服务能力。

本书从北斗卫星组成、坐标系统、时间系统、导航定位的基本原理及应用等方面,相对全面地介绍了整个北斗系统的构成,为大家了解及应用北斗导航定位系统提供参考。

本书由解放军第一测绘导航基地田建波,中国地质大学(武汉)陈刚,解放军信息工程大学陈明剑、李俊毅,解放军卫星定位总站荆炜等编写完成。其中第1章、第3章、第7章由田建波编写;第2章、第6章由刘兵、盖鹏飞编写;第8章由荆炜、田建波编写;第4章由李俊毅编写;第5章由陈明剑编写;第9章及附录由陈刚、王广兴编写。全书由田建波、陈刚统稿。书内插图由解放军第一测绘导航基地韩雪峰完成,封面由解放军第一测绘导航基地崔旭钊设计。在全书的编写过程中,石家庄经纬度科技有限公司、西安测绘研究所、北京卫星导航定位总站均提供了大量资料和建议。

本书在编写过程中参阅和引用了国内外有关学者的著作和发表的文献资料,在此对这些作者们表示感谢!

由于作者水平有限,书中疏漏或不正确之处在所难免,敬请读者批评指正。

作者

2016年11月

目　录

1 北斗导航系统概述 …………………………………………………………… (1)
　1.1 北斗卫星导航系统发展历程 ……………………………………………… (2)
　1.2 北斗卫星导航系统特点 …………………………………………………… (4)
　1.3 系统应用 …………………………………………………………………… (6)
2 北斗的坐标及时间系统 ……………………………………………………… (10)
　2.1 几种常用地心坐标系 ……………………………………………………… (10)
　2.2 北斗的坐标系统 …………………………………………………………… (14)
　2.3 时间系统 …………………………………………………………………… (15)
　2.4 北斗授时 …………………………………………………………………… (24)
3 北斗系统构成 ………………………………………………………………… (26)
　3.1 "北斗一号"导航系统 ……………………………………………………… (26)
　3.2 "北斗二号"导航系统 ……………………………………………………… (29)
　3.3 北斗全球卫星导航定位系统 ……………………………………………… (38)
　3.4 卫星轨道 …………………………………………………………………… (39)
　3.5 北斗系统空间信号特征 …………………………………………………… (43)
　3.6 北斗系统服务性能特征 …………………………………………………… (45)
4 北斗导航基本原理 …………………………………………………………… (46)
　4.1 伪距定位原理 ……………………………………………………………… (46)
　4.2 载波相位定位原理 ………………………………………………………… (51)
　4.3 基于多频观测数据线性组合 ……………………………………………… (59)
　4.4 常用周跳探测与修复方法 ………………………………………………… (64)
　4.5 多频观测数据在模糊度解算中的应用 …………………………………… (72)
5 北斗卫星星历 ………………………………………………………………… (84)
　5.1 BDS 广播星历 ……………………………………………………………… (84)
　5.2 北斗精密星历 ……………………………………………………………… (91)
　5.3 北斗导航电文介绍 ………………………………………………………… (94)
6 北斗测量与应用 ……………………………………………………………… (101)
　6.1 相对定位测量 ……………………………………………………………… (101)
　6.2 测速与定向 ………………………………………………………………… (103)
　6.3 影响相对测量误差的因素 ………………………………………………… (106)
7 网络 RTK(CORS) 系统 ……………………………………………………… (113)
　7.1 国内外 CORS 情况 ………………………………………………………… (113)

7.2　CORS 系统的组成 …………………………………………………… (115)
　　7.3　RTCM 电文与 NTRIP 协议 …………………………………………… (117)
　　7.4　综合误差内插法(CBI)技术 …………………………………………… (125)
　　7.5　区域改正参数(FKP)技术 ……………………………………………… (127)
　　7.6　虚拟参考站技术 ………………………………………………………… (128)
　　7.7　主辅站技术(MAC) ……………………………………………………… (132)
　　7.8　广播式网络 RTK 技术 ………………………………………………… (143)
　　7.9　CORS 系统建设 ………………………………………………………… (145)
　　7.10　移动 CORS 系统 ……………………………………………………… (159)
　　7.11　应用服务 ………………………………………………………………… (165)
8　北斗设备及测试 …………………………………………………………………… (168)
　　8.1　北斗导航接收机构成 …………………………………………………… (168)
　　8.2　导航设备 ………………………………………………………………… (170)
　　8.3　北斗定时型接收机 ……………………………………………………… (178)
　　8.4　车载北斗定向仪 ………………………………………………………… (190)
　　8.5　北斗测量设备 …………………………………………………………… (191)
9　北斗技术应用 ……………………………………………………………………… (194)
　　9.1　灾害监测 ………………………………………………………………… (194)
　　9.2　交通运输与特殊车辆管理 ……………………………………………… (198)
　　9.3　精准化农业 ……………………………………………………………… (199)
　　9.4　在林业工作中的应用 …………………………………………………… (203)
　　9.5　在军事上的应用 ………………………………………………………… (205)
　　9.6　在电力系统的应用 ……………………………………………………… (206)
缩略语 …………………………………………………………………………………… (208)
参考文献 ………………………………………………………………………………… (210)

1 北斗导航系统概述

中国北斗卫星导航系统(BeiDou Navigation Satellite System,BDS)(以下也可简称北斗系统)是我国自行研制的全球卫星定位与通信系统,是继美国全球卫星定位系统(Global Positioning System,GPS)和俄罗斯全球卫星导航系统(GLONASS)之后第三个成熟的卫星导航系统。系统由空间端、地面端和用户端组成,可在全球范围内全天候和全天时为各类用户提供高精度和高可靠的定位、导航、授时服务,并具短报文通信能力,已经初步具备区域导航、定位和授时能力,定位精度优于20m,授时精度优于100ns。2012年12月27日,北斗系统空间信号接口控制文件正式版1.0正式公布,北斗导航业务正式对亚太地区提供无源定位、导航、授时服务。

自1957年10月4日苏联第一颗人造卫星上天,约翰·霍普金斯大学应用物理研究所的弗兰克·T·麦柯卢尔利用乔治·C·韦范巴赫和威廉·H·吉尔发现的多普勒效应,发明了第一个卫星导航系统。美国1960年发射第一颗子午仪卫星,1963年系统建成,由6颗卫星组成,1964年服役,1967年向民用开放,1996年正式退役,为美国海军和民用用户服务了33年。苏联于1967年11月27日发射了第一颗导航卫星,1979年系统交付使用,由4颗卫星组成,位于高度在1 000km的圆轨道上,倾角83°,沿赤道均匀分布。根据当时情况,我国在20世纪60年代末也有过一个类似于"子午仪"的研制计划,但直到1984年初才开始酝酿利用地球静止轨道卫星进行导航定位的技术方案。首先由陈芳允院士提出,利用两颗地球静止轨道卫星测定用户位置的卫星定位系统的概念,可见,这个概念与美国和苏联的"子午仪"卫星系统相差很大,难度也可想而知。与此同时,美国Gerard K. O'Neill博士也进行了同样的研究。1985年7月,美国联邦通信委员会(FCC)以导航和个人通信为目标,命名为卫星无线电测定业务(RDSS),1986年6月FCC批准了这个标准,并得到国际电信联盟的认可。中国的"北斗一代"卫星导航系统就是在RDSS基础上开始研制的。这种导航系统的特点是,由用户以外的中心控制系统通过用户对卫星信号的询问、应答获得距离观测量,由中心控制系统计算用户的位置坐标,并将此信息传送给用户。这种具有导航和通信功能的系统,有效地将导航定位与通信相结合,为用户提供极大方便。1994年"双星导航定位系统"正式立项,2000年10月31日、12月21日成功发射了两颗北斗卫星,建成了中国第一代卫星导航定位系统("北斗一代",图1-1),2003年5月25日发射了第三颗北斗导航卫星,使系统进入稳定运行阶段。

在经历了第一代卫星导航系统研制与应用后,各国在不同条件下,开始了第二代卫星导航系统的研制与建设。1964年美国在第一代导航系统投入使用不久,就着手进行新一代卫星导航系统的研究工作,1973年美国国防部正式批准美陆、海、空三军共同研究国防卫星导航系统——全球定位系统(GPS),由24颗高度为20 200km的卫星形成空间部分——卫星星座。自1978年开始,共成功发射了10颗试验卫星(BLOCK I)。在试验成功的基础上,1989年开始发射正式导航卫星BLOCK II和BLOCK II R,1995年发射完毕。苏联1982年10月12日发射了第一颗GLONASS卫星,1996年1月18日宣布GLONASS建成,空间部分由24颗卫星组成。

图 1-1 "北斗一代"导航卫星

1.1 北斗卫星导航系统发展历程

1970年代,中国开始研究卫星导航系统的技术和方案,但之后这项名为"灯塔"的研究计划被取消。1983年,中国航天专家陈芳允提出使用两颗静止轨道卫星实现区域性的导航功能,1989年,中国使用通信卫星进行试验,验证了其可行性。1994年,中国正式开始北斗卫星导航试验系统("北斗一号")的研制,2007年4月14日4时11分,我国在西昌卫星发射中心用"长征三号甲"运载火箭,成功将第一颗北斗导航卫星送入太空;2009年4月15日零时16分,中国成功将第二颗北斗导航卫星送入预定轨道。2010年1月17日0时12分,将第三颗北斗导航卫星送入预定轨道,这标志着北斗卫星导航系统工程建设迈出重要一步,卫星组网正按计划稳步推进。

2004年,中国启动了具有全球导航能力的北斗卫星导航系统的建设("北斗二号")。2007年2月3日,"北斗一号"第四颗卫星发射成功,该卫星不仅作为早期三颗卫星的备份,同时还将进行北斗卫星导航定位系统的相关试验。至此,"北斗一号"已有4颗卫星在太空遨游,组成了完整的卫星导航定位系统,确保全天候、全天时提供卫星导航资讯。

2009年起,后续卫星陆续发射。2010年4月29日军用标准时间正式启用,并通过北斗导航系统进行发播;2011年12月28日起,开始向中国及周边地区提供连续的导航定位服务;2012年10月1日"长河二号"授时系统开始发播军用标准时间。2012年12月27日起,形成区域服务能力,"北斗二号"(图1-2)正始运行,系统在继续保留北斗卫星导航试验系统有源定位、双向授时和短报文通信服务的基础上,向亚太大部分地区正式提供连续无源定位、导航、授时等服务;民用服务与GPS一样免费。

1.1.1 系统规化

北斗卫星导航试验系统(也称"双星定位导航系统")为我国"九五"项目,其工程代号取名为"北斗一号"。结合我国国情,科学合理地提出并制订自主研制实施北斗卫星导航系统建设的"三步走"规划:第一步是试验阶段,即用少量卫星利用地球同步静止轨道来完成试验任务,为北斗卫星导航系统建设积累技术经验、培养人才,研制一些地面应用基础设施设备等。1994年,启动"北斗一号"系统工程建设;2000年,发射2颗地球静止轨道卫星,建成系统并投入使

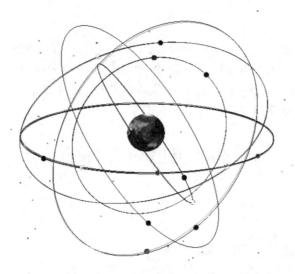

图1-2 "北斗二号"卫星

用,采用有源定位体制,为中国用户提供定位、授时、广域差分和短报文通信服务;2003年,发射第三颗地球静止轨道卫星,进一步增强系统性能。第二步是到2012年,发射14颗卫星,由5颗地球静止轨道卫星、5颗假倾斜轨道卫星和4颗中轨卫星组成,建成覆盖亚太区域的北斗卫星导航定位系统(即"北斗二号"区域系统)。"北斗二号"系统在兼容"北斗一号"技术体制的基础上,增加无源定位体制,为亚太地区用户提供定位、测速、授时、广域差分和短报文通信服务。第三步是建设北斗全球卫星导航定位系统。2009年,启动北斗全球卫星导航定位系统建设,继承北斗有源服务和无源服务两种技术体制;计划2018年,面向"一带一路"沿线及周边国家提供基本服务;2020年前后,将完成35颗卫星发射组网(图1-3),为全球用户提供服务。

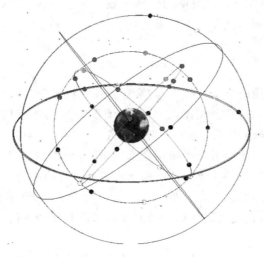

图1-3 35颗北斗导航卫星示意图

1.1.2 实现目标

北斗卫星导航系统致力于向全球用户提供高质量的定位、导航和授时服务,包括开放服务和授权服务两种方式。开放服务是向全球免费提供定位、测速和授时服务,定位精度20m,测速精度0.2m/s,授时精度10ns。授权服务是为有高精度、高可靠卫星导航需求的用户,提供定位、测速、授时和通信服务以及系统完好性信息。

1.2 北斗卫星导航系统特点

1.2.1 定位方式

北斗定位系统定位方式有:有源定位和无源定位两种。

(1)有源定位。用户终端通过导航卫星向地面控制中心发出一个申请定位的信号,之后地面控制中心发出测距信号,根据信号传输的时间得到用户与两颗卫星的距离。除了这些信息外,地面控制中心还有一个数据库,为地球表面各点至地球球心的距离,当认定用户也在此不均匀球面的表面时,交会定位的条件已经全部满足,控制中心可以计算出用户的位置,并将信息发送到用户的终端。北斗的试验系统完全基于此技术,而之后的北斗卫星导航系统除了使用新的技术外,也保留了这项技术。

(2)无源定位。用户终端不需要向控制中心发出申请,而是接收4颗导航卫星发出的信号,可以自行计算其空间位置。此即为GPS所使用的技术,北斗卫星导航系统也使用了此技术来实现全球的卫星定位。

根据导航卫星的信号覆盖范围,卫星导航系统还可分为区域卫星导航系统和全球卫星导航系统。区域系统有中国的北斗导航试验系统、印度的区域导航卫星系统(IRNSS)等,全球系统有美国的全球定位系统(GPS)、俄罗斯的全球导航卫星系统(GLONASS)以及欧洲的"伽利略"(GALILEO)系统和中国的北斗卫星导航系统。

1.2.2 码分多址技术

北斗卫星导航系统使用码分多址技术,与全球定位系统和伽利略定位系统一致,而不同于GLONASS的频分多址技术。两者相比,码分多址有更高的频谱利用率,在L波段的频谱资源非常有限的情况下,选择码分多址是更妥当的方式。

码分多址技术允许所有使用者同时使用全部频带,每个用户分配一个特殊的地址码,在接收端只有用与发射信号相匹配的接收机才能检出与发射地址码相符合的信号。

频分多址是将可以使用的总频带分割为若干互不相交的频带(子频带),将每个子频带分配给一个特殊的用户使用,在接收端使用带通滤波器滤出其他频率信号,从而获取自身频率信号。

在技术发展上,先有频分多址方式,后来出现码分多址方式,可以说后者比前者更先进。设计一个技术比较先进的导航星座,选择码分多址方式调制导航信号,在很多方面比频分多址方式更具优越性,例如:抗干扰性能、与其他导航系统的兼容、接收机的设计等。而且,在相同指标约束下,使用频分多址的方式调制导航信号,无论对空间段还是用户机而言,实现起来技术复杂度都要高一些。

另外,从系统设计的角度,码分多址对频谱的利用率更高。由于目前L频段的频谱资源极其有限,已经不能像GLONASS设计的年代那样"奢侈"地使用频率资源了,因此北斗和GPS、伽利略一样采用了码分多址方式。

1.2.3 北斗信号频率

北斗卫星导航系统的官方宣布,在L波段和S波段发送导航信号,在L波段的B1、B2、B3频点(B1频点为1 559.052~1 591.788MHz;B2频点为1 166.220~1 217.370MHz;B3频点为1 250.618~1 286.423MHz)上发送服务信号,包括开放的信号和需要授权的信号。

国际电信联盟分配了E1(1 590MHz)、E2(1 561MHz)、E6(1 269MHz)和E5B(1 207MHz)四个波段给北斗卫星导航系统,这与伽利略定位系统使用或计划使用的波段存在重合。然而,根据国际电信联盟的频段先占先得政策,若北斗系统先行使用,即拥有使用相应频段的优先权。2007年,中国发射了北斗之后,在相应波段上检测到信号:1 561.098±2.046MHz,1 589.742MHz,1 207.14±12MHz,1 268.52±12MHz,以上波段与伽利略定位系统计划使用的波段重合,与全球卫星定位系统的L波段也有小部分重合。

1.2.4 北斗卫星组成

"北斗二号"卫星导航系统由空间段、控制段和用户段3个部分组成。空间段由14颗工作卫星组网,其中有5颗静止地球同步轨道卫星(GEO)、5颗倾斜地球同步轨道卫星(IGSO)和4颗中圆轨道卫星(MEO)。所有卫星均提供无线电导航业务,GEO卫星还提供无线电测定业务。

采用3种轨道卫星的组合,其好处在于,通过较少的卫星数量,就能使"北斗"区域系统实现对覆盖区服务性能的保证。实际上,在目前的"北斗"区域系统中,通过地球静止轨道卫星和倾斜地球同步轨道卫星就能保证区域内服务性能的要求,可以不需要4颗中圆轨道卫星。但是,从未来北斗全球系统的整个发展和规划来讲,主要还是依赖于中圆轨道卫星来保证全球覆盖。

从北斗系统"三步走"的发展战略部署来看,先解决区域问题,然后再全球覆盖,所以在区域系统中必须要部署地球静止轨道卫星和倾斜地球同步轨道卫星,同时,又要考虑下一步的全球系统建设,因此在目前的区域系统中开展了必要的技术验证,包括对这种混合星座进行评估。

具体来说,中圆轨道卫星所起的作用主要有3个方面:第一,可以验证混合星座的可行性,看看是否能达到预先设计的指标。第二,从系统的可靠性和稳定性上来说,4颗中圆轨道卫星可以对"5+5"的星座部署起到周期性的改善作用;如果有一两颗在轨的倾斜地球同步轨道卫星发生故障,那么中圆轨道卫星可以通过轨道调整,起到替代失效卫星的作用,也就是说,中圆轨道卫星具有在轨备份的功能。第三,为未来部署全球导航系统提供经验。

1.2.5 北斗系统的发展特色

北斗系统的建设实践,实现了在区域快速形成服务能力、逐步扩展为全球服务的发展路径,丰富了世界卫星导航事业的发展模式。

北斗系统具有以下特点：一是空间段采用3种轨道卫星组成的混合星座，与其他卫星导航系统相比高轨卫星更多，抗遮挡能力强，尤其低纬度地区性能特点更为明显；二是提供多个频点的导航信号，能够通过多频信号组合使用等方式提高服务精度；三是创新融合了导航与通信能力，具有实时导航、快速定位、精确授时、位置报告和短报文通信服务五大功能。

1.2.6 持续提升北斗系统性能

为满足日益增长的用户需求，北斗系统将加强卫星、原子钟、信号体制等方面的技术研发，探索发展新一代导航定位授时技术，持续提升服务性能。

（1）提供全球服务。发射新一代导航卫星，研制更高性能的星载原子钟，进一步提高卫星性能与寿命，构建稳定可靠的星间链路；增发更多的导航信号，加强与其他卫星导航系统的兼容与互操作，为全球用户提供更好的服务。

（2）增强服务能力。大力建设地面试验验证系统，实现星地设备全覆盖测试验证；持续建设完善星基和地基增强系统，大幅提高系统服务精度和可靠性；优化位置报告及短报文通信技术体制，扩大用户容量，拓展服务区域。

（3）保持时空基准。北斗系统时间基准（北斗时），溯源于协调世界时，时差信息在导航电文中发播；推动与其他卫星导航系统开展时差监测，提高兼容与互操作性能。发展基于北斗系统的全球位置标识体系，推动北斗系统坐标框架与其他卫星导航系统的互操作，并不断精化参考框架（中国北斗卫星导航系统白皮书）。

1.3 系统应用

中国积极培育北斗系统的应用开发，打造由基础产品、应用终端、应用系统和运营服务构成的北斗产业链，持续加强北斗产业保障、推进和创新体系，不断改善产业环境，扩大应用规模，实现融合发展，提升卫星导航产业的经济和社会效益。

1.3.1 构建产业保障体系

（1）出台有关产业政策。中国已制订了卫星导航产业发展规划，对卫星导航产业中长期发展进行了总体部署，鼓励国家部门与地方政府出台支持北斗应用与产业化发展的有关政策。

（2）营造公平的市场环境。努力建立竞争有序的导航产业发展环境，提高资源配置效益和效率；鼓励并支持国内外科研机构、企业、高等院校和社会团体等组织，积极开展北斗应用开发，充分释放市场活力。

（3）加强标准化建设。2014年，成立了全国北斗卫星导航标准化技术委员会，建立并完善北斗卫星导航标准体系，推动标准验证与实施，着力推进基础、共性、急需标准的制（修）订，全面提升卫星导航标准化发展的整体质量效益。

（4）构建产品质量体系。着力建立健全卫星导航产品质量保障公共服务平台，积极推进涉及安全领域的北斗基础产品及重点领域应用产品的第三方质量检测、定型及认证，规范卫星导航应用服务和运营，培育北斗品牌。逐步建立卫星导航产品检测和认证机构，强化产品采信力度，促进北斗导航产品核心竞争力的全面提升，推动北斗导航应用与国际接轨。

(5)建设位置数据综合服务体系。基于北斗增强系统,鼓励采取商业模式,形成门类齐全、互联互通的位置服务基础平台,为地区、行业和大众共享应用提供支撑服务。

1.3.2 构建产业应用推进体系

(1)推行国家关键领域应用。在涉及国家安全和国民经济发展的关键领域,着力推进北斗系统及兼容其他卫星导航系统的技术与产品的应用,为国民经济稳定安全运行提供重要保障。

(2)推进行业和区域应用。推动卫星导航与国民经济各行业的深度融合,开展北斗行业示范,形成行业综合应用解决方案,促进交通运输、国土资源、防灾减灾、农林水利、测绘勘探、应急救援等行业转型升级。鼓励结合"京津冀协同发展""长江经济带"以及"智慧城市发展"等国家区域发展战略需求,开展北斗区域示范,推进北斗系统市场化、规模化应用,促进北斗产业和区域经济社会发展。

(3)引导大众应用。面向智能手机、车载终端、穿戴式设备等大众市场,实现北斗产品小型化、低功耗、高集成,重点推动北斗兼容其他卫星导航系统的定位功能成为车载导航、智能导航的标准配置,促进在社会服务、旅游出行、弱势群体关爱、智慧城市等方面的多元化应用。

1.3.3 构建产业创新体系

(1)加强基础产品研发。突破核心关键技术,开发北斗兼容其他卫星导航系统的芯片、模块、天线等基础产品,培育自主的北斗产业链。

(2)鼓励创新体系建设。鼓励支持卫星导航应用技术重点实验室、工程(技术)研究中心、企业技术中心等创新载体的建设和发展,加强工程实验平台和成果转化平台能力建设,扶持企业发展,加大知识产权保护力度,形成以企业为主体、产学研用相结合的技术创新体系。

(3)促进产业融合发展。鼓励北斗与互联网+、大数据、云计算等融合发展,支持卫星导航与移动通信、无线局域网、伪卫星、超宽带、自组织网络等信号的融合定位及创新应用,推进卫星导航与物联网、地理信息、卫星遥感/通信、移动互联网等新兴产业融合发展,推动大众创业、万众创新,大力提升产业创新能力。(中国北斗卫星导航系统白皮书)

北斗卫星导航系统除具有导航定位、守时功能外,还具有通信功能,这就决定了它在应用方面比GPS更广泛。GPS只能确定使用者的位置,而北斗不仅能确定使用者位置,还能让别人知道他的位置,这一特点,在抢险救灾中尤为重要。

北斗卫星导航试验系统自2003年正式提供服务以来,我国卫星导航应用在理论研究、应用技术研发、接收机制造及应用与服务等方面取得了长足进步。随着北斗系统建设和无源导航定位服务能力的发展,北斗和其他卫星导航系统的多模芯片、天线、板卡等关键技术已取得突破,掌握了自主知识产权,实现了产品化,在交通运输、海洋渔业、水文监测、气象测报、森林防火、通信系统、电力调度、救灾减灾和国家安全等领域得到广泛应用,产生了显著的社会效益和经济效益。特别是在南方冰冻灾害、四川汶川和青海玉树抗震救灾、北京奥运会、上海世博会以及纪念抗日战争胜利70周年阅兵期间发挥了重要作用。

1.3.3.1 军事应用方面

北斗卫星导航定位系统基本上是以满足商用服务为主,虽然目前军事用途仍有限,不过它仍具有雄厚的军事应用潜力,这也是我国未来发展的重点。理由很简单,虽然我国卫星导航定位应用近年来发展迅速,但是绝大多数的军民应用范畴都是建立在美国GPS之上。一旦美国关闭GPS或加大民用码误差,众多行业将受重大影响。所以我国必须未雨绸缪,发展自主的卫星导航定位系统。

其实北斗卫星导航定位系统的军事功能与GPS类似,如飞机、导弹、水面舰艇和潜艇的定位导航;弹道导弹机动发射车、自行火炮与多管火箭发射车等武器载具发射位置的快速定位,以缩短反应时间;人员搜救、水上排雷定位等。不过,因运作方式不同,北斗卫星导航定位系统有一些GPS不具备的军事功能,其中最重要的就是部队的指挥管制。由于北斗卫星导航定位系统的简短通信功能可进行"群呼",如集团用户中心发出的各种指令经"北斗"指挥型用户机上传至"北斗"卫星,接着转给地面控制中心,再经出站链路传至"北斗"卫星向目标用户转发,使得集团用户中心可对其下属用户进行指挥调度。另外,当用户提出申请或按预定间隔时间进行定位时,不仅用户知道自己的测定位置,而且其调度指挥的上层单位或其他有关单位也可得知用户所在位置。

这项功能用在军事上,意味着可主动进行各级部队的定位,也就是说我军各级部队一旦配备北斗卫星导航定位系统,除了可供自身定位导航外,高层指挥部也可随时通过北斗系统掌握部队位置,并传递相关命令,对任务的执行有相当大的助益。换言之,我军可利用北斗卫星导航定位系统执行部队指挥与管制及战场管理。

1.3.3.2 民用方面

北斗导航定位系统服务区域为中国及周边国家和地区,它可以在服务区域内任何时间、任何地点,为用户确定其所在的地理经纬度信息,并提供双向短报文通信和精密授时服务。北斗系统可广泛应用于船舶运输、公路交通、铁路运输、海上作业、渔业生产、水文测报、森林防火、环境监测等众多行业,以及军警、公安、海关等其他有特殊指挥调度要求的单位(表1-1)。

表1-1 北斗卫星导航系统应用领域

应用领域	系统应用内容
交通运输	重点运输监控管理、公路基础设施、港口高精度实时定位调度监控
海洋渔业	船位监控、紧急救援、信息发布、渔船出入港管理
水文监测	多山地域水文测报信息的实时传输
气象监测	气象测报型北斗终端设备,大气监测预警系统应用解决方案
森林防火	定位、短报文通信
通信时统	开展北斗双向授时,研制出一体化卫星授时系统
电力调度	基于北斗的电力时间同步
救灾减灾	提供实时救灾指挥调度,应急通信,信息快速上报、共享
军工领域	定位导航;发射位置的快速定位;搜救、排雷定位等

在交通运输方面,北斗系统广泛应用于重点运输过程监控管理、公路基础设施安全监控、港口高精度实时定位调度监控等领域。

在海洋渔业方面,北斗系统也已起到了很大的作用,主要的原理是针对不同种类的鱼群随着洋流定期洄游的特点,利用北斗系统的定位来寻找将要到达某个点的鱼群,渔船和鱼群交汇就可以捕到大量的鱼。另外,它还可以确保渔船在海上安全作业,因为北斗试验系统既有定位功能,又有通信功能,当有台风或者海况不好的时候,可以及时通报情况,让渔船安全返回,为渔业管理部门提供船位监控、紧急救援、信息发布、渔船出入港管理等服务。

在水文监测方面,成功应用于多山地域水文测报信息的实时传输,提高灾情预报的准确性,为制订防洪抗旱调度方案提供重要支持。

在气象测报方面,成功研制一系列气象测报型北斗终端设备,启动"大气海洋和空间监测预警示范应用",形成实用可行的系统应用解决方案,实现气象站之间的数字报文自动传输。

在森林防火方面,成功应用于森林防火,定位与短报文通信功能在实际应用中发挥了较大作用。

在通信系统方面,成功开展北斗双向授时应用示范,突破光纤拉远等关键技术,研制出一体化卫星授时系统。

在电力调度方面,成功开展基于北斗的电力时间同步应用示范,为电力事故分析、电力预警系统、保护系统等高精度时间应用创造了条件。

在救灾减灾方面,基于北斗系统的导航定位、短报文通信以及位置报告功能,提供全国范围的实时救灾指挥调度、应急通信、灾情信息快速上报与共享等服务,显著提高了灾害应急救援的快速反应能力和决策能力。

北斗试验系统还开发了基于北斗的森林防火系统,在消防车上装上具有通信功能的北斗定位接收机,可以引导消防车和消防人员及时到达火灾现场救灾,或进行人员调度指挥。

在水资源管理方面也已经开始应用。如水资源监控,它可以实时监测和传递江河的水温等水环境,包括水污染的信息,以及在海洋监测海潮的信息,其中,海潮的信息在科学上、工程上、民用上、渔业上都有广泛的应用。

在大气环境监测方面,很多高原地区基于北斗的气象监测站可将气象数据实时发送到气象中心,进行统一计算。气象预报需要用很广泛的区域资料才能得到预报。

北斗系统在汶川、舟曲地震的救灾过程中发挥了很大的作用。北斗有定位和特有的短报文通信功能,可以及时把位置信息报给救灾指挥部。而当地在灾害的情况下,作为生命线的通信设施已经完全破坏了,唯一有用的就是北斗系统,北斗的短报文通信功能在救灾过程中发挥了特别重要的作用。

在精密农业方面,北斗的实时精密定位将应用于土地和农田的整理和管理,北斗终端装在拖拉机和收割机等农业机械上,能够以 0.1m 的定位精度实现对农田的精密耕作。我们现在耕种面积是以亩为单位的,大概是 $666m^2$,将来是以 $(0.1\times0.1)m^2$ 的精度水平进行工作。

2 北斗的坐标及时间系统

2.1 几种常用地心坐标系

全球卫星导航定位系统都有自己的坐标系统,如美国 GPS 坐标系为 WGS84,俄罗斯 GLONASS 坐标系为 PZ90,中国北斗系统为 CGCS2000。另外,常用于 GNSS 数据处理的还有国际地球自转服务局(IERS)定义的 ITRF 框架。

2.1.1 WGS84 坐标系

WGS84 是 1984 世界大地坐标系(World Geodetic System)的简称。它是美国国防制图局于 1984 年建立的,是 GPS 卫星星历的参考基准,是协议地球参考系的一种,其基本参数见表 2-1。该系列先后有 WGS60、WGS72 以及 WGS84,其后的发展演变为 WGS84(G730)、WGS84(G873)、WGS84(G1150)和最新完成的 WGS84(G2024)。

表 2-1 WGS84 的基本参数

参数	符号	数值
长半轴(m)	A	6 378 137.0
扁率	$1/f$	298.257 223 563
地球自转角速度(rad/s)	ω	$7\ 292\ 115.0 \times 10^{-11}$
卫星应用角速度(rad/s)	ω	$7\ 292\ 115.146\ 7 \times 10^{-11}$
地球重力位常数(m^3/s^2)	GM	$3\ 986\ 004.418 \times 10^8$

2.1.2 ITRF 参考框架起源

国际地球参考框架(ITRF)是由国际地球自转服务局按一定要求建立地面观测台站进行空间大地测量,并根据协议地球参考系的定义,采用一组国际推荐的模型和常数系统对观测数据进行处理,解算出各观测台站在某一历元的坐标和速度场,由此建立的一个协议地球参考框架。它是协议地球参考系的具体实现。

国际地球自转服务局 1988 年 1 月 1 日成立,成立后相继发表了 ITRF88、ITRF89、ITRF90、ITRF91、ITRF92、ITRF93、ITRF94、ITRF96、ITRF97、ITRF2000、ITRF2005 和 ITRF2008 参考框架。从上面可看出,在 1997 年以前,几乎每年更新一次,其后随着框架精度的渐趋稳定,更新周期逐渐延长。

IERS采用多种空间技术手段来维持ITRF框架,主要技术是:VLBI、SLR、LLR和1991年加入的GPS,从1994年起又加入了卫星轨道跟踪和无线电定位(DORIS)。IERS下面有多个分布在全球的分中心,各分中心以某种技术为主完成自身观测结果的处理和分析,得出以某种特定技术(如VLBI)为依据的站坐标、速度及地球自转参数(ERP);然后由IERS中心局(IERS CB)对各个分中心获得的结果采用一定的方法进行综合分析处理,获得站坐标、速度及ERP的综合结果,以此结果建立国际地球参考系和国际地球参考架(ITRS和ITRF),并以年报的形式向全球发布。

在建立和维持ITRF框架的过程中,由于采用的技术方法和考虑的问题不同,不同时期的ITRF框架对其坐标原点、尺度和定向的定义也不相同。

2.1.2.1 ITRF88～ITRF93框架定义

原点和尺度:由所选定的SLR解的平均值确定。

定向:ITRF88～ITRF92的定向与BTS87坐标系(1987年国际时间局利用VLBI、SLR和卫星多普勒测量资料建立的一种坐标系)定向一致;ITRF93的定向和变率与IERS的地球定向参数(EOP)一致。

2.1.2.2 ITRF94～ITRF97框架定义

原点:由所选定的SLR解和GPS解的加权平均值来确定。

尺度:由VLBI、SLR和GPS解的加权平均值来确定,加入了0.7×10^{-9}尺度改正。

定向:与ITRF92保持一致。

2.1.2.3 ITRF2000框架定义

原点:SLR解的加权平均值所对应的原点与ITRF的原点间的平移参数及其变率均设为零。

尺度:将VLBI和所有可靠的SLR解的加权平均值的尺度与ITRF的尺度之间的尺度比和尺度比的变率均设为零。此外,ITRF2000的尺度是在地球时(TT)框架内的尺度,而不再采用地心坐标时(TCG)框架中的尺度。

定向:与历元1997.0时的ITRF的定向一致。其速率与NNR-NUVEL-1A的模型相同。为满足IERS的定义,在确定ITRF2000的定向及其变率时,采用了精度和稳定性都较好的测站。

2.1.2.4 ITRF2005框架

2006年10月,IERS发布了ITRF2005版本,它与以前发布的版本不同,建立ITRF2005时所用的资料是采用下列空间大地测量技术所获得的测站坐标(X,Y,Z)和地球自转参数EOP的时间序列。

由国际GNSS服务(IGS)提供的间隔为一星期的时间序列。

由国际激光测距服务(ILRS)提供的间隔为一星期的时间序列。

由国际VLBI服务(IVS)提供的间隔为一天的时间序列。

由国际DORIS服务(IDS)提供的间隔为一周的时间序列。

其中,前3种技术提供的是经统一处理后的最终综合解,而IDS提供的是各分析中心的解,需经统一处理后才能使用。

ITRF2005 是利用 4 种技术并址站上的联测资料对 4 种空间大地测量所获得的时间序列重新进行统一平差处理后获得的,从而保证了 ITRF 框架和地球定向参数的一致性。采用站坐标和 EOP 的时间序列作为解算资料。

其定义如下:

原点——其原点的位置及位置的变率与国际激光测距服务 ILRS 的时间序列所给出的一致。

尺度——与国际 VLBI 服务 IVS 的时间序列所给出的结果一致.

定向——3 个坐标轴的指向及其变率与 ITRF2000 的指向及其变率一致。它是由 70 个核心站实现的。

2.1.2.5 ITRF2008 框架定义

原点——在历元 2005.0 时刻 ITRF2008 与 ILRS 的 SLR 时间序列间的平移参数及速率为零。

尺度——在历元 2005.0 时刻 ITRF2008 与 VLBI 和 SLR 的尺度因子及其速率为零。

定向——在历元 2005.0 时刻 ITRF2008 与 ITRF2005 间的旋转参数及其速率为零。

ITRF2008 给出了 2005.0 时刻的坐标和速度场,用 SINEX 格式的文件发布于 ITRF 官方网站。

2.1.3 PZ90 坐标系

PZ90(有时称 PE90)是 GLONASS 卫星导航系统采用的坐标系统。PZ90 坐标系和 WGS84 坐标系一样,同属地心坐标系。PZ90 坐标系是俄罗斯进行地面与空间网联合平差后建立的。GLONASS 卫星系统在 1993 年以前采用苏联的 1985 年地心坐标系,1993 年后改用 PZ90 坐标系。PZ90 理论上与 ITRF 一致,实际上,由于受跟踪站不是全球分布等因素影响,造成了 PZ90 与 ITRF 之间的差异。

其定义为:坐标原点位于地球质心;Z 轴指向 IERS 推荐的协议地极原点,即 1900~1905 平均北极,X 轴指向地球赤道与 BIH 定义的零子午线的交点,Y 轴满足右手坐标系。由该定义知,PZ90 与 ITRF 框架是一致的。

PZ90 坐标系由地面 26 个点的地心坐标实现,这些点的地心坐标由这些站对 Geo-IK 卫星的多普勒、激光测距、卫星测高及对 GLONASS 和 Etalon 卫星的微波、激光观测数据用卫星大地测量方法计算得到,点位地心坐标精度 1~2m。这 26 个点包括了 GLONASS 的地面监测站。GLONASS 的 T 框架由 4 个监测站组成,它们位于俄罗斯的圣彼得堡和特努拜尔,西伯利亚中部的中尼塞河和远东的共青城,GLONASS 系统的运行控制中心位于莫斯科地区。GLONASS 的 T 框架地心坐标先是通过 4 个监测站 1985—1986 年的观测数据用轨道计算得到,轨道计算时将其中一个监测站的经度和 Z 坐标固定以使其与 SGS86 一致,并且极移和 UT1-UTC 参数采用 IERS 的推荐值,而到 20 世纪 90 年代初期,采用的措施是加 Z 轴平移和经度旋转,以使它们与 PZ90 解一致。GLONASS 卫星经过这些站上空时,每个站踊跃几个或多个 10min 时段,实际上每天每个卫星能跟踪 8~10 个时段,距离测量的精度约 1m。GLO-NASS 的 E 框架由这 4 个监测站的 GLONASS 观测数据通过轨道确定实现。计算 GLO-NASS 的 E 框架(广播星历)时,采用轨道弧长为 8 天,固定 4 个站的地心坐标,极移参数采用俄罗斯独自计算的值,而没采用 IERS 推荐值,估计卫星状态矢量同时还估计了光压参数、经验摄动力及测站系统偏差。由于没采用 IERS 推荐的极移参数和 UT1 - UTC 值,GLONASS 的 E 框架与 ITRS 参考框架的转换参数随时间而变化。

2012 年 12 月 28 日,俄罗斯官方发布俄联邦政府决议 No.1463《统一国家坐标系》,其全文如下:

(1)确立以下统一的国家坐标系统。①2011 大地坐标系——用于实施测绘工作;②全球地心坐标系"1990 地球参数"(PZ90)——用于轨道飞行和导航的大地测量保障系统。

(2)俄联邦政府 2000 年 7 月 28 日 No.568 决议确定的 1995 大地坐标系作为统一国家坐标系,苏联部长会议 1946 年 4 月 7 日 No.760 决议确定的 1942 统一大地坐标系使用至 2017 年 1 月 1 日。

(3)本决议第一款中所指出的统一国家坐标系中,采用的相关参数如表 2-2 所示;统一国家坐标系的坐标轴定向和角速度与国际地球自转服务组织和国际时间委员会的推荐值一致。

(4)联邦国家地籍和制图局保障 2011 大地坐标系中大地控制点的建立和应用,在自己的官方网站上发布这些控制点的组成、技术方法及位置信息。

(5)俄联邦国防部保障全球地心坐标系(PZ90)中大地控制点的建立和应用,在自己的官方网站上发布这些控制点的组成、技术方法及位置信息。

(6)在全球导航卫星系统(GLONASS)的使用中,俄联邦国防部与联邦航天局共同保障 2014 年 1 月 1 日前转换为采用全球地心坐标系(PZ90)。

表 2-2 PZ90 采用的大地测量常数和椭球参数

2011 大地坐标系	地球自转速率(rad/s)	$7.292\,115 \times 10^{-5}$
	地球引力常数(km^3/s^2)	$398\,600.441\,5 \times 10^9$
	地球长半轴(m)	6 378 136.5
	地球扁率	1/298.256 415 1
全球地心坐标系(PZ90)	地球自转速率(rad/s)	$7.292\,115 \times 10^{-5}$
	地球引力常数(km^3/s^2)	$398\,600.441\,8 \times 10^9$
	地球长半轴(m)	6 378 136
	地球扁率	1/298.257 84

2.1.4 Galileo 坐标系

与 GPS 和 GLONASS 相比,欧洲 Galileo 二代卫星导航系统(GNSS2)还处于系统开发阶段,因此,它的各项指标还存在不确定性,这里仅给出系统定义的坐标系统概念。按照定义,Galileo 的坐标系统应与 WGS84 和国际地球参考系统 ITRS 兼容,还包括重力场模型,具体采用何种模型,需重力卫星 CHAMP、GOCE 和 GRACE 的测量数据计算后才定。考虑到 WGS84 与 ITRS 的差异已在 5cm 以内,并且欧洲已有大量基于 ITRS 的点位地心坐标,精度约 2cm,因此,Galileo 的坐标系统极可能采用 ITRS 坐标,同 WGS84 一样,它是 ITRS 的一个独立实现。Galileo 的定轨由全球分布的 12 个 OSS 站组成,这 12 个 OSS 站将构成 Galileo 系统的 T 框架,并用于其 E 框架的计算。

2.2 北斗的坐标系统

国家测绘系统采用 2000 中国大地测量系统(China Geodetic Coordinate System 2000,缩写为 CGCS2000)。CGCS2000 涵盖大地参考系统、天文测量系统、重力测量系统(2000 国家重力基本系统)、高程系统(1985 国家高程基准)及相关测绘基准,潮汐改正采用无潮汐(tide-free)系统。

2.2.1 CGCS2000 定义

坐标系原点位于包括海洋和大气在内的整个地球的质量中心。Z 轴从原点指向 IERS 参考极(IRP)方向,X 轴从原点指向 IERS 参考子午面(IRM)与赤道的交点,Y 轴与 X 轴和 Z 轴构成右手坐标系,CGCS2000 的原点也用作参考椭球(称 CGCS2000 参考椭球)的几何中心(图 2-1),坐标轴指向随时间的演化使得整个地球的水平结构运动无整体旋转)。其参考历元是 2000.0(2000 年 1 月 1 日)。

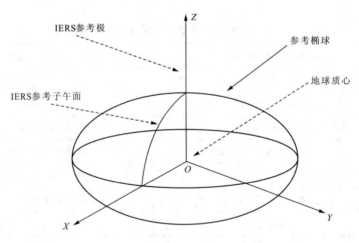

图 2-1 CGCS2000 定义示意图

2.2.2 CGCS2000 参考椭球的基本参数

地球椭球基本参数:长半轴 $a=6\,378\,137.0\,\text{m}$

地心引力常数:$GM=3\,986\,004.418\times 10^8\,\text{m}^3/\text{s}^2$

扁率:$f=1/298.257\,222\,101$

地球自转角速度:$\omega=7\,292\,115.0\times 10^{11}\,\text{rad/s}$;

2.2.3 CGCS2000 基本构成

CGCS2000 由 GPS 连续运行参考站、空间大地网和天文大地网 3 个层次的站网坐标(和速度)体现。

(1)GPS 连续运行参考站。当时计有 25 个 GPS 连续运行参考站参与 CGCS2000 的实现，其坐标中误差为毫米(mm)级，速度中误差为 1~2mm/yr。GPS 连续运行参考站为静态、动态定位和导航提供坐标基准。GPS 连续运行参考站构成 CGCS2000 的基本骨架。

(2)空间大地网。参与 CGCS2000 实现的空间大地网包括大约 2 587 个 GPS 点，其中国外 IGS 站点 64 个，国内 2 523 个。国内点位由下面 GPS 网点组成：全国 GPS 一、二级网点 553 个；全国 A、B 级网点 832 个；地壳监测网 408 个；网络工程 GPS 网点 1 222 个；三网联测点位 224 个(一、二级网，A、B 级网和网络工程)；网络工程 GPS 网与其他 4 个网重合点 159 个。

(3)天文大地网。参与 CGCS2000 实现的天文大地网包括 48 519 个一、二、三等三角点或导线点，其大地纬度和经度的中误差不超过 0.3m，大地高中误差不超过 0.5m；相邻点之间边长中误差不超过 3×10^{-6}，方位角中误差不超过 $0.7''$。

CGCS2000 实际上是 ITRF2000 在我国的扩展或加密。对于所有实用目的，可以认为二者是一致的。

大地基准网由甚长基线干涉观测站、人造卫星激光测距观测站及导航卫星系统连续跟踪站等空间大地测量站网组成，其坐标精度应为毫米级，速度精度应优于 2mm/yr。

三维坐标控制网采用空间大地测量方法布设，按施测精度划分为一、二、三等。

(1)一等网为地壳运动监测网。一等点主要布设于一等水准网的结点。一等点相对大地基准网的水平位置中误差应不超过±10mm，大地高中误差应不超过±15mm。

(2)二等网为均匀覆盖全国大陆和主要岛屿的坐标基础控制网。除岛屿外，二等点点间距离为 25~50km，平均为 35km。二等点相对大地基准网的水平位置中误差应不超过±20mm，大地高中误差应不超过±30mm，并具有不低于三等水准联测精度的高程值。

(3)三等网是直接为城市建设、工程建设和测图目的服务的区域网。点间距应不超过 25km。点间水平位置相对中误差一般应不超过±30mm，大地高中误差应不超过±60mm。

2.3 时间系统

人类对时间的认识，其根源来自于日常生活中事件的发生次序，从生活中总结出时间的观念。当然人们在生活中得到的绝不仅仅是事件发生次序的概念，同时也有时间间隔长短的概念，这个概念来源于对两个过程的比较，比如两件事同时开始，但一件事结束了另一件事还在进行，我们就说另一件事所需的时间更长。这里我们可以看到，人们运用可以测量的过程来测量抽象的时间。

探究时间概念的由来，可从地球人公认的时间单位"天"和"年"说起。自人类诞生起，人们通过观察太阳的东升西落，感受着昼夜轮回现象，逐渐形成了"日"的概念，于是把一个昼夜轮回定义为一天时间。然后人们通过观察月亮的圆缺，逐渐形成了"月"的概念，通过四季的重复变化，逐渐形成了"年"的概念。这就是人类最初对时间的认识，以后逐步认识到这是地球自转

(一种事物)的表现。后来,人们从春夏秋冬、日月星辰轮回现象的背后认识了地球在绕太阳公转这一事物,并把地球公转一周的过程定义为一年时间。不仅如此,人们还把一天划分为24小时或者12时辰,把一年划分为4个季节、12个月份等。人们还拿一年时间与一天时间的长短进行了比较,以1年时间(地球公转一周的过程)来对应大约365天。

时间是物质存在的基本形式之一,可以如下定义:时间是人类用以描述物质运动过程或事件发生过程的一个参数,是指宏观一切具有不停止的持续性和不可逆性的物质状态的各种变化过程,它是共同性质的连续事件的度量衡的总称。时是对物质运动过程的描述,间是指人为的划分,时间也是思维对物质运动过程的分割、划分。

作为一个名词,时间是人类为了把握事物运动规律而创立的概念。作为一个度量体系,时间是以现实中存在的某一运动现象(比如地球的自转及公转运动、月球的公转运动、铯原子的跃迁运动等)为标准,用以量化及度量事物运动及变化过程的数学工具。作为一种测量或者预测结果,时间代表了事物某一运动过程所经历的或者有可能经历的数学的量。

2.3.1 时间基准

时间测量需要有一个标准的公共尺度,称为时间基准(或时间尺度)。基本功能是为记录事件的发生时刻和持续时间提供一参考。时间基准包括两个基本要素:第一要素是确定时间间隔的单位,如世界时(UT)的"日",历书时(ET)的"年",原子时(AT)的"秒";第二要素是时间的始点,如历书时、原子时、GPS时、北斗时等均有时间的起始点。一般来讲,任何一个观测到的周期性运动,如果能满足下列条件,都可作为时间基准:

(1)该运动是连续的、周期性的。

(2)运动周期必须是稳定的。

(3)运动周期必须具有复现性,即要求在任何时间和地点都可以通过测量和试验来复现这种周期运动。

在自然界中具有上述特性的运动很多,从大的物体来说,地球围绕太阳运动一周就是一年,月球围绕地球运动一周就一个月,地球自转一周为一天;从日常生活物品来讲,钟表、过去计时的燃香、沙漏等;从微小物体运动来讲,石英晶体的振荡、原子谐波振荡等。

目前,实际应用的较为精确的时间基准主要有:

(1)地球自转,它是建立世界时的时间基准,其稳定性为 1×10^{-8}。

(2)行星绕太阳的公转运动,它是建立历书时的时间基准,其稳定性为 1×10^{-10}。

(3)电子、原子的谐波振荡,它是建立原子时的时间基准,其稳定性为 1×10^{-14}。

人们常说的时间包含两种含义:一是时刻,二是时间间隔。时刻是指连续流逝的时间的某一瞬间,在时间这个坐标轴上用一点表示,没有长短的意义,指某一事件开始发生的点。时间间隔是指两个时刻之间的一段间隔,在时间坐标轴上用一条线表示,有长短的意义,用长短描述某一事件持续的时间。

常用的时间基准有天文时、原子时、协调世界时等。天文时是人类通过天文观测确立的时间基准,分为两种:一是以地球自转为基础,如世界时、恒星时和太阳时;另一种是以地球公转为基础,如历书时。原子时是以原子钟为基础产生的时间基础,如国际原子时。协调世界时是世界时和原子时协调产生的时间基准。

不同的时间基准是为了满足各种不同应用的需要。

2.3.1.1 世界时

在介绍世界时前首先介绍与世界时有关的真太阳时和平太阳时。

真太阳时是以地球自转为基础,以太阳中心作为参考点建立起来的一个时间系统,太阳连续两次通过观测者子午圈的时间间隔称为一个真太阳日。由于地球围绕太阳的轨道是一个椭圆,其运动的角速度是不相同的,在近日点最大,远日点最小。因此在一年中真太阳时的长度是不相同的,因此真太阳时不具备作为一时间系统的基本条件。

平太阳时是为了弥补真太阳不均匀的缺陷,设想用一个假太阳代替真太阳,简称平太阳。平太阳也和真太阳一样运动,只是两点不同:一是运动轨迹不同,二是角速度是恒定的。这样以地球自转为基础,以平太阳中心为参考点建立起来的一个时间系统称为平太阳时。平太阳连续两次通过观测者子午圈的时间间隔称为一个平太阳日。

世界时(Universal Time,简称 UT)是指以本初子午线的平子夜起算的平太阳时,同样是格林尼治所在地的标准时间,亦称格林尼治时间,它位于英国伦敦南郊格林尼治天文台所在地,是世界上地理经度的起始点。如果国际上发生重大事件都用各地方时来记录,会感到不便和复杂,长期下去容易弄错时间。使用世界时,人们就可以以此推算出事件发生时的本地时间。

世界时是以地球自转运动为标准的时间计量系统,同时反映地球自转速率变化,1960 年以前曾作为基本时间计量系统被广泛应用,但由于受地极移动、地球自转季节性变化和其他不规则变化的影响,因而有 3 种形式:

(1)UT0——由天文观测直接测定的世界时。

(2)UT1——修正了地极移动对经度影响后的世界时。

(3)UT2——对 UT1 在修正地球自转速率季节性变化影响的世界时。UT2 仍然受某些不规则变化的影响,所以它也是不均匀的。

2.3.1.2 历书时

世界时系统经修正后仍然不是理想的时间计量系统,不能满足现代科学对时间均匀性的需要,因此 1958 年国际天文学联合会决定,从 1960 年开始采用历书时来代替世界时。

历书时(ET)是一种以牛顿天体力学定律来确定的均匀时间,也称为牛顿时。它是根据纽康给出的反映地球公转运动的太阳历表定义的时间,是以地球绕太阳的公转周期为基准的计时系统。

历书时起始时刻是世界时的 1900 年 1 月 1 日 12 时,这一时间也是历书时的 1900 年 1 月 1 日 12 时,在时刻上与世界时严格衔接起来。历书时的秒长定义是 1900 年 1 月 1 日 12 时开始的回归年长度的 1/31 556 925.974 7。

2.3.1.3 原子时

由于物质内部的原子跃迁,所辐射和吸收的电磁波具有很高的稳定性和复现性,所以,由此建立的原子时便成为当代最理想的时间系统。

原子时是一种以铯原子基态的跃迁辐射定义秒长、以 UT2 1958 年 1 月 1 日 0 时 0 分 0 秒为始点、连续计数的时标,通常由多台原子钟读数经一定算法导出。

原子时秒长的定义为：位于海平面上的铯原子基态的两个超精细能级，在零磁场中跃迁辐射振荡 9 192 631 770 周所持续的时间，为 1 原子秒。

随着原子钟技术的发展，时间计量的精度越来越高。为了减少单一原子钟的计时误差，提高时间计量的精度，现代时间频率基准的建立和维持通常由多台原子钟实现，这种由多台原子钟加权得到的"纸面时间"称为"综合原子时"。目前，世界上大多数守时实验室都采用铯原子钟和氢原子钟联合建立"综合原子时"。

原子时出现后，得到了迅速的发展和广泛的应用，许多国家都建立了自己的地方原子时系统。但不同地方的原子时之间存在着差异。国际计量局(BIPM)利用分布在世界各地连续工作的原子钟读数加权计算得到自由原子时，再用秒定义的直接复现器校准，得出全世界统一的原子时，称为国际原子时(TAI)。其原子时数据公布在国际计量局的月报和年报上。

原子时是通过原子钟来守时和授时的，因此，原子钟振荡器频率的准确度和稳定度决定了原子时的精度。

在卫星导航定位系统中，原子时作为高精度的时间基准，主要用于精密测定卫星信号的传播时间。

2.3.1.4 协调世界时

协调世界时是国际原子时与世界时(UT1)协调后产生的标准时间，简称 UTC。时间单位与 TAI 一致，时刻上通过闰秒与 UT1 之差保持在 ±0.9s 以内，与 TAI 相差整数秒。UTC 为国际上统一的民用时间，是标准时间频率信号协调联播的基础。

稳定性和复现性都很好的原子时能满足高精度时间间隔的测量要求，因此被很多部门采用。但有不少与地球自转有关的领域离不开世界时，如天文测量、天文导航等。原子时是一种均匀的时间系统，而世界时受地球自转变慢的影响，世界时的秒长将变得越来越长，因此，原子时与世界时之间的差异将会越来越明显。为此，国际无线电科学协会于 20 世纪 60 年代建立了协调世界时 UTC。

1972 年之前，UTC 采用频率调整，导致它的秒长逐年发生变化，给实际应用造成了不便。为此，1971 年国际天文学联合会和国际无线电咨询委员会决定，从 1972 年 1 月 1 日起，采用新的协调世界时 UTC。在新系统中，取消频率调整，使协调世界时的秒长严格等于原子时的秒长，并设置闰秒调整，使协调世界时在时刻上与 UT1 之差保持在 ±0.9s 以内，调整闰秒的时间一般在 6 月 30 日或 12 月 31 日。

2.3.1.5 GPS 时

GPS 时是全球定位系统 GPS 使用的一种时间系统。它是由 GPS 的地面站和 GPS 卫星中的原子钟建立和维持的一种原子时。其起点为 1980 年 1 月 6 日 0 时，在起始时刻，GPS 时与 UTC 一致，这两种时间系统所给出的时间是相同的。由于 UTC 存在闰秒（跳秒），因而经过一段时间后，这两种时间系统就会相差 n 个整秒，n 是这段时间内 UTC 积累的闰秒数，将随时间的延续而增加。

2.3.1.6 GLONASS 时

GLONASS 时与 GPS 时类似，是俄罗斯的 GLONASS 为满足导航和定位需要而建立的自己的时间系统,称为 GLONASS 时。该系统采用的是莫斯科时,与 UTC 相差 3h。GLO-NASS 时也存在跳秒,且与 UTC 保持一致。由于 GLONASS 时是由该系统自己建立的原子时,故它与由国际计量局建立和维持的 UTC 之间除 3h 时差外,还存在细微的差别 C_1。即:UTS+3h=GLONASST+C_1。C_1 有专门机构测定并进行公布。

2.3.2 军用标准时间

2.3.2.1 军用标准时间的定义

中国人民解放军标准时间频率中心保持的协调世界时为中国人民解放军标准时间,简称军用标准时间。军用标准时间是军队规定的在军事活动中统一使用的时间参考标准。全军所有单位组织实施作战行动、军事训练、战备值勤(执勤)、科学试验等军事行动和各类保障活动必须使用军用标准时间。

军用标准时间由中国人民解放军标准时间频率中心守时系统的数十台高性能氢原子钟、铯原子钟构成守时钟组,通过综合原子时算法得到平均时间尺度,并经过频率校准得到本地原子时,在此基础上通过闰秒方式得到协调世界时 UTC(CMTC),即军用标准时间。

军用标准时间 UTC(CMTC)是协调世界时的一种具体实现。协调世界时 UTC 是原子时与世界时 UT1 的一种折中,UTC 采用原子时秒长,但与原子时相差若干整秒,以保持与 UT1 的时刻之差不超过 1s,它既保持了时间尺度的稳定,又能近似反映地球自转的状态。1979 年后,协调世界时不仅在各国授时台标准频率和时间信号发播中被采用,而且被世界各国作为各自标准时间的基础。除国际计量局(BIPM)外,全世界还有几十个时频实验室保持着自己独立的协调世界时,如美国海军天文台保持的 UTC(USNO)、俄罗斯国家时间频率服务中心保持的 UTC(SU)、中国科学院国家授时中心保持的 UTC(NTSC)等。由军用时频中心保持的协调世界时 UTC(CMTC)是中国人民解放军标准时间。

军用标准时间的基本单位为国家法定计量单位秒。国家法定计量单位秒为国际原子时秒(SI)。1967 年 10 月,第十三届国际计量会议(CGPM)通过了新秒长的决议,新秒长定义为:位于海平面上的 133 铯(^{133}Cs)原子基态的两个超精细能级间在零磁场中跃迁振荡 9 192 631 770 周所持续的时间为一个原子时秒。

2.3.2.2 军用标准时间的性能

军用标准时间的技术指标与国内外其他守时实验室保持的时间尺度相比,处于先进水平,具有准确、实时、连续、稳定、可靠的特性。

目前,军用标准时间频率准确度达到 2×10^{-14},时间累积误差 160 万年不超过 1s,频率稳定度达到 6×10^{-15},与国际 UTC 时间偏差保持在 100ns 以内,军用标准时间的可用度达到 99.99%。随着铯基准频率装置的投入使用,性能指标将得到进一步提升。

2.3.2.3 军用标准时间

由标准时间频率中心守时系统的数台高性能原子钟构成守时钟组,通过综合原子时算法得到平均时间尺度,经过频率校准得到本地原子时,在此基础上通过闰秒改正得到的协调世界时,即军用标准时间。

军用标准时间守时系统是一个典型的时间保持系统,主要由高性能原子钟组、钟差测量设备、信息处理设备和信号生成与控制设备组成。军用标准时间产生的原理如下(图 2-2)。

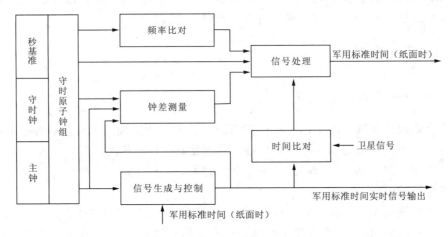

图 2-2 军用标准时间系统构成示意图

原子钟组是守时系统的核心设备,由我国自主研制的多台高性能氢原子钟、铯原子钟和一台秒基准装置组成。

信号测量设备包括钟差测量、频率比对和外部时间比对等。完成原子钟组原始信号测量、标准时间与其他时间比对,作为原子时计算的原始数据。

信息处理设备利用原始测量数据,采取加权平均算法,计算产生军用标准时间,根据秒基准装置的观测数据,对标准时间的频率进行校准,根据外部时间比对数据,对标准时间的相位进行调整。

信号生成与控制设备根据军用标准时间计算结果,生成与输出军用标准时间的物理信号,包括频率、脉冲和 B 码信号等,提供用户使用。

军用标准时间的基本单位为"秒"(即国际原子时秒)。它与国际 UTC 时间偏差小于 100ns。由于军用标准时间是协调世界时,协调世界时需要闰秒调整,因此军用标准时也需要闰秒调整。

2.3.2.4 综合原子时算法

在实践中,理想时钟是不存在的,任何物理钟都有误差。这种误差除了与时钟自身的因素有关以外,还与其运行的物理环境有关。为了减弱时钟误差的影响,提高时间计量的精度,人们通常采用多台原子钟或原子钟组进行综合处理,以求得理想时标的最或然值。这个纸面时间称为综合原子时。本质上,一台原子钟和一个原子钟组计算出的时间尺度,都是计算时间。从时间的产生过程来看,它们之间没有任何差别。原子时算法的理论基础是原子钟的噪声模型。原子钟之间的相互关系,实际上就是它们之间的噪声关系,通过各自的噪声系数反映到算法中去。这样,原子时算法就是原子钟噪声的某种组合。因为总噪声模型是各种噪声在数学上的体现,所以,原子时算法也可以认为是一种噪声模型,是关于整个原子钟组的噪声模型。

综合原子时算法中最典型的方法为加权平均算法。最简单的加权平均是绝对平均法,即对每台原子钟取等权。我们通过一个简单的例子来说明这一加权方法的局限性。对于两台原子钟组成的钟组,两台钟具有数值相等、方向相反的频率,根据绝对平均法,综合原子时的频率为零。当其中一台原子钟出现异常而无法用于守时,综合原子时的频率等于另一台原子钟的频率,这一频率跳变在守时中是无法接受的。因此,绝对平均法在守时中无法采用,合理的加权平均算法应根据最新的钟差观测数据和前期历史数据进行综合衡量,既保证综合时间尺度在相位、频率上的连续稳定,又能反映出原子钟的性能变化。

目前,全球精度最高的综合原子时就是 TAI,在 2008 年它采用了约 70 个实验室的 350 台的原子钟进行综合守时,并拥有 12 台频率基准设备进行频率驾驭(9 台为铯喷泉基准钟)。TAI 的频率稳定度为 0.4×10^{-15},频率准确度为 2×10^{-15}。TAI 算法采用的是从 20 世纪 70 年代开始一直延续下来的 ALGOS 算法。该算法的显著特点是事后计算处理,可以有效地消除异常数据对于时间尺度的影响。由于原子钟的比对一般通过 GPS 共视和卫星双向比对完成,因此数据时间间隔设置较长,便于共视误差的平均抵消。

ALGOS 算法是典型的事后处理算法,观测数据的批量处理便于分辨观测数据中的异常值。算法采用最小二乘法预报成员钟的频率,并利用长期计算间隔下的频率值计算频率方差,确定成员钟的权值,结果不受季节变化带来的影响。ALGOS 经典加权平均算法,充分发挥了大规模钟组优势。

GPS 时间系统采用的是一种组合钟算法。用优良钟(明显比较稳定的钟)的平均值能够检测出其他钟的长期频偏和频漂,从而对平均值进行修正。由于铯钟的长期稳定性更优,因此用性能最好的铯钟来纠正铯钟和氢钟,这样可以得到铯钟和氢钟的平均值。氢钟平均值代表了最精确的短期项平均值,经过纠正后又保证它在长期项的精度上与铯钟相当。为了得到一个与当前的时间吻合最好的平均值,创建一个新的时间尺度:最新的氢钟拥有最大的权重,而时间较久的氢钟几乎没有权,同时还与铯钟相关。

目前原子时算法研究主要具有以下特点:综合原子时算法的研究仍受到广泛关注。完备的时频系统,在具备独立、稳定的原子钟组的同时,必然需要可靠、先进的原子时算法辅助,才能得到性能指标优越的综合原子时;综合原子时算法基本思想仍基于综合钟原理,以钟组成员的加权平均计算综合原子时。算法通过调整原子钟之间的相互关系,每一种关系代表着不同的物理实现过程,最终目标是将综合时间尺度的不确定度限制到最小;综合原子时算法的研究重点主要集中在:原子钟加权方法分析、时间尺度的归算方法、综合时间尺度的连续性研究、原子钟模型建立等方面。

2.3.2.5 军用标准时间的比对与校准

军用标准时间守时系统独立产生并保持军用标准时间,同时与国内外其他守时系统保持的时间进行比对。军用标准时间分别与协调世界时 UTC、GPS 系统时间 GPST、中国科学院国家授时中心保持的地方协调世界时 UTC(NTSC)和中国计量科学研究院保持的地方协调世界时 UTC(NIM)建立了比对手段。与 GPST 的比对采用 GPS 共视法,与 UTC(NTSC)、UTC(NIM)的比对采用卫星双向时间频率传递(TWSTFT)法和 GPS 共视法。军用标准时间与 UTC 没有建立直接比对链路,但 GPST、UTC(NTSC)、UTC(NIM)与 UTC 都有直接比对链路,因此可以间接得到军用标准时间与 UTC 的时差,军用标准时间与 UTC 的时差始终保持在 100ns 以内。

军用时频中心实验室建立与保持的原子时,是利用加权平均算法处理得到的。它是一个自由的原子时标,目前准确度为 2×10^{-14},其准确度指标主要取决于守时钟组中的商品铯钟,通过更高准确度、稳定度的原子时标或时间频率基准装置对军用原子时的频率进行校准,可以提高军用原子时的准确度。

目前军用标准时间的校准是根据军用标准时间与 UTC 的比对结果,通过对军用原子时进行频率驾驭来实现的。

军用时频中心守时系统拥有一台激光冷却铯原子喷泉钟,其准确度可达 5×10^{-15},目前正在研究并建立激光冷却铯原子喷泉钟频率校准系统,该系统建成以后,将大大提高军用标准时间的准确度。

2.3.3 北斗卫星导航系统时间

北斗卫星导航系统的时间基准为北斗时(BDT)。BDT 采用国际单位制(SI)秒为基本单位连续累计,不进行闰秒调整,是一个自由、连续的原子时,采用原子时秒长,以周和周内秒计数。周内秒从 0 到 604 799 为一周期,起始历元为 2006 年 1 月 1 日协调世界时(UTC)00 时 00 分 00 秒,采用周和周内秒计数 BDT 通过 UTC(NTSC)与国际 UTC 建立联系。BDT 与 UTC 的偏差保持在 100ns 以内,BDT 与 UTC 之间的闰秒信息在导航电文中播报。

北斗卫星导航系统建立和维持统一的时间系统,定义为北斗时。地面系统各原子钟和星载原子钟与 BDT 保持时间同步。BDT 采用综合原子时的方法实现,由系统的主控站、时间同步/注入站、监测站等地面部分的高精度原子钟共同维持。主控站根据各站的内部钟差测量数据和异地钟差比对数据,采用综合原子时的计算方法,并向中国协调世界时 UTC(NTSC)(即军用标准时)溯源,相对 UTC(NTSC)的时间偏差控制在 100ns 以内。

北斗时是北斗卫星导航系统的时间基准,是一自由、连续的原子时,不进行闰秒调整,并溯源至军用标准时间(CMTC)。目前,北斗时与军用标准时间的关系是:

$$CMTC=BDT+2s$$

北斗试验系统的卫星原子钟是由瑞士进口,"北斗二号"的星载原子钟逐渐开始使用中国航天科工集团第二研究院 203 所提供的国产原子钟。北斗的卫星系统总设计师杨慧在 2012 年表示,北斗已经开始全部使用国产原子钟,其性能与进口产品相当。

2.3.4 守时与授时系统

每一种时间系统保持标准时间的过程称为"守时";为用户提供标准时间的过程称为"授时";用户接收标准时间,确定本地时间的过程称为"定时"。

2.3.4.1 守时系统

守时系统被用来建立和维持时间频率基准,确定任一时刻的时间(如钟)。守时系统还可以通过时间频率测量和比对技术,评价和维持该系统的不同时钟的稳定性和准确度,并据此给予不同的权重,以便用多台钟共同建立和维持时间系统的框架。

2.3.4.2 授时系统

授时系统可通过有线或无线通信向用户传递准确的时间信息和频率信息,其设施有电话、电视、卫星、短波电台等。不同的方法具有不同的传递精度(表 2-3),其方便程度也不同,以满足不同用户的需要。如日常生活中,我们可以用电视校对时间(授时),用于测量的时间根据精度需求可以使用我国授时中心、北斗卫星或国际计量局发布信息授时。

表 2-3 各种授时技术精度比较

授时技术	定时精度	校频精度
电话授时	<30ms	
网络授时	<15ms	
短波授时	0.5~10ms	1×19^{-9}
长波授时	0.5~10μs	$(1\sim 10)\times 10^{-12}$
电视授时	10μs	1×10^{-11}
卫星授时	10~40ns	$(1\sim 2)\times 10^{-14}$

2.3.5 时钟的主要指标

2.3.5.1 时间与频率关系

时间和频率在数学上互为倒数关系,即由周期现象的周期 T 可得到频率 $f=1/T$,反之,由周期现象的频率也可得到周期 $T=1/f$。

2.3.5.2 频率准确度

频率准确度是指频率输出的实际频率与其标称频率的偏离程度。是一个无量纲值,即设有正负符号。计算公式如下:

$$m = \frac{f_x - f_0}{f_0} \qquad (2-1)$$

式中,m 为频率准确度;f_x 为被测频率的实际频率值;f_0 为标称频率值。

频率准确度是一个"绝对"的概念,它描述的是频率标准的频率准确到什么程度。

2.3.5.3 频率偏差

频率偏差是指两台频率标准设备 A、B 输出频率的相对偏差(D),其计算公式如下:

$$D = \frac{f_A - f_B}{f_0} \qquad (2-2)$$

式中,f_A、f_B 分别为频率标准设备 A 和 B 的输出频率,f_0 为两台频率标准设备的标称频率。

频率偏差是一个"相对"的概念,它描述的是两台频率标准的频率相差的大小。

2.3.5.4 频率漂移率(钟漂)

频率漂移率(钟漂)是指钟的频率在单位时间内的变化量,因此也称为频漂。钟漂根据单

位时间不同,分为日钟漂、周钟漂、月钟漂、年钟漂。钟漂反映了钟速的变化率(老化率)。其计算公式为:

$$a=\frac{\sum_{i=1}^{N}(f_i-\bar{f})(t_i-\bar{t})}{f_0\sum_{i=1}^{N}(t_i-\bar{t})^2} \qquad (2-3)$$

式中,t_i 为第 i 个采样时刻;f_i 为第 i 个采样时刻测得的频率值;f_0 为标准频率值(理论值);N 为采样总数;$\bar{t}=\frac{1}{N}\sum_{i=1}^{N}t_i$ 为平均采样时刻;$\bar{f}=\frac{1}{N}\sum_{i=1}^{N}f_i$ 为平均频率。

2.4 北斗授时

北斗卫星系统的授时是通过地面中心站发送标准时间信息和卫星位置信息来实现的。地面中心站在每个超帧的起始帧向用户发送该帧的时标(日、时、分)和 DUT1(世界时 UT1 与协调世界时 UTC 的预计差值),每一帧信号的时间基准与原子时保持严格的时间同步关系。用户需要对时的时候,解出超帧中传送的各种时间码,并响应询问信号,与此同时,用户终端用时间计数器测出用户钟和中心站钟之间的伪钟差。中心站根据该用户的响应信号计算出标准钟基准信号送往用户的路径时延,以数字方式在询问信号信息段送回给用户,用于修正伪钟差,得到实际的钟差。用户获得上述数据后,就可以得到精确的协调世界时或世界时。北斗卫星导航系统授时以我国自主研发的卫星导航定位系统为主要发播手段,以单向授时和双向授时两种方法,将标准时间发播给用户,实现对用户频率的校准,其中单向授时分为 RDSS 授时和 RNSS 授时,双向授时为 RDSS 授时。北斗授时机接收的时间为军用标准时。

2.4.1 RDSS 单向授时基本过程

RDSS 单向授时不需要用户发射定时申请,只需输入当前位置的已知坐标,即可完成时间同步。工作时,用户机接收中心控制系统播发的授时信息,经过时延修正后输出同步时间。时延修正量 t 计算如下:

$$t = t_{\text{单向}} + t_C + t_R \qquad (2-4)$$

式中,$t_{\text{单向}}$ 为用户机的单向零值,$t_{\text{单向}}$ 在经测试后,在中心控制系统注册,并存储在用户机中,不能随意更改,但随着时间的推移,其零值会发生漂移,漂移量可通过用户机数据接口由用户输入,作为修正量参与时延修正;t_C 为中心控制系统到卫星的距离时延以及该路径上对流层和电离层折射修正值,由中心控制系统精确算得,精度优于 30ns,并通过授时信息发给用户;t_R 为卫星至用户的距离时延以及该路径上对流层和电离层折射修正值,由用户根据卫星和用户位置以及接收到的模型参数即可算得,要求已知用户当前的概略坐标,因此需要用户输入或更改当前用户位置坐标。

单向授时修正周期为 1 次/min,修正后的单向授时精度优于 100ns。

2.4.2 RNSS 单向授时基本过程

RNSS 单向授时基于在用户端精确测定和扣除系统时间信号的传输时延,以达到对本地钟的定时与校准。它分 3 步完成：一是 RNSS 接收机捕获、跟踪 RNSS 信号，解码得到导航电文，同时得到 RNSS 时钟参数（C 码码相位）；二是解算出 RNSS 时钟的粗值；三是对求得的 RNSS 时钟粗值进行修正。在这个过程中，其主要误差有卫星钟差、星历误差、对流层和电离层传播误差。

2.4.3 RDSS 双向授时基本过程

RDSS 双向授时需要用户发射申请定位，但不需要输入当前位置坐标，即可完成时间同步。中心站定时向卫星发射时间信号，该信号经卫星转发后被双向定时用户接收，从而测出时间信号与本地钟秒信号的时间间隔，同时用户向卫星发射响应信号，经卫星转发被中心站接收，由中心站测出信号往返时间延迟，并算出该信号由中心站发出至用户接收的正向传播时延，再经卫星发送给用户作为双向定时的时延修正值。用户利用该修正值就能得到相对于北斗时的钟差。双向定时的时延修正值 t 在中心控制系统完成计算，经出站信号发送给用户，若忽略信号传播过程中卫星的漂移，t 的计算公式为：

$$t = t_{单向} - (t_{双向} - \Delta t - t_{正传} + t_{反传})/2 \tag{2-5}$$

式中，$t_{双向}$ 为用户双向零值；$t_{单向}$ 为用户单向零值；Δt 为信号往返于中心控制系统和用户机的时间；$t_{正传}$ 为中心控制系统经卫星传播至用户机的电离层和对流层延迟；$t_{反传}$ 为信号反传过程中（用户机经卫星传播至中心控制系统）的电离层和对流层延迟。

双向定时修正周期根据定时申请服务频度而定，修正后的双向定时精度优于 20ns。

我国卫星导航定位系统直接播出的时间信号是北斗时（简称 BDT）。BDT 由卫星导航定位系统主控站的主钟提供，经北斗卫星播出。北斗定时用户机接收卫星授时信息，完成与 BDT 的时间同步。BDT 通过溯源设备与 UTC(CMTC) 保持一致。用户从卫星导航定位系统直接得到的时间是 BDT，通过时频中心实验室的时间公报，可以获得 BDT 与 UTC(CMTC) 或 MAT 的偏差，从而完成与 UTC(CMTC) 或 MAT 的时间同步。

2.4.4 单向授时和双向授时的比较

(1) 通过前面的介绍可以看出，北斗系统单向授时和双向授时的主要区别在于从中心站系统到用户机的传播时延是如何获取的。单向授时是通过接收系统广播的卫星位置信息，再按照一定的计算模型由用户机计算出单向传播时延，卫星的位置误差和建模误差都会影响时延的计算精度，从而影响授时精度。双向授时则无需知道用户机和卫星的位置，通过中心站系统的计算获取延时信息，因此授时精度较高。北斗系统单向授时精度的系统设计值为 100ns，双向授时为 20ns，实际用户机的性能通常优于该指标。

(2) 单向授时需要知道用户机的位置，若位置未知，则需要先发送定位请求来获得位置信息。而双向授时无需知道用户机的位置信息，所有处理都由中心站系统来完成。

(3) 单向授时采用被动方式，不占用系统容量。而双向授时是通过用户机与中心站交互的方式来进行的，会占用系统容量，受到一定的限制。针对单向授时和双向授时的特点，在实际使用中可两者独立工作，也可以组合工作，以发挥最佳的性能。即在通常情况下用单向授时的方式来保持授时用户机和中心站系统的时间同步，在一个比较长的时间周期进行一次双向授时，来修正各个环节中可能引入的误差。

3 北斗系统构成

根据北斗卫星导航系统建设的"三步走"规划,落实到具体行动。第一步是试验阶段,建立双星导航系统,即用2+1地球同步静止轨道卫星和地面站建成"北斗一号"导航系统;第二步是到2012年,利用5+5+4共14颗卫星,建成覆盖亚太区域的北斗卫星导航定位系统即"北斗二号"导航系统;第三步是到2020年,建成由5颗地球静止轨道卫星和30颗地球非静止轨道卫星组网而成的全球卫星导航系统。

为什么不能像美国一样一次到位,发24颗卫星搞全球导航系统。发射两颗"北斗一号"卫星是由当时国情所决定的,第一没经验,第二没钱。两颗卫星就不能像GPS一样选择中轨卫星,一是覆盖面积小,二是它们是运动的,大多数时间在中国上空以外的地方飞行,在中国利用的时间很短。因此2颗星只能是高轨静止卫星。

3.1 "北斗一号"导航系统

"北斗一号"卫星导航试验系统(也称"双星定位导航系统")为我国"九五"列项,工程代号取名为"北斗一号",其方案于1983年提出。2003年5月25日0时34分,我国在西昌卫星发射中心用"长征三号甲"运载火箭,成功地将第三颗"北斗一号"卫星送入太空。前两颗卫星分别于2000年10月31日和12月21日发射升空,运行至今导航定位系统工作稳定,状态良好。该次发射的是导航定位系统的备份星,它与前两颗"北斗一号"工作星组成了完整的卫星导航定位系统,确保全天候、全天时提供卫星导航信息。这标志着我国成为继美国GPS和俄罗斯的GLONASS后,在世界上第三个建立了完善的卫星导航系统的国家,该系统的建立对我国国防和经济建设将起到积极作用。2007年2月3日,"北斗一号"第四颗卫星发射成功,该卫星不仅作为早期3颗卫星的备份,同时还将进行北斗卫星导航定位系统的相关试验。自此,"北斗一号"已有4颗卫星在太空遨游,组成了完整的卫星导航定位系统,确保全天候、全天时提供卫星导航资讯。

"北斗一号"是利用地球同步卫星为用户提供快速定位、简短数字报文通信和授时服务的一种全天候、区域性的卫星定位系统。"北斗一号"具有卫星数量少、投资小、用户设备简单价廉、能实现一定区域的导航定位、通信等多用途,可满足当前我国陆、海、空运输导航定位的需求。

3.1.1 系统构成

双星导航定位系统也称为"北斗一代"导航系统,其由空间卫星、地面站和用户接收机三大部分组成。

3.1.1.1 空间卫星

由两颗地球静止卫星(80°E和140°E)、一颗在轨备份卫星(110.50°E)同步卫星(含1颗备用星)组成,其工作频率为 2 491.75MHz。

两颗 GEO 卫星为分布在地球赤道平面上的地球同步卫星,卫星的赤道角距约 60°。主要服务于中国本土,覆盖范围为东经 70°—140°,北纬 5°—55°,上大下小,最宽处在北纬 35°左右。

3.1.1.2 地面站

由中心控制系统和标校系统组成。

中心控制系统:主要用于卫星轨道的确定、电离层校正、用户位置确定、用户短报文信息交换等。

(1)测量控制中心功能:①系统出站链路的信号发射和信号调制;②入站链路的信号接收和信息解调;③测量控制中心至用户(标校机)往返距离的测量;④卫星轨道确定和预报;⑤电离层等传播延迟修正;⑥用户位置解算,定时解算和通信处理。

(2)标校系统:提供距离观测量和校正参数。

控制测量中心出站链路属于卫星固定业务,上行频段分别为:5 725～7 075MHz、7 925～8 425MHz、14.0～14.5GHz。下行频段分别为:3 400～4 200MHz、7 250～7 750MHz、10.95～11.20GHz。其发射终端与系统时间同步,按出站信号格式发布定位或通信信息和卫星轨道参数。

入站链路完成对用户信号的捕获、跟踪、解调与高精度距离测量。

3.1.1.3 用户段

各类用户终端,包含导航类接收机、授时类接收机和测量型接收机。

3.1.2 系统功能

系统具有三大功能,分别为短报文通信、精密授时和定位功能。

(1)短报文通信。北斗系统用户终端具有双向报文通信功能,用户可以一次传送 40～60 个汉字的短报文信息。特别用户可以达到一次传送 120 个汉字的信息。这在远洋航行中有重要的应用价值。

(2)精密授时。北斗系统具有精密授时功能,可向用户提供 20～100ns 时间同步精度。

(3)定位精度。水平精度 100m(10σ),设立标校站之后为 20m(类似差分状态)。工作频率:2 491.75MHz。

系统容纳的最大用户数:540 000 户/h。

3.1.3 工作原理

中心控制系统接收并解调用户发来的信号,然后根据用户的申请服务内容进行相应的数据处理。对定位申请,中心控制系统测出两个时间延迟:①从中心控制系统发出询问信号,经某一颗卫星转发到达用户,用户发出定位响应信号,经同一颗卫星转发回中心控制系统的延迟;②从中心控制发出询问信号,经上述同一卫星到达用户,用户发出响应信号,经另一颗卫星转发回中心控制系统的延迟。由于中心控制系统和两颗卫星的位置均是已知的,因此由上面两个延迟量可以算出用户到第一颗卫星的距离,以及用户到两颗卫星距离之和,从而知道用户处于一个以第一颗卫星为球心的一个球面和以两颗卫星为焦点的椭球面之间的交线上。另外中心控制系统从存储在计算机内的数字化地形图查寻到用户高程值,又可知道用户处于某一与地球基准椭球面平行的椭球面上,从而中心控制系统可最终计算出用户所在点的三维坐标,这个坐标经加密由出站信号发送给用户。

双星导航定位系统还具有其他导航系统所不备的通信功能。但是,用户机的定位申请要传送到控制测量中心系统,中心系统解算出用户的三维坐标后再发回用户。其间经过同步卫星,由同步卫星再转发,控制测量中心系统的数据处理,时间延迟就长了,因此,对于高速运动体,会增大定位误差。

3.1.4 性能

"北斗一号"就性能来说,和美国 GPS 相比差距甚大。第一,覆盖范围也不过是初步具备了我国周边地区的定位能力,与 GPS 的全球定位相差甚远。第二,定位精度低,定位精度最高 20m,而 GPS 可以到 10m 以内。第三,由于采用卫星无线电测定体制,用户终端机工作时要发送无线电信号,会被对方无线电侦测设备发现,因此不适合军用。第四,无法在高速移动平台上使用,这限制了它在航空和陆地运输上的应用。用 2 颗卫星与 24 颗卫星形成的系统进行比较本就不公平,GPS 投入比"北斗一号"要大许多倍,技术含量也比"北斗一号"高。最重要的是,"北斗一号"是我国独立自主建立的卫星导航系统,它的研制成功标志着我国打破了美、俄在此领域的垄断地位,解决了中国自主卫星导航系统的有无问题。它是一个成功的、实用的、投资很少的初步起步系统。此外,该系统并不排斥国内民用市场对 GPS 的广泛使用。以北斗导航试验系统为基础,我国开始逐步实施北斗卫星导航系统的建设,首先满足中国及其周边地区的导航定位需求,并进行系统的组网和测试,逐步扩展为全球卫星导航定位系统,此时才能与 GPS 进行比较。

3.1.4.1 "北斗一号"自身特点

(1)"北斗"具有定位和通信双重作用,具备的短信通信功能就是 GPS 所不具备的。
(2)"北斗"定位精度 20m 左右。
(3)"北斗"终端价格已经趋于 GPS 终端价格。
(4)采用接收终端不需铺设地面基站。
(5)灾难中心的船只 1s 就可以发出信息。

3.1.4.2 "北斗一号"与 GPS 相比之优缺点

(1)覆盖范围:北斗导航系统是覆盖中国本土的区域导航系统。覆盖范围东经约 70°—140°,北纬 5°—55°。GPS 是覆盖全球的全天候导航系统。

(2)卫星数量和轨道特性:北斗导航系统是在地球赤道平面上设置 2 颗地球同步卫星,且 2 颗卫星间的赤道角距约 60°。GPS 是在 6 个轨道平面上设置 24 颗卫星,轨道赤道倾角 55°,轨道面赤道角距 60°。卫星 11 小时 58 分绕地球一周。

(3)定位精度:北斗导航系统三维定位精度约几十米,授时精度约 100ns。GPS 三维定位精度 P 码已由 16m 提高到 6m,C/A 码已由 25～100m 提高到 12m,授时精度目前约 20ns。

(4)用户容量:北斗导航系统是主动双向测距的询问-应答系统,GPS 是单向测距系统,用户设备只要接收导航卫星发出的导航电文即可进行测距定位,因此 GPS 的用户设备容量是无限的。

(5)生存能力:与所有导航定位卫星系统一样,"北斗一号"基于中心控制系统和卫星进行工作,但是"北斗一号"对中心控制系统的依赖性明显要大很多,因为定位解算是在中心控制系统内完成而不是由用户设备完成的。为了弥补这种系统易损性,GPS 正在发展星际横向数据链技术,使万一主控站被毁后 GPS 卫星可以独立运行。而"北斗一号"系统从原理上排除了这种可能性,一旦中心控制系统受损,系统就不能继续工作了。

3.1.4.3 "北斗一号"自身缺点

"北斗一号"覆盖区域小,赤道附近定位精度差,只能二维主动式定位,且需要用户提供高程数据。由于该系统用户无法保持无线电静默,也无法在高速移动的平台上使用,因此"北斗一号"系统不能用于军事用途,且用户数量受到限制。

"北斗一号"的潜力所在,主要在定位通信综合领域上,对这种综合功能有需求的领域都会得到充分的应用,仅有定位需要的客户,对"北斗"的需要不迫切。但是对于既需要位置又需要把位置传递出去的用户,北斗卫星导航定位系统是非常有用的。虽然"北斗一号"具有定位和通信两种功能,但其定位精度不如 GPS,通信功能不如国际海事卫星。不论怎样,"北斗一号"的成功运行,为我国导航技术发展积累了经验,为以后"北斗二号"和我国全球导航定位系统的建立打下了技术基础。

随着北斗导航定位系统的建设发展,"北斗"导航应用即将迎来规模化、社会化、产业化、国际化的重大历史机遇,也提出了新的要求。按照军地双方签署的协议,我国已在 2015 年前完成"北斗"导航产品标准、民用服务资质等法规体系建设,形成权威、统一的标准体系。同时在北京建设 1 个国家级检测中心,在全国按区域建设 7 个区域级授权检测中心,加快推动"北斗"导航检测认证进入国家认证认可体系,相关检测标准进入国家标准系列。

建立起"北斗"导航检测认证体系,既是北斗系统坚持军民融合式发展的具体举措,也对创建"北斗"品牌,加速推进"北斗"产品的产业化、标准化起到重要作用。

3.2 "北斗二号"导航系统

受规模和体制限制,"北斗一号"用户需通过卫星向地面中心提出申请,才能定位。定位精度偏低,用户数量受限,只能为时速低于 1 000km 的用户提供定位服务。为满足我国军民用户对无源导航定位的需求,2004 年 8 月,国务院、中央军委批准建设第二代卫星导航系统,命名为"北斗二号"卫星导航系统,简称"北斗二号"系统。"北斗二号"系统建设分两步实施:第一期工程的目标是建设能向全球扩展的区域卫星导航系统,并在重点地区具有报文通信能力。目前,"北斗二号"卫星工程研制建设已完成并投入使用。第二期是建设能覆盖全球范围的卫星导航系统。

"北斗二号"卫星导航系统(BD2、Beidou-2)是中国独立开发的全球卫星导航系统,从 2007 年开始正式建设。"北斗二号"并不是"北斗一号"的简单延伸,它将克服"北斗一号"系统存在的缺点,提供海、陆、空全方位的全球导航定位服务。

"北斗二号"全球卫星定位系统无论是导航方式,还是覆盖范围上都和美国的 GPS 非常类似,而且有着 GPS 和 GLONASS 系统无法比拟的独特优势。"北斗二号"系统主要有三大功能:快速定位,为服务区域内的用户提供全天候、实时定位服务,定位精度与 GPS 民用定位精度相当;短报文通信,一次可传送多达 120 个汉字的信息;精密授时,精度达 20ns。

2012 年底"北斗二号"正式运行,由 14 颗卫星组成,分别为 5 颗静止轨道卫星(GEO),其轨道高度为 35 786km,卫星定点位置为东经 58.75°,80°,110.5°,140°,160°;5 颗倾斜地球同步轨道卫星(IGSO),轨道高度为 35 786km,分布在 2 个轨道面上,轨道倾角 55°,一个轨道上有 2 颗星,另一个轨道上有 3 颗星;4 颗中圆轨道卫星(MEO),轨道倾角 55°,卫星运行在 2 个轨道面上,每个轨道面上有 2 颗星,轨道面之间相隔 120°,轨道高度为 21 528km。

3.2.1 系统构成

"北斗二号"卫星导航系统由空间段、地面段(主控站、注入站和监测站等)、用户段组成。

3.2.1.1 空间段

空间段包括 5 颗静止地球同步轨道卫星(GEO)、5 颗倾斜地球同步轨道卫星(IGSO)和 4 颗中圆轨道卫星(MEO)(图 3-1、图 3-2)。

(1)"北斗二号"卫星具有以下主要功能:①接收地面运控系统注入的导航电文参数,并存储、处理生成导航电文,产生导航信号,向地面运控系统和应用系统发送;②接收地面上行的无线电和激光信号,完成精密时间比对测量,并将测量结果传回地面;③接收、执行地面测控系统和地面运控系统上行的遥控指令,并将卫星状态等遥测参数下传给地面;④GEO 卫星具有"北斗一号"RDSS 定位转发和通信转发能力,为双向授时、报文通信及地面运控系统各站间的时间同步与数据传输提供转发信道;⑤接收信道具备通道保护能力;⑥具有军码战区功率增强功能;⑦在 MEO 和 IGSO 卫星上搭载空间环境探测载荷;⑧GEO 卫星具备位置调整能力;⑨在轨 MEO 卫星具备降轨至 20 200km 高度使用以及在轨道内调整相位的能力。

(2)3 种北斗星座组网卫星的功能。在服务功能的配置上,组成北斗星座的 3 种卫星是有

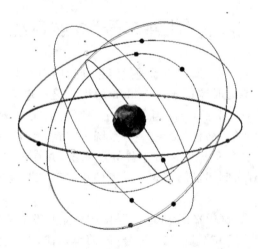

图 3-1 "北斗二号"卫星空间分布示意图

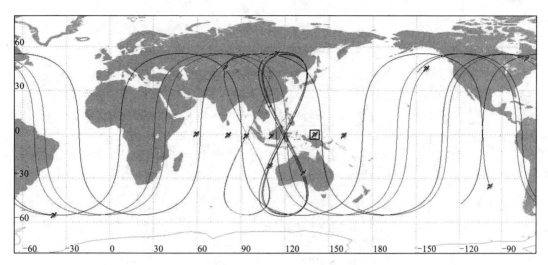

图 3-2 "北斗二号"卫星星下轨迹示意图

区别的:地球静止轨道卫星具备有源、无源、短报文通信 3 种服务功能,而中圆轨道卫星和倾斜地球同步轨道卫星只具有无源定位、导航和授时功能。星座中由于有了地球静止轨道卫星,才保证了有源定位、导航和授时服务,以及短报文通信和位置报告功能。

从设计方面来看,地球静止轨道卫星采用的是东方红三号改进型平台,卫星的有效载荷包括 RDSS 载荷(无线电定位服务)——用来实现有源定位,RNSS 载荷(无线电导航服务)——用于实现无源定位,以及 C/C 通信载荷。

中圆轨道卫星和倾斜地球同步轨道卫星采用的是东方红三号平台,但在卫星的自主能力和在轨正常姿态控制方面作了改进,以适应所运行的轨道和导航载荷的需要。这两种卫星的有效载荷为 RNSS(无线电导航服务)。

"北斗"星座在部署上的特点和优势包括:①北斗系统采用的这种混合星座能以相对较少数量的卫星保证区域内的服务性能,这是一种比较经济的方式,如果全部采用中圆轨道卫星,十几颗卫星无法实现目前的性能指标。②由于卫星数量少,整个部署时间和周期更短,星座建设速度更快,见效也更快。③由于有了地球静止轨道卫星,在提供的服务上比 GPS 多了有源定位和短报文通信。虽然有源定位需要用户申请,并通过地面站转发,但是实现首次定位的时间比无源定位更短。

3.2.1.2 地面段

地面运控系统和测控系统共同完成系统的运行控制。测控系统由测控站和测控中心等组成,完成卫星星座的工程测控管理。地面运控系统由主控站、监测站、时间同步/注入站组成。其中主控站 1 个,一类监测站 7 个,二类监测站 20 个,时间同步/注入站 2 个,如图 3-3 所示。

地面运控系统具有以下功能:①建立维持系统时间基准,进行星地时间比对观测,完成卫星钟差预报;②建立维持系统空间坐标基准,进行精密轨道测定,完成卫星广播星历预报;③完成电离层延迟监测,提供系统电离层延迟改正模型参数;④完成重点服务区域内的系统完好性监测及广域差分处理;⑤完成导航电文参数及广播信息等的上行注入;⑥完成系统精密测距码及广播信息的安全管理以及用户密钥管理;⑦与测控系统共同进行卫星星座和有效载荷的管

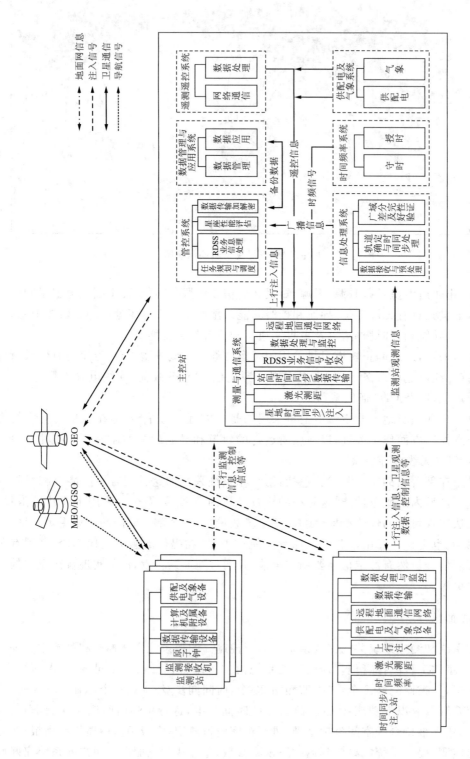

图 3-3 地面运控系统组成示意图

理与维护;⑧完成监测站、主控站、时间同步/注入站的运行管理;⑨完成双向报文信息及双向授时申请的响应与处理。

(1)主控站(图3-4)是系统的运行控制中心。主控站包括测量与通信系统、信息处理系统、管控系统、时间频率系统、遥控遥测系统、数据管理与应用系统、供配电系统等。主控站的主要任务是收集系统导航信号监测、时间同步观测比对等原始数据,进行系统时间同步及卫星钟差预报、卫星精密定轨及广播星历预报、电离层改正、广域差分改正、系统完好性监测等信息处理,完成任务规划与调度和系统运行管理与控制等。同时,主控站还需与所有卫星进行星地时间比对观测,与所有时间同步/注入站进行站间时间比对观测,向卫星注入导航电文参数、广播信息等。

图3-4 主控站天线

(2)监测站主要配备高性能监测接收机、高精度原子钟、数据处理设备、数据通信终端,以及气象仪、电源等附属设备。其任务是利用高性能监测接收机对卫星多频导航信号进行连续监测,为系统精密轨道测定、电离层校正、广域差分改正及完好性确定提供实时观测数据。监测站分为一类监测站和二类监测站。一类监测站主要用于卫星轨道测定及电离层校正,二类监测站主要用于系统广域差分改正及完好性监测。其中,有3个一类监测站分别与1个主控站及2个时间同步/注入站并置建设,其他所有监测站在我国陆地区域均匀分布,独立建设。

(3)时间同步/注入站主要包括星地时间同步/上行注入分系统、站间时间同步/数据传输分系统、时间频率分系统、数据处理与监控分系统等。其主要任务是配合主控站完成星地时间比对观测,向卫星上行注入导航电文参数等,并与主控站进行站间时间同步比对观测。

地面运控系统基本工作流程如下:

(1)地面站间进行双向时间比对测量,各站通过卫星通信链路将内部时间测量和外部时间比对数据发送至主控站,主控站对观测数据进行分析处理,利用综合原子时方法建立系统时间,并给出各站钟的钟差,使所有地面站(主控站、时间同步/注入站和一类监测站)的工作主钟之间保持时间同步。

(2)时间同步/注入站和主控站与卫星进行双向时间比对测量,卫星测量数据经导航信道播发,主控站对星地时间同步数据进行处理,确定卫星钟差参数并进行预报,实现卫星钟与系统时间的同步。

(3)地面系统精确测定各地面站空间坐标,确定测站运动学模型(包括板块运动、固体潮等),建立系统空间坐标基准。

(4)监测站对可见卫星进行伪距跟踪观测,并将观测数据利用通信 C 链路实时送往主控站,主控站利用一类监测站观测数据对卫星轨道进行精密确定和预报。

(5)主控站对所有监测站的观测数据进行综合处理,确定系统广域差分、电离层格网和完好性参数,并根据卫星轨道、卫星钟差等信息形成导航参数,编制导航电文。

(6)时间同步/注入站接收主控站的导航电文信息并上行注入给卫星,卫星在星载原子钟控制下发射经过导航电文和伪码调制的导航无线电信号。

(7)主控站利用信源、信道加密和密钥分发手段,对导航信号和通信信息进行安全保护。

(8)主控站对卫星和地面系统的运行状态进行实时监视和控制,确保系统正常运行。地面运控系统基本工作信息流程如图 3-5 所示。

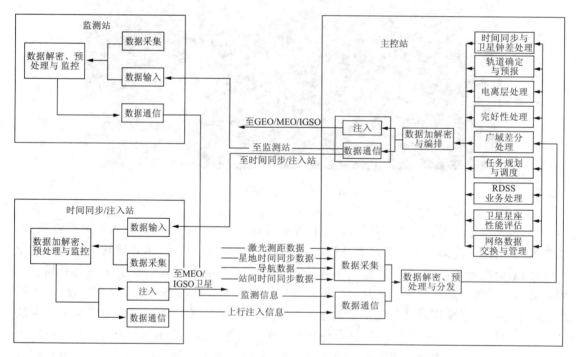

图 3-5 地面运控系统信息流程图

3.2.1.3 用户段

用户部分包括服务于陆、海、空、航天等不同用户的各种性能用户机。"北斗二号"用户机设备主要功能是接收"北斗"卫星发送的导航信号,恢复载波信号频率和卫星钟,解调出卫星星历、卫星钟校正参数等数据;通过测量本地时钟与恢复的卫星钟之间的时延来测量接收天线至卫星的距离(伪距);通过测量恢复的载波频率变化(多普勒频率)来测量伪距变化率;根据获得的这些数据,计算出用户所在的位置、速度、准确的时间等导航信息,并将这些结果显示在屏幕上或通过端口输出。

3.2.2 系统功能

"北斗二号"系统能够为用户提供定位、实时导航、精密测速和精确授时服务,并在重点区域兼有位置报告和短报文服务功能。

定位包括 RDSS 和 RNSS 服务。

RDSS:快速确定用户所在点的三维坐标位置,向用户及其上级提供导航定位报务。

RNSS:向用户提供解算自身位置和速度所需要的导航信息,由用户机被动接收系统卫星信号进行位置解算。

双向短报文通信和位置报告:用户间可相互收发短报文通信,并可通过报文将本机位置报告其他指定用户。

授时:为用户提供高精度时间信息。

3.2.3 系统服务范围及主要性能指标

"北斗二号"卫星导航系统是区域性导航系统,它服务的区域为东经 55°—180°(伊朗—中途岛),南纬 55°—北纬 55°(奥克兰群岛—腾达)之间的大部分区域。其中,东经 75°—135°,北纬 10°—55°(亚太地区)为重点地区。

"北斗二号"在系统服务区域内主要服务指标如下:
(1)定位精度(95%置信度)。
RNSS:水平 10m,高程 10m(重点区域);其他大部分地区水平 20m,高程 20m。
RDSS:水平 20m(1σ,无标校站地区 100m),高程 10m。
(2)测速精度:0.2m/s。
(3)授时精度:单向 50ns,双向 10ns。
(4)短电文通信能力:每次 120 个汉字的短信息交换能力。
(5)军码战区功率增强能力:优于 8 分贝。
完好性:性能超差告警时间 6~30s(取决于不同告警条件)。

3.2.4 基本工作模式

3.2.4.1 RDSS 工作模式

"北斗二号"系统继承了"北斗一号"系统的双星定位体制,为用户提供 RDSS 服务。基本定位原理为双向测距、三球交汇测量原理:地面中心通过两颗 GEO 卫星向用户广播询问信号(出站信号),并根据用户响应的应答信号(入站信号)测量并计算出用户到两颗卫星的距离;然后根据中心存储的数字地图或用户自带测高仪测出的高程算出用户到地心的距离,根据这 3

个距离就可以通过三球交汇测量原理确定用户的位置,并通过出站信号将定位结果告知用户。授时和报文通信功能也在这种出入站信号的传输过程中同时实现。

系统的工作过程是:首先,由地面中心向卫星Ⅰ和卫星Ⅱ同时发送出站询问信号(C频段);然后,两颗工作卫星接收后,经卫星上出站转发器变频放大向服务区内的用户广播(S频段);最后,用户响应其中一颗卫星的询问信号,并同时向两颗卫星发送入站响应信号(用户的申请服务内容包含在内,L频段),经卫星转发回地面中心(C频段),地面中心接收解调用户的申请服务内容进行相应的数据处理。

定位申请:根据测出的距离和,加上从储存在计算机内的数字地图查寻到的用户高程值(或由用户携带的气压测高仪提供),计算用户所在点的坐标位置,然后置入出站信号中发送给用户,用户收此信号后便知自己的坐标位置。

通信申请:地面中心根据通信地址将通信内容置入出站信号发给相应用户。图3-6示意了用户响应卫星转发的出站信号的过程。

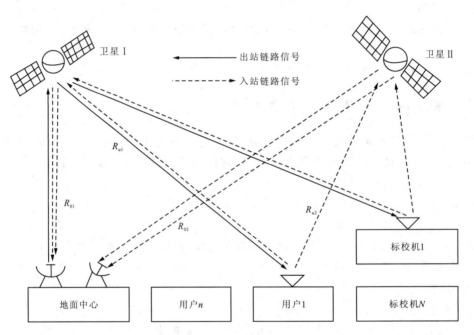

图3-6 系统提供RDSS服务基本工作过程

为了保证定位精度,该系统设置了定位、定轨、气压测高标校机。系统采用广域差分定位方法,利用标校机的观测信息,确定服务区内电离层、对流层以及卫星轨道位置误差等校准参数,从而为用户提供更高精度的定位服务。

系统在运行期间能安全地传输机密级以下的保密信息。对信号在空间传输过程中采用了信道加密和信源加密双重加密处理。信道加密是对每个有保密要求的用户都选用一对独特的伪随机码(PN码)对载频信号进行扩频,一户一码;信源加密方案是按信道中能传输机密级信息的要求进行独立设计的。

3.2.4.2　RNSS工作模式

在为用户提供 RDSS 服务的同时，"北斗二号"区域系统也为用户提供 RNSS 服务。基本定位原理为单向测距、三球交汇测量原理：用户机接收至少 4 颗卫星导航信号进行单向测距，获得至少 4 个伪距观测量和导航电文信息，利用导航电文信息解算卫星位置；利用 4 颗卫星位置、4 个伪距观测量和导航电文信息进行解算得到用户位置和时间。

系统的基本工作过程如下：

测控系统负责导航星座的长期工程测控管理。由西安测控中心的通信系统，统一指挥调度完成日常管理、能源管理、轨控、姿控、服务舱设备切换等工作。

地面运控系统负责系统时间同步、卫星轨道观测及导航信号检测，完成卫星钟差、卫星轨道、电离层改正等导航参数，及广域差分、完好性等广播信息的确定，并上行注入给卫星。其中，系统时间采用综合原子时方法由地面原子钟实现，卫星钟的时间同步利用星地时间同步间接实现，星地时间同步采用星地双向伪距码无线电测距法，站间时间同步采用卫星双向时间频率传递（TWSTFT）法；卫星精密定轨采用星地观测伪距结合动力学模型实现；信息上行注入和下行导航信号均采用伪距码扩频体制；系统所有通信链路均采用信道和信源加密体制。

在测控系统、地面运控系统的管理下，导航卫星连续发射导航信号，信号中包括载波、伪随机测距码、导航电文（包括卫星时间、卫星钟差、卫星轨道、电离层改正及广域差分、完好性等信息）。

用户机接收至少 4 颗卫星导航信号，获得至少 4 个伪距观测量和导航电文信息，利用导航电文信息解算卫星位置；利用 4 颗卫星位置、4 个伪距观测量和导航电文信息进行解算得到用户位置和时间，完成基本导航定位、授时等功能；还可以通过多普勒测量，完成测速功能。

3.2.5　应 用

北斗卫星导航系统提供定位、导航、授时服务，分为开放服务和授权服务两种方式。

3.2.5.1　开放服务

任何拥有终端设备的用户可免费获得此服务，其精度为：定位精度平面 10m、高程 10m；测速精度 0.2m/s；授时精度单向 50ns，开放服务不提供双向高精度授时。

3.2.5.2　授权服务

除了面向全球的免费开放服务外，还有需要获得授权方可使用的服务。授权又分成不同等级，区分军用和民用。

高精度：北斗卫星导航系统可以提供比开放服务更佳的精确度，需要获得授权，其具体性能指标未知。

广域差分：在亚太地区，借助类似于广域增强系统的广域差分技术（广域增强），根据授权用户的不同等级，提供更高的定位精度，最高为 1m。

信息收发：北斗卫星导航系统还可为授权用户提供信息的收发，即短报文服务，这项服务仅限于亚太地区。军用版容量为 120 个汉字，民用版 49 个汉字。

3.3 北斗全球卫星导航定位系统

全球卫星导航定位系统是北斗卫星导航系统建设"三步走"规划中的第三步,到 2020 年建成由 5 颗地球静止轨道和 30 颗地球非静止轨道卫星组网而成的全球卫星导航系统。

3.3.1 系统构成

北斗全球卫星导航定位系统构成与其他卫星导航系统一样,分为空间段、地面段和用户段。

3.3.1.1 空间段

北斗全球卫星导航系统的空间段计划由 35 颗卫星组成,包括 5 颗静止轨道卫星、27 颗中地球轨道卫星、3 颗倾斜同步轨道卫星。5 颗静止轨道卫星定点位置分别为东经 58.75°、80°、110.5°、140°、160°,中地球轨道卫星运行在 3 个轨道面上,轨道面之间为相隔 120°均匀分布。

至 2016 年 6 月,已发射了 23 颗卫星,35 颗星计划 2020 年全部发射完成。

北斗卫星导航系统同时使用静止轨道与非静止轨道卫星,对于亚太范围内的区域导航来说,无需借助中地球轨道卫星,只依靠"北斗"的地球静止轨道卫星和倾斜地球同步轨道卫星即可保证服务性能。而数量庞大的中地球轨道卫星,主要服务于全球卫星导航系统。此外,如果倾斜地球同步轨道卫星发生故障,则中地球轨道卫星可以调整轨道予以接替,即作为备份星。

在北斗全球卫星导航系统中,使用无源时间测距技术为全球提供无线电卫星导航服务(RNSS),同时也保留了试验系统中的有源时间测距技术,即提供无线电卫星测定服务(RDSS),但仅在亚太地区实现。从卫星所具有的功能来区分,可以分成下列两类:

(1)非静止轨道卫星。北斗卫星导航系统中地球轨道卫星和倾斜地球同步轨道卫星使用"东方红三号"通信卫星平台并略有改进,其有效载荷都为 RNSS 载荷。

(2)静止轨道卫星。这类卫星使用改进型"东方红三号"平台,其 5 颗卫星的定点位置为东经 58.75°—160°之间,每颗均有 3 种有效载荷,即用于有源定位的 RDSS 载荷、用于无源定位的 RNSS 载荷、用于客户端间短报文服务的通信载荷。由于此类卫星仅定点在亚太地区上空,故需要用到 RDSS 载荷的有源定位服务以及用到通信载荷的短报文服务只能在亚太提供。

北斗卫星导航系统使用码分多址技术,与 GPS 全球定位系统和 GALILEO 定位系统一致,而不同于 GLONASS 系统的频分多址技术。两者相比,码分多址有更高的频谱利用率,在 L 波段的频谱资源非常有限的情况下,选择码分多址是更妥当的方式。此外,码分多址的抗干扰性能以及与其他卫星导航系统的兼容性能更佳。

北斗卫星导航系统的官方宣布,在 L 波段和 S 波段发送导航信号,在 L 波段的 B1、B2、B3 频点上发送服务信号,包括开放的信号和需要授权的信号。

(1)B1 频点:1 559.052~1 591.788MHz。
(2)B2 频点:1 166.220~1 217.370MHz。
(3)B3 频点:1 250.618~1 286.423MHz。

3.3.1.2 地面段

系统的地面段由主控站、注入站、监测站组成。

(1)主控站用于系统运行管理与控制等。主控站从监测站接收数据并进行处理,生成卫星导航电文和差分完好性信息,而后交由注入站执行信息的发送。

(2)注入站用于向卫星发送信号,对卫星进行控制管理,在接受主控站的调度后,将卫星导航电文和差分完好性信息向卫星发送。

(3)监测站接收卫星信号,将接收的数据发送到主控站。

3.3.1.3 用户段

用户段即用户的终端,既可以是专用于北斗卫星导航系统的信号接收机,也可以是同时兼容其他卫星导航系统的接收机。接收机需要捕获并跟踪卫星的信号,根据数据按一定的方式进行定位计算,最终得到用户的经纬度、高度、速度、时间等信息。

3.3.2 系统功能

系统功能与"北斗二号"基本一致。向用户提供定位、实时导航、精密测速和精确授时服务,并在重点区域兼有位置报告和短报文服务功能。

3.3.3 系统服务范围

北斗全球导航定位系统向全球提供导航定位服务,在亚太地区兼有位置报告和短报文服务功能。

3.3.4 基本工作模式

由27颗中圆轨道卫星向全球提供定位、实时导航、精密测速和精确授时服务,5颗同步卫星和3颗倾斜轨道卫星亚太地区兼有位置报告和短报文服务。

3.4 卫星轨道

北斗卫星导航系统的卫星轨道与其他导航系统卫星轨道不同:一是轨道面不一样,北斗系统采用的是混合轨道面,即3种轨道面;二是高度不同,北斗系统 GEO 和 IGSO 卫星高度为 35 786km,MEO 卫星高度为 21 528km。轨道的选择原则是基于获得系统的稳定精度、可用度、连续性和完好性,不需考虑系统成本和技术可行性,设计内容包括卫星高度、轨道面及星座组成和测控方法。

3.4.1 卫星高度

卫星高度分为卫星的地面高度和轨道高度。地面高度是指卫星在轨飞行时距地球表面的距离。卫星轨道高度是指卫星近地点地面高度与远地点地面高度的平均值。卫星轨道越高,覆盖地球表面的面积越大,卫星能见角 α 就越大[图3-7(a)],如 GPS 卫星高度为 20 200km,地面用户对卫星的能见角为 152°。北斗 GEO 卫星高度为 36 000km,能见角为 162°。卫星越高,在地面能观测到的卫星就越多,其精度就越高。但卫星运行时的回归周期就会较长,卫星发射信号需要的功率就会增大,其发射功率是按卫星高度的平方增长,因此卫星成本显著增长。当卫星高度越低时,卫星能见角就越小,需要的卫星就越多。因此如 GPS 和 GLONASS 卫星都在 20 000km 左右,在这个高度覆盖全球需要的卫星数量少,其综合成本也最低。

卫星高度与能见角的关系,可以利用三角函数表示出来[图 3-7(b)],卫星高度 $H=R/\cos(\alpha/2)$,地球半径 $R=6371$km。随着能见角的增大,卫星高度在增大,当能见角到 160°后,随着角度的增加卫星高度发生突变,因此,GEO 在 36 000km 高度是最佳位置。

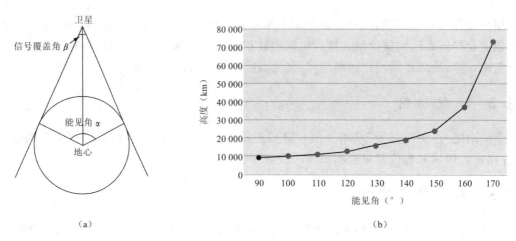

图 3-7 卫星高度与能见角的关系示意图

以上是从卫星发射运行成本分析其高度。从其功能来讲,卫星主要用于导航,而卫星导航是利用多普勒效应进行的,低轨道卫星多普勒效应好,导航精度比较高,发射成本也低,但若覆盖全球的话则需要大量卫星,约 200 颗,这种工程太大了,没有哪个国家负担得起。若采用高轨道卫星,如北斗的 GEO 卫星,理论上,3 颗卫星就能覆盖全球,但定位精度会很低,原因是轨道太高导致卫星相对地球上的接收机速度很小,多普勒效应就很小,不利于使用多普勒频移的解算。因此,中轨卫星是比较折中的方案,覆盖全球只需要 24~36 颗卫星,由于卫星是运动的,即使地面的接收机不动,相对卫星的速度也很大,这就可以充分利用多普勒频移方法了。

基于以上考虑,美国和俄罗斯选择了 24 颗卫星的中轨星座。

3.4.2 测控站布设

卫星与地球质心在任一时刻的连线与地球表面的交点被称为星下点,各星下点的连线称为星下点轨迹。

若地球为静止状态,绕地球运动的卫星其星下点轨迹在地球表面是一个大圆。但是,由于地球自转和轨道平面运动,每次卫星通过的星下点轨迹都不重复。当地球自西向东自转时,卫星的轨迹在地面上表现为逐圈向西移动,就像一正弦曲线。MEO 卫星的星下点轨迹如图 3-8 所示。该特性使得在地球上的测控站有机会见到任何轨道平面的卫星,为地面测控带来了极大的方便。

对于两颗 MEO 卫星的地面轨迹,若其中一颗卫星在经度 0°处横穿赤道(北交点的经度为 0°),则第二颗卫星在同一轨道平面间隔为 90°。

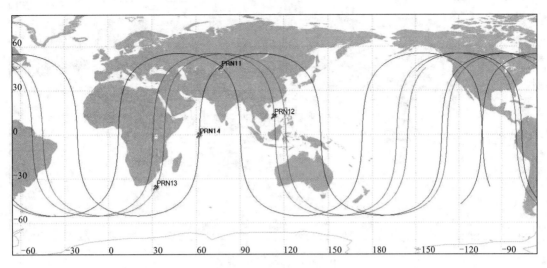

图 3-8 MEO 星下点轨迹

但对于 GEO 和 IGSO 卫星就不一样了。IGSO 星下点轨迹为通过赤道某一交点的"8"字形(图 3-9);GEO 星下点轨迹为一点,如图 3-10 所示。

因此,对于北斗的 GEO 和 IGSO 卫星,在中国境内就能观测到,而对于覆盖全球的 MEO 卫星,就必须实行全球布站方案。否则必须通过卫星链路才能完成卫星测控、卫星时间同步及轨道测量。所以 GEO 和 IGSO 卫星不一样,仅用于区域覆盖。

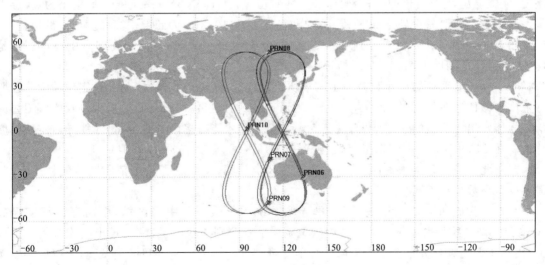

图 3-9 IGSO 星下点轨迹

3.4.3 轨道面及星座组成

卫星轨道面是用上行升交点的赤径 Ω 和轨道倾角 i 来描述的。GPS 导航定位系统采用

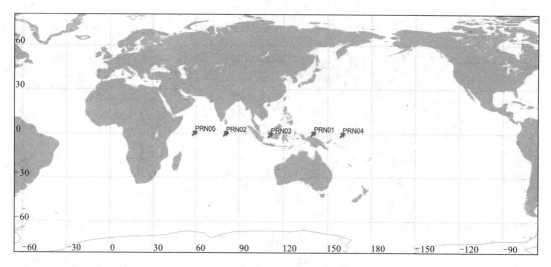

图 3-10　GEO 星下点轨迹

$0°<i<90°$ 的倾斜轨道,若照顾低中纬度地区的覆盖,一般倾角为 $45°<i<55°$;若照顾中高纬度地区的覆盖,一般倾角在 $55°<i<65°$,故 GPS 卫星的倾角为 $55°$。

对于全球定位星座的选择,高度在 20 000km 以下的低轨卫星星座是不合适的。分析表明,覆盖全球,2 000km 高度的星座数量是 20 000km 高度星座数量的 4 倍,这将使系统的成本和维持费用猛增。对于高度为 20 000km 的 MEO 星座,无论卫星总数是 24 颗还是 30 颗,卫星轨道面是 3 个还是 6 个,其可用度最高,其 PDOP≤6 时的可用度达 99.9%。因此,GPS 星座为 24 颗卫星,6 个轨道面,每个轨道面上 4 颗卫星。GLONASS 系统的卫星星座为 24 颗卫星,3 个轨道平面,每个轨道面 8 颗卫星,轨道高度 19 100km,为照顾中高纬度地区的覆盖,轨道倾角为 64.8°。GALILEO 系统卫星星座由 30 颗卫星组成,均匀分布在 3 个中高度圆形地球轨道上,轨道高度为 23 616km,轨道倾角 56°。

每一种导航系统的星座数量是由需求所决定的,一是服务范围;二是导航定位精度。在服务范围内的任何时间、任何地方均应能观测到 5 颗以上卫星。我们知道,至少接收 4 颗卫星的信号才能定出接收机的三维坐标,观测 5 颗以上卫星才能有多余的观测量,才能导航定位精度评估。在 20 000km 高度布设星座,达到覆盖全球区域,至少需要 24 颗卫星。

对于北斗卫星系统来讲,由于其发展分为 3 个步骤,每一步骤服务范围和导航精度不同,需要的卫星数量亦不同。

从前面我们知道,"北斗一号"卫星导航系统主要服务于中国区域,平面定位精度最高 20m,是一个二维导航系统。那么在中国范围内能观测到 4 颗卫星,就可定出接收机的三维坐标,当然 4 颗卫星要分布在 4 个象限内才能保证精度。该系统主要目的是试验,为以后导航系统建立积累经验。在中国上空始终能观测到的卫星只有赤道上空地球同步静止卫星,不计算高程,只定位平面位置,3 颗卫星可以保证。但若布设 3 颗地球同步静止卫星,那么 3 颗卫星则排成了一线,其 PDOP 很差,不能保证精度,因此设计时在赤道上空布设 2 颗地球同步静止卫星,第三颗卫星则由地面上的 29 个监测站来代替。

"北斗二号"导航系统也是区域性导航定位系统,是中国导航系统发展的第二步骤,其定位精度为平面 10m、高程 10m,覆盖区域主要是亚太地区,重点是中国范围。由于是区域性导航,那么在工作区域要始终有4个以上可见卫星,除赤道上空地球同步静止卫星(GEO)外,还要有其他轨道面卫星始终可见,使卫星分布达到最佳,于是就有了倾斜地球同步轨道卫星(IGSO)。IGSO卫星在地球表面轨迹为通过赤道某一交点的"8"字形,2个轨道面,高度36 000km(经度95°和118°)。5颗GEO卫星和5颗IGSO卫星组成的星座,在中国区域可观测到4颗以上卫星,可进行导航定位。为增加观测量和考虑后续发展,又增加4颗中圆轨道卫星(MEO),因此,"北斗二号"导航系统的星座由14颗卫星组成(5+5+4)。14颗卫星的星下点轨迹如图3-11所示。

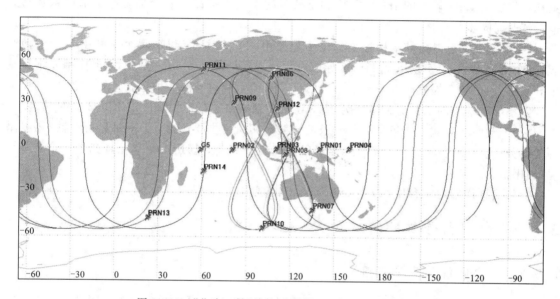

图3-11 "北斗二号"导航系统的14颗卫星星下点轨迹

"北斗"全球导航定位系统是中国导航系统发展的第三步骤。其工作区域是全球性的,精度与GPS相当。其星座由27颗MEO卫星和5颗静止地球同步轨道卫星(GEO)和3颗倾斜地球同步轨道卫星(IGSO)组成。对于导航定位需求而言,27颗GEO卫星可以满足要求,考虑到通信功能和在亚太地区导航增强的需要,保留了5颗GEO和3颗IGSO卫星。因此其星座由35颗卫星组成(27+3+5)。27颗MEO卫星分布在3个中圆轨道面上,3颗IGSO卫星分布在3个倾斜地球同步轨道面上。

3.5 北斗系统空间信号特征

3.5.1 空间信号接口特征

3.5.1.1 空间信号射频特征

北斗系统采用右旋圆极化(RHCP)L波段信号。B1频点的标称频率为1 561.098MHz,卫星发射信号采用正交相移键控(QPSK)调制,其他信息详见BDS-SIS-ICD-2.0的规定。

3.5.1.2 导航电文特征

(1)导航电文构成。根据信息速率和结构不同,导航电文分为 D1 导航电文和 D2 导航电文。D1 导航电文速率为 50bps,D2 导航电文速率为 500bps。MEO/IGSO 卫星播发 D1 导航电文,GEO 卫星播发 D2 导航电文。

D1 导航电文以超帧结构播发。每个超帧由 24 个主帧组成,每个主帧由 5 个子帧组成,每个子帧由 10 个字组成,整个 D1 导航电文传送完毕需要 12min。其中,子帧 1 至子帧 3 播发本星基本导航信息;子帧 4 的 1~24 页面和子帧 5 的 1~10 页面播发全部卫星历书信息及与其他系统时间同步信息。

D2 导航电文也以超帧结构播发。每个超帧由 120 个主帧组成,每个主帧由 5 个子帧组成,每个子帧由 10 个字组成,整个 D2 导航电文传送完毕需要 6min。其中,子帧 1 播发本星基本导航信息,子帧 5 播发全部卫星的历书信息与其他系统时间同步信息。

卫星导航电文的正常更新周期为 1h。导航信息帧格式详见 BDS-SIS-ICD-2.0 的规定。

(2)公开服务导航电文信息。公开服务导航电文信息主要包含:①卫星星历参数;②卫星钟差参数;③电离层延迟模型改正参数;④卫星健康状态;⑤用户距离精度指数;⑥星座状况(历书信息)等。

导航信息详细内容参见 BDS-SIS-ICD-2.0 的规定。

3.5.2 空间信号性能特征

3.5.2.1 空间信号覆盖范围

北斗系统公开服务空间信号覆盖范围用单星覆盖范围表示。单星覆盖范围是指从卫星轨道位置可见的地球表面及其向空中扩展 1 000km 高度的近地区域。

3.5.2.2 空间信号精度

空间信号精度采用误差的统计量描述,即任意健康的卫星在正常运行的误差统计值(95% 置信度)。

空间信号精度主要包括 4 个参数:①用户距离误差(URE);②URE 的变化率(URRE);③URRE 的变化率(URAE);④协调世界时偏差误差(UTCOE)。

(1)空间信号 URE。北斗系统公开服务空间信号 URE 采用空间信号瞬时 URE 的统计值表示。空间信号瞬时 URE 是指在不包含用户接收机钟差和测量误差的情况下,实际观测卫星空间信号所得到的伪距值与采用导航电文参数所得到的伪距值之差。空间信号瞬时 URE 仅考虑与北斗空间段与地面控制段相关的误差(不包括对流层延迟补偿误差、多径及接收机噪声等与用户段相关的误差)。

(2)空间信号 URRE。北斗系统公开服务空间信号 URRE 是指用户距离误差对时间的一阶导数。

(3)空间信号 URAE。北斗系统公开服务空间信号 URAE 是指用户距离误差对时间的二阶导数。

(4)空间信号 UTCOE。北斗系统公开服务空间信号 UTCOE 是指北斗时与协调世界时的偏差的精度。北斗时与 UTC 保持在 100ns 以内。

3.5.2.3 空间信号连续性

北斗系统公开服务空间信号连续性是指一个健康的公开服务空间信号能在规定时间段内不发生非计划中断而持续工作的概率。空间信号连续性与非计划中断密切相关。

3.5.2.4 空间信号可用性

北斗系统公开服务空间信号可用性采用单星可用性表示。单星可用性是指北斗星座中规定轨道位置上的卫星提供健康空间信号的概率。

3.6 北斗系统服务性能特征

3.6.1 用户使用条件

BDS-SIS-ICD-2.0 规范中的定位、测速和授时等性能指标是基于用户在规定的条件下实现的：

(1)用户接收机符合 BDS-SIS-ICD-2.0 的相关技术要求：用户接收机可以跟踪和正确处理公开服务信号，进行定位、测速或授时解算。

(2)截止高度角为 10°。

(3)在 CGCS2000 坐标系中完成卫星位置和几何距离的计算。

(4)仅考虑与空间段和地面控制段相关的误差，包括卫星轨道误差、卫星钟差和 TGD 误差。

3.6.2 服务精度

北斗系统公开服务的服务精度包括定位、测速和授时精度。

(1)定位精度指在规定用户条件下，北斗系统提供给用户的位置与用户真实位置之差的统计值，包括水平定位精度和垂直定位精度。

(2)测速精度指在规定用户条件下，北斗系统提供给用户的速度与用户真实速度之差的统计值。

(3)授时精度指在规定用户条件下，北斗系统提供给用户的时间与 UTC 之差的统计值。

3.6.3 服务可用性

服务可用性指可服务时间与期望服务时间之比。可服务时间是指在给定区域内服务精度满足规定性能标准的时间。

北斗系统公开的服务可用性包括 PDOP 可用性和定位服务可用性。

PDOP 可用性指规定时间内，规定条件下，规定服务区内 PDOP 值满足 PDOP 限值要求的时间百分比。

定位服务可用性指规定时间内，规定条件下，规定服务区内水平和垂直定位精度值满足定位精度限值要求的时间百分比。

4 北斗导航基本原理

从概念上讲,卫星导航的基本观测量是距离。距离是通过将接收到的信号与接收机自身产生的信号进行比较,得到时间差或相位差,进一步计算而得到的。卫星导航系统的信号由载波相位、测距码和导航电文 3 部分组成。目前,主要 GNSS 系统的信号信息如表 4-1 所示。

表 4-1 GPS、BDS、GALILEO 信号信息

系统	波段	频率(MHz)	频长(cm)
BDS	B1	1 561.098	19.20
BDS/GALILEO	B2/E5b	1 207.140	24.83
BDS	B3	1 268.520	23.63
GPS/GALILEO	L1/E1	1 575.420	19.03
GPS	L2	1 227.600	24.42
GPS/GALILEO	L5/E5a	1 176.450	25.48

4.1 伪距定位原理

伪距定位的基本原理就是测量卫星发射的测距信号(C/A 码或 P 码)从卫星到达用户接收机天线的传播时间 Δt,则伪距为:

$$\tilde{\rho} = c \cdot \Delta t \tag{4-1}$$

因此这种方法也称作时间延迟法。

如何测得这种延迟呢?如果我们知道天线发射测距信号的时刻和接收机接收到测距信号的时刻,用两个时刻的相减所得的时间差就是信号的传播延迟。如果用这种方法,我们无法知道测得卫星发射测距信号的时刻,因为 BDS 卫星是不停地发射信号。

如果在接收机和卫星的时间系统同步的前提下,接收机和卫星都产生相同的测距信号,就能解决这一问题。为了测得卫星至用户接收机的天线之间的时间延迟,用户接收机在接收卫星信号并提取出有关的测距信号外,还要在接收机内部产生一个参考信号。这两个信号通过接收机的信号延迟器进行相位相移,使接收机的参考信号和接收到的卫星信号达到最大相关,并随着卫星至接收机天线之间的距离变化,保持这种最大相关。达到最大相关时,参考信号必须平移量就是测距信号从卫星传播到接收机的天线的时间延迟量。

如图 4-1 所示,在 t 时刻,接收机 T_i,接收到卫星 S^j 发来的测距信号如图 4-1(a)所示,而在同一时刻,接收机产生的信号如图 4-1(b)所示,通过接收机的时间延迟器对图 4-1(b)中的信号进行移位,使得信号移动后的图 4-1(b),即信号图 4-1(a)与图 4-1(c)中的信号达

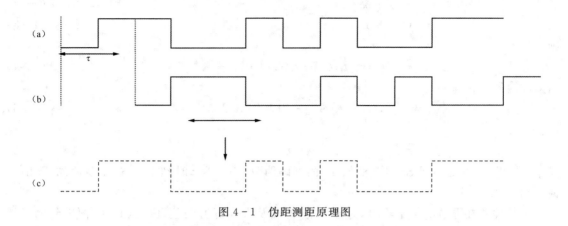

图 4-1 伪距测距原理图

到最大相关,即移动后的接收机信号与接收到的卫星信号对齐。因为在 t 时刻接收到的信号就是卫星 S^j 在 $t-\tau$ 时刻发射的信号(τ 是信号的传播时间),所以,在接收机的信号与接收的卫星信号对齐后,时间延迟器的移动量就是时间的延迟量 τ。

有下列几个问题值得注意:

(1)如果要精确地测定信号传播延迟量 τ,那么接收机和卫星的时间系统要严格同步。否则的话,由时间 τ 计算出的距离就有误差,不精确。由于一般用户接收机在测量时,不可能配备高精度的原子钟,而只是一般的石英钟,因此所得到的卫星至接收机天线间的距离不是真实距离,一般称之为"伪距"。

(2)参考信号和接收到的信号的对齐精度直接影响时间延迟量 τ 的准确程度。根据经验,接收机的参考信号与其接收到的信号的对齐精度(接收机的参考测距码和接收到的测距码的最大相关精度)约为码元宽度的 1%。如 GPS 卫星信号中 C/A 码的码元宽度为 293m,其测距精度约为 2.93m;P 码的码元宽度为 29.3m,其测距精度约为 0.293m,P 码的精度比 C/A 码精度高 10 倍。

(3)码的模糊度问题。两个信号的对齐是在一个周期内完成的。但是究竟是上一个周期内对齐的呢,还是在同一周期内对齐的呢,用户不得而知。在 GPS 信号中,P 码的周期约为 266 天,因此非常容易在一个周期内确定对齐的位置,C/A 码的周期为 0.1ms,对应的距离为 $0.1 \times 10^{-3} \times 3 \times 10^8 = 3 \times 10^5$,这个距离为 300km。因此对于利用 C/A 码进行定位存在一个模糊度的问题,需要事先给定测站的概略坐标。同样北斗系统采用 L 波段进行定位也存在模糊度的问题,由于北斗 L 波段有 3 个频点,在解算模糊度方面会更快。但是对于现代接收机,都能智能地解决这个问题,而不用用户进行人工干预。

4.1.1 观测方程

若取:t^j 为卫星 S^j 发射测距信号的卫星钟时刻;$t^j(G)$ 为卫星 S^j 发射测距信号的标准时刻;t_i 为接收机 T_i 接收到卫星信号的接收机钟时刻;$t_i(G)$ 为接收机 T_i 接收到卫星信号的标准时刻;Δt_i^j 为卫星 S^j 的信号传到达观测站 T_i 的传播时间;δt_i 为接收机钟相对于标准时的钟差;δt^j 为卫星钟相对于标准时的钟差。

根据卫星定位中钟差的定位,有:

$$t^j = t^j(G) + \delta t^j \tag{4-2}$$

$$t_i = t_i(G) + \delta t_i \tag{4-3}$$

则：
$$\Delta t_i^j = t_i - t^j = [t_i(G) - t_i(G)] + \delta t_i - \delta t^j \tag{4-4}$$

两边同时乘以光速 c：
$$c\Delta t_i^j = c[t_i(G) - t_i(G)] + c(\delta t_i - \delta t^j) \tag{4-5}$$

即：
$$\tilde{\rho}_i^j(t) = \rho_i^j(t) + c(\delta t_i - \delta t^j) \tag{4-6}$$

其中：$\tilde{\rho}_i^j(t)$ 为 t 时刻卫星 S^j 至观测站 T_i 的测码伪距；$\rho_i^j(t)$ 为 t 时刻卫星 S^j 至观测站 T_i 的几何距离。

卫星钟差在导航电文中给出，为已知量，再顾及大气折射误差，由式(4-6)便得到测码伪距的观测方程：
$$\tilde{\rho}_i^j(t) = \rho_i^j(t) + c\delta t_i + \Delta_{i,Ig}^j(t) + \Delta_{i,T}^j(t) \tag{4-7}$$

其中：$\Delta_{i,Ig}^j(t)$ 为于观测历元 t 电离层折射对测码伪距的影响；$\Delta_{i,T}^j(t)$ 为于观测历元 t 对流层折射对测码伪距的影响。

4.1.2 观测方程的线性化

取符号：

$\vec{X}^j(t) = [X^j(t), Y^j(t), Z^j(t)]^T$：为卫星在 t 时刻的位置矢量；

$\vec{X}_i = [X_i, Y_i, Z_i]^T$：为测站在同一坐标系的直角坐标向量。

测站至卫星的瞬间距离为：
$$\begin{aligned}\rho_i^j(t) &= [\vec{X}^j(t) - \vec{X}_i(t)] \\ &= \{[X^j(t) - X_i]^2 + [Y^j(t) - Y_i]^2 + [Z^j(t) - Z_i]^2\}^{\frac{1}{2}}\end{aligned} \tag{4-8}$$

取：

$\vec{X}_0^j(t) = [X_0^j(t), Y_0^j(t), Z_0^j(t)]^T$：为卫星 S^j 于历元 t 时刻的坐标近似值；

$\vec{X}_{i0} = [X_{i0}, Y_{i0}, Z_{i0}]^T$：为接收机 T_i 的坐标近似值；

$\delta\vec{X}^j(t) = [\delta X^j(t), \delta Y^j(t), \delta Z^j(t)]^T$：为卫星 S^j 于历元 t 时刻的坐标改正值；

$\delta\vec{X}_i = [\delta X_i, \delta Y_i, \delta Z_i]^T$：为接收机 T_i 的坐标改正值；

矢量 $\rho_i^j(t)$ 对于坐标轴 X, Y, Z 的方向余弦为：

$$\begin{aligned}l_i^j(t) &= \frac{\partial \rho_i^j(t)}{\partial X} = \frac{X_0^j(t) - X_{i0}}{\rho_{i0}^j(t)}[\delta X^j(t) - \delta X_i] \\ m_i^j(t) &= \frac{\partial \rho_i^j(t)}{\partial Y} = \frac{Y_0^j(t) - Y_{i0}}{\rho_{i0}^j(t)}[\delta Y^j(t) - \delta Y_i] \\ n_i^j(t) &= \frac{\partial \rho_i^j(t)}{\partial Z} = \frac{Z_0^j(t) - Z_{i0}}{\rho_{i0}^j(t)}[\delta Z^j(t) - \delta Z_i]\end{aligned} \tag{4-9}$$

其中：
$$\rho_{i0}^j(t) = |\vec{X}_0^j(t) - \vec{X}_{i0}| \tag{4-10}$$

观测方程可线性成：
$$\tilde{\rho}_i^j(t) = \rho_{i0}^j(t) + [l_i^j(t) \quad m_i^j(t) \quad n_i^j(t)][\delta\vec{X}^j(t) - \delta\vec{X}_i] +$$

$$c\delta t_i^j(t) + \Delta_{i,Ig}^j(t) + \Delta_{i,T}^j(t) \tag{4-11}$$

在实际应用中,卫星的位置由卫星星历给出,是已知量,即 $\delta \vec{X}^j(t) = 0$。则式(4-11)可写成:

$$\tilde{\rho}_i^j(t) = \rho_{i0}^j(t) - [l_i^j(t) \quad m_i^j(t) \quad n_i^j(t)]\delta X_i + c\delta t_i^j(t) + \Delta_{i,Ig}^j(t) + \Delta_{i,T}^j(t) \tag{4-12}$$

有了线性化的观测方程,可方便地列出误差方程,进而求出测站 T_i 的坐标。

4.1.3 伪距导航原理

设在历元 t 时刻,测站接收机观测了 n 颗卫星($n > 3$),相应的伪距观测量分别为 $\tilde{\rho}_1(t)$, $\tilde{\rho}_2(t)$, $\tilde{\rho}_3(t)$, $\cdots$, $\tilde{\rho}_n(t)$,由上面的伪距观测的线性观测方程,可以列出以矢量表达的误差方程:

$$l = AX + V \tag{4-13}$$

其中:

$$l = \begin{bmatrix} \tilde{\rho}_1(t) - \rho_1^0(t) \\ \tilde{\rho}_2(t) - \rho_2^1(t) \\ \vdots \\ \tilde{\rho}_n(t) - \rho_n^0(t) \end{bmatrix} = \begin{bmatrix} \Delta \rho_1 \\ \Delta \rho_2 \\ \vdots \\ \Delta \rho_n \end{bmatrix} \quad A = \begin{bmatrix} -l_1 & -m_1 & -n_1 & -1 \\ -l_2 & -m_2 & -n_2 & -1 \\ \vdots & \vdots & \vdots & \vdots \\ -l_n & -m_n & -n_n & -1 \end{bmatrix}$$

$$X = \begin{bmatrix} \Delta X \\ \Delta Y \\ \Delta Z \\ \delta T \end{bmatrix} \quad V = \begin{bmatrix} V_1 \\ V_2 \\ \vdots \\ V_n \end{bmatrix}$$

解上述误差方程,由最小二乘法得:

$$\hat{X} = (A^T A)^{-1} A^T l \tag{4-14}$$

如果对于每个观测值赋予不同的权,即对于所有观测量有权阵 Q^{-1},则误差方程的最小二乘解为:

$$\hat{X} = (A^T Q^{-1} A)^{-1} A^T Q^{-1} l \tag{4-15}$$

上述解算过程涉及到了测站的概略坐标,如果测站概略坐标与真实坐标相差比较大(比如数千米),为了获得较高的定位精度,一般要有一个迭代过程,直到坐标的改正量足够小。

4.1.4 精度评定与精度衰减因子

单点定位的精度取决于两个方面:一是观测量的精度,二是所观测卫星的空间几何分布。

4.1.4.1 精度评定

解的误差协方差阵为:

$$Q_{\hat{X}} = (A^T A)^{-1} A^T Q A (A^T A)^{-1} \tag{4-16}$$

Q 是观测值的权逆阵。如果假设观测值是独立不相关的,且都具有相同的方差 σ^2,即权逆阵 Q 为:

$$Q = \sigma^2 I$$

I 是单位矩阵。

式(4-16)可表达为：
$$Q_X^{\wedge} = \sigma^2 (A^T A)^{-1}$$

4.1.4.2 精度衰减因子(DOP)

在导航中，还经常用到精度衰减因子 DOP(Dilution of Precision)来表示卫星空间图形的贡献。

有多种精度衰减因子，相应的定义如下：

$$Q = (A^T A)^{-1} = \begin{bmatrix} q_{11} & q_{12} & q_{13} & q_{14} \\ q_{21} & q_{22} & q_{23} & q_{24} \\ q_{31} & q_{32} & q_{33} & q_{34} \\ q_{41} & q_{42} & q_{43} & q_{44} \end{bmatrix} \tag{4-17}$$

空间精度衰减因子 GDOP(Geometrical DOP)：
$$\text{GDOP} = \sqrt{\text{Trace}(Q)} = \sqrt{q_{11} + q_{22} + q_{33} + q_{44}} \tag{4-18}$$

位置精度衰减因子 PDOP(Position DOP)：
$$\text{PDOP} = \sqrt{q_{11} + q_{22} + q_{33}} \tag{4-19}$$

平面精度衰减因子 HDOP(Horizontal DOP)：
$$\text{HDOP} = \sqrt{q_{11} + q_{22}} \tag{4-20}$$

垂直精度衰减因子 VDOP(Vertical DOP)：
$$\text{VDOP} = \sqrt{q_{33}} \tag{4-21}$$

时间精度衰减因子 TDOP(Time DOP)：
$$\text{TDOP} = \sqrt{q_{44}} \tag{4-22}$$

由上述定义及协方差阵和误差间的关系，有下列关系式：
$$m = \text{PDOP} \cdot \sigma_0$$

由上述可知：定位精度若要越高，定位误差越小，DOP 值就要越小，即定位精度和 DOP 值成正比。一般规定 GDOP 值应小于 6。

研究表明，观测站与卫星所构成的体积 V 有下列关系：
$$\text{GDOP} \propto \frac{1}{V} \tag{4-23}$$

20 世纪 80 年代末期，Goad 博士等 4 人对用 PDOP 评价定位星座的优劣先后提出了异议。在用载波相位测量相对定位的环境下，Goad 建议用相对定位几何精度因子(RDOP)选择星座，且定义：
$$\text{RDOP} = \sqrt{\text{Trace}(A^T Q_A^{-1} A)^{-1} / \sigma_\varphi^2} \tag{4-24}$$

式中，A 为系数矩阵，它是相对于未知基线元素的双差偏微分矩阵，σ_φ 是载波相位双差的测量误差；Q_A 为双差协方差矩阵，其对角线元素为 σ_φ^2。

实际测量数据表明，RDOP 不随站间距离长短而变化，仅取决于定位星座的几何结构。

4.2 载波相位定位原理

利用北斗民码进行定位时,伪距定位精度约 100m,100m 的绝对定位精度不能满足大地测量的高精度要求。即使采用了差分技术,定位精度也只能达到 3~5m。因此,有些学者就提出用波长(码元宽度)小于测距码的载波进行定位。

载波相位测量观测具有多普勒频移的卫星信号与接收机产生的参考信号之间的相位差 Φ_i^j,则相应的伪距为:

$$\tilde{\rho}_i^j = \lambda \times \Phi_i^j \tag{4-25}$$

4.2.1 工作原理

设某一时刻,接收机接收到的卫星信号相位为 Φ_R,在卫星处的相位为 Φ_S,若载波的波长为 λ,则卫星 S 至测站 R 的距离为:

$$\rho = \lambda(\Phi_S - \Phi_R) \tag{4-26}$$

我们无法测得卫星处的卫星信号相位,因此上述方法无法实现。但如果我们能使接收机发出信号和卫星的载波相同的话,上述问题就迎刃而解了。这种情况,不仅要求接收机有与卫星一致的载波生成器,而且要求卫星的钟与接收机的钟严格同步。在实际工作中,后一点很难做到。

下面分析载波相位观测的实际观测量(图 4-2)。

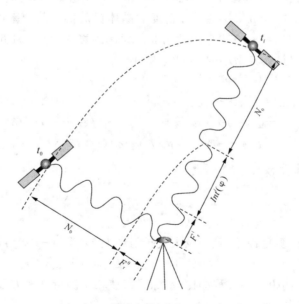

图 4-2 载波相位测量工作原理图

在 t_0 时刻,接收机产生的基准信号的相位为 Φ_R^0,接收到卫星信号的相位为 Φ_S^0。两者的差值由一个整周数 N_0 及不足一周的部分 $F_r^0(\varphi)$ 组成,即:

$$\varphi = \Phi_R^0 - \Phi_S^0 = N_0 + F_r^0(\varphi) \tag{4-27}$$

N_0 称作整周模糊度(或整周待定值)。

在完成初次信号锁定,接收机的计数器开始工作,它记录由开始锁定时刻至当前时刻信号所经过的整周数。因此随后进行的各次观测量除了不满整周部分 $F_r^i(\varphi)$ 外,还有整周波数 $Int^i(\varphi)$,即:

$$\varphi = N_0 + Int^i(t) + F_r^i(\varphi) \tag{4-28}$$

其中,$\tilde{\varphi} = Int^i(t) + F_r^i(\varphi)$ 为观测量。

4.2.2 载波相位测量的观测方程及其线性化

若在标准时 τ_a,卫星钟面时 t_a,卫星发射的载波相位为 $\Phi^j(t_a)$;在标准时 τ_b,接收机钟面时 t_b,接收机接收到卫星在时刻 τ_a 发射的信号,接收机产生的参考信号的相位为 $\Phi_i(t_b)$,根据载波相位测量原理,有:

$$\tilde{\Phi}_i^j(t_a) = \Phi_i(t_b) - \Phi^j(t_a) + N_0 \tag{4-29}$$

其中:

$$t_b = \tau_b + \delta t_i(t_a)$$
$$t_a = \tau_a + \delta t^j(t_a) = \tau_b - (\tau_b - \tau_a) + \delta t^j(t_a)$$

接收机采用的是高稳定的振荡器,在 Δt 很小的情况下,有:

$$\Phi(t + \Delta t) = \Phi(t) + f\Delta t \tag{4-30}$$

式中,f 为振荡器发射信号的频率。

式(4-30)是否能成立主要取决于两点:振荡器是否足够稳定,时间 Δt 是否足够短。

目前的卫星测量型接收机采用的是高精度的晶体振荡器。其频率的相对稳定性,在短时间内(如 1s 内)能达到 $10^{-12} \sim 10^{-11}$。由此引起的频率漂移约为 $0.0016 \sim 0.016$ Hz,因此由于频率漂移所引起的误差是极其微小的,可以忽略不计。

于是有:

$$\begin{aligned}\tilde{\Phi}_i^j(t_a) &= \Phi_i[\tau_b + \delta t_i(t_a)] - \Phi^j[\tau_b - (\tau_b - \tau_a) + \delta t^j(t_a)] \\ &= \Phi_i(\tau_b) + f\delta t_i(t_a) - \Phi^j(\tau_b) + f(\tau_b - \tau_a) - f\delta t^j(t_a) + N_0 \\ &= f(\tau_b - \tau_a) + f[\delta t_i(t_a) - \delta t^j(t_a)] + N_0 \end{aligned} \tag{4-31}$$

两边同乘以 $\lambda = \dfrac{c}{f}$,则有:

$$\begin{aligned}\tilde{\rho}_i^j(t_a) &= c(\tau_b - \tau_a) + c[\delta t_i(t_a) - \delta t^j(t_a)] + N_0 \lambda \\ &= \rho_i^j(t_a) + c[\delta t_i(t_a) - \delta t^j(t_a)] + N_0 \lambda \end{aligned} \tag{4-32}$$

利用导航电文求出卫星钟差,且顾及大气折射影响,则式(4-32)可写成:

$$\tilde{\rho}_i^j(t_a) = \rho_i^j(t_a) + c\delta t_i(t_a) + N_0 \lambda + \Delta_{Ig}(t_a) + \Delta_T(t_a) \tag{4-33}$$

式(4-33)和测码伪距观测方程相比较,除了载波相位测量观测方程引入了一个整周模糊度 N_0 外,其余部分两式完全一致。

利用载波相位测量观测方程及测码伪距的观测方程的线性化形式,可以方便地写出观测方程的线性化形式:

$$\begin{aligned}\tilde{\rho}_i^j(t) = \rho_{i0}^j(t) &- [l_i^j(t) \quad m_i^j(t) \quad n_i^j(t)]\delta X_i + \\ & c\delta t_i^j(t) + \Delta_{i,Ig}^j(t) + \Delta_{i,T}^j(t) + N_0 \lambda \end{aligned} \tag{4-34}$$

由于北斗各频点波长未公布,在这里我们以 GPS 为例加以说明。PS 载波 L1 的波长为 19cm,其测量精度为 1.9mm,载波 L2 的波长为 24cm,其测量精度可达 2.4mm,采用载波相位定位可以获得比测码伪距高得多的精度,因此载波相位测量在精密定位中获得了广泛的应用。

载波相位测量观测方程中有一个整周模糊度 N_0,给数据处理时增加了不少麻烦,如何快速、准确地确定整周模糊度 N_0 在卫星载波相位测量中是一个重要问题。

4.2.3 载波相位观测量的线性组合

对于不同观测时刻、不同卫星、不同测站的观测量进行适当的组合,可以有效地消除或削弱某些误差项的影响。在卫星精密定位中,常用的基本观测量组合有 3 种:站间单差,站星双差,站星时三差。

4.2.3.1 两个测站间的单差

站间单差的定义为:
$$\Delta \Phi_{ij}^p = \Phi_i^p - \Phi_j^p \tag{4-35}$$

站间单差消除了卫星钟差的影响。此外,大气层折射误差、卫星轨道误差的影响也能大幅度削弱。

单差的观测方程为:
$$\lambda \Delta \Phi_{ij}^p = \Delta \rho_{ij}^p + c(\mathrm{d}t_j - \mathrm{d}t_i) + \lambda \Delta N_{ij}^p - \frac{\Delta A_{ij}^p}{f^2} + \cdots \tag{4-36}$$

Δ 为单差算子。类似地可以得到伪距的单差:
$$\Delta \tilde{\rho}_{ij}^p = \Delta \rho_{ij}^p + c(\mathrm{d}t_j - \mathrm{d}t_i) + \frac{\Delta A_{ij}^p}{f^2} + \cdots \tag{4-37}$$

4.2.3.2 两测站、两卫星间的双差

站星双差的定义为:
$$\lambda \nabla \Delta \Phi_{ij}^{pq} = \lambda (\Delta \Phi_{ij}^p - \Delta \Phi_{ij}^q)$$
$$= \nabla \Delta \rho_{ij}^{pq} + \lambda \nabla \Delta N_{ij}^{pq} - \frac{\nabla \Delta A_{ij}^{pq}}{f^2} + \cdots \tag{4-38}$$

站星间双差在单差的基础上进一步消除了接收机钟差的影响。

应当指出,原始观测量在数学上是不相关的,但组差后的观测量却相关。例如,2 个测站共同观测了 5 颗卫星,可以组成 5 个单差观测量,4 个双差观测量。若都以其中一颗卫星为基准卫星,一次差观测值的方差为 σ_0^2,则该时刻双差的协方差阵为:

$$Q_i = \sigma_0^2 \begin{bmatrix} 2 & 1 & 1 & 1 \\ 1 & 2 & 1 & 1 \\ 1 & 1 & 2 & 1 \\ 1 & 1 & 1 & 2 \end{bmatrix} \tag{4-39}$$

整个时段 n 个历元的协方差阵为：

$$Q = \begin{bmatrix} Q_1 & & & O \\ & Q_2 & & \\ & & \ddots & \\ O & & & Q_n \end{bmatrix} \quad (4-40)$$

但实际结果表明，不顾及双差观测量间的相关性，仍能取得较好的计算结果，虽然这在理论上不严密。

4.2.3.3 卫星、测站、观测历元间的三差

三差的观测方程为：

$$\lambda \delta \nabla \Delta \Phi_{ij}^{pq}(t_1, t_2) = \lambda [\nabla \Delta \Phi_{ij}^{pq}(t_1) - \nabla \Delta \Phi_{ij}^{pq}(t_2)]$$

$$= \delta \nabla \Delta \rho_{ij}^{pq}(t_1, t_2) - \frac{\delta \nabla \Delta A_{ij}^{pq}(t_1, t_2)}{f^2} + \cdots \quad (4-41)$$

三差观测量消去了整周模糊度。星站时三差常用于周跳的探测。

4.2.4 整周模糊度的确定方法

对于某一测站，连续跟踪某颗卫星的所有载波相位观测量中均含有相同整周模糊度 N_0。正确确定 N_0 的大小是获得高精度定位结果的必要条件。对静态定位，确定整周模糊度的要求是精确，对动态定位，确定整周模糊度又有新要求，即高效。对于这两种不同的定位模式，在应用中也采取不同的确定方法。

4.2.4.1 经典方法

利用载波相位进行静态定位时，早期主要考虑的是如何可靠地确定整周模糊度。在测站上测量的时间的长短成了一个次要问题。因此，这种情形通常采取在测站中长时间观测获取多余观测量，把整周模糊度作为平差计算中的待定参数来加以估计和确定。这就是经典确定整周模糊度的方法——平差法。

根据基线长短，可采用两种方法：一种是整数解，另一种是浮点解。

(1) 整数解。整周模糊度是一个整数。利用这一特性应用到相应的观测方程中应更符合实际情况。这种情况特别适合于短基线。

其基本方法是：将观测值代入观测方程中，进行平差计算，获得整周模糊度的估值。

此时获取的整周模糊度的估值一般不是整数，将其固定为整数后，再作为已知量代入原观测方程重新平差计算得到测站的点位坐标。

一般固定整周模糊度的方法有 3 种：①将实数解四舍五入进行凑整。②从数理统计的观测来检核，把实数解凑整是否合理。如果该整数在置信区间内（实数解 $N_r \pm 3m_{N_r}$ 的范围内，m_{N_r} 为实数解 N_r 的标准方差，此时置信水平为 99.56%），则认为这种凑整是合理的，整数解已求出。否则认为解算的实数解不能固定为整数解。③如果在 $N_r \pm 3m_{N_r}$ 的范围内不止一个整数，这时就应将该范围内所有的整数均作为候选值，然后将所有卫星的候选值组成不同的组合一一进行试验。每次试验把整周模糊度当作已知值，平差中能产生最小标准方差的那一组整

周模糊度取为最后解。

(2) 实数解。当基线较长时,误差的相关性将降低,许多误差消除得不够完善,所以无论是基线向量,还是整周模糊度,均无法估计得很准确。在这种情况下,若还将整周模糊度固定为一个整数往往效果不佳。因此通常将实数作为最后的解。

4.2.4.2 OTF 方法

对于动态定位,常常用在航模糊度解算(On the Fly Ambiguity Resolution,OTF)来确定整周模糊度。

目前,OTF 方法主要有 4 种:①扩频法;②模糊度函数法;③最小二乘搜索法;④模糊度协方差法。

4.2.5 BDS 观测数据质量

应用 BDS("北斗二号"卫星导航系统),首先要了解各种 GNSS(全球导航卫星系统)观测量。在使用之前我们需要知道真实的数据质量能否应用到实际。这就是本节根据测试站接收的数据讨论的问题。

现在已有的 BDS 跟踪站接收机接收 3 个频率的观测数据,在每个频率上有两个支路,共 6 个伪距观测量,2 个相位观测量和 1 个多普勒观测量,每个历元可提供 27 个观测量。在每个频率上的 6 个伪距观测量分别为 I 支路宽相关(IW),I 支路窄相关(IN),I 支路抗多路径(IA),Q 支路宽相关(QW),Q 支路窄相关(QN),Q 支路抗多路径(QA);每个频率上的 2 个相位观测量类型分别为 I 支路相位(IC)和 Q 支路相位(QC)。

根据前面关系方程,考虑我国接收机通道延迟差,观测方程可表示如下:

$$\rho_{i,q}(t_i) = c\Delta T_{ij}(t_i) + c\tau_i - c\tau^j + \delta c_{i,q} + \delta f_i + \Delta D_{\text{ion}} + \Delta D_{\text{rel}} + \Delta D_{\text{mult}} + \varepsilon_{i,q} \quad (4-42)$$

$$L_{i,p} = c\Delta T_{ij}(t_i) + c\delta t_k - c\delta t^s + \lambda N_k^s + \delta c_{i,q} - \Delta D_{\text{ion}} + \delta f_i + \Delta D_{\text{rel}} + \Delta D_{\text{mult}} + \varepsilon_{i,q} \quad (4-43)$$

其中:$\rho_{i,q}(t_i)$ 为伪距观测量(i 为频率,$i=1,2,3$;q 为不同支路及不同相关的观测量标识 iw,in,ia,qw,qn,qa);$\delta c_{i,q}$ 为接收机通道延迟;δf_i 为频率的绝对时延;$L_{i,p}$ 为相位观测值($i=1,2,3$;$p=$ ic,qc)。

4.2.5.1 多项式拟合与观测数据相减

在短时间内,星地距离的变化应是均匀变化的,因此距离观测量应是一个均匀变化的曲线。采用 2015 年 6 月 3 日临潼站观测数据,对同一频率、同一类型的伪距观测量通过多项式拟合的方法,计算出每一个观测点的拟合距离,通过拟合伪距值和观测值进行比对,可分析每一类观测值的噪声(图 4-3)。

由图 4-3 和表 4-2 可以看出,宽相关拟合噪声最大,窄相关和抗多路径的噪声基本相当;B1 频率的噪声最大,B2 次之,B3 频率的噪声最小。

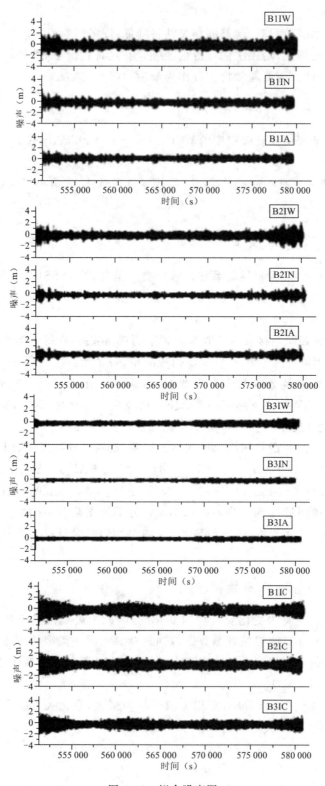

图 4-3 拟合噪声图

表 4-2　观测数据拟合噪声统计表

观测点	均值	标准偏差	最大值	最小值
B1IW	0.000 000 042 9	0.480 1	3.559 9	−3.161 2
B1IN	0.000 000 013 2	0.258 4	1.406 0	−1.342 0
B1IA	0.000 000 055 1	0.259 7	1.412 5	−1.344 5
B2IW	0.000 000 046 0	0.311 0	2.860 9	−2.081 6
B2IN	0.000 000 086 8	0.192 1	1.533 0	−1.340 9
B2IA	0.000 000 052 6	0.194 3	1.504 3	−1.317 5
B3IW	0.000 000 051 1	0.128 1	0.847 2	−0.803 8
B3IN	0.000 000 057 4	0.104 8	0.609 7	−0.447 1
B3IA	0.000 000 069 9	0.104 5	0.556 3	−0.451 4
B1IC	0	0.003 1	0.019 8	−0.021 2
B2IC	0	0.003 2	0.021 1	−0.021 8
B3IC	0	0.003 2	0.022 8	−0.022 7

4.2.5.2　同一频率不同类型观测量相减

在同一测站同一频率下,理论上同一频率观测的伪距观测值应是相同的,因此同一频率不同类型伪距观测量之间组差,可以分析各伪距观测量之间存在的系统差：

$$\rho^j_{i,iw}(t_k) - \rho^j_{i,in}(t_k) = (\delta c_{i,iw} - \delta c_{i,in}) - (\varepsilon_{iw} - \varepsilon_{in}) \tag{4-44}$$

$$\rho^j_{i,iw}(t_k) - \rho^j_{i,ia}(t_k) = (\delta c_{i,iw} - \delta c_{i,ia}) - (\varepsilon_{iw} - \varepsilon_{ia}) \tag{4-45}$$

$$\rho^j_{i,in}(t_k) - \rho^j_{i,ia}(t_k) = (\delta c_{i,in} - \delta c_{i,ia}) - (\varepsilon_{in} - \varepsilon_{ia}) \tag{4-46}$$

在式(4-44)至式(4-46)的右端第一项为通道间偏差,第二项为同一频率不同观测量噪声的叠加。通过多历元的统计可分析出宽相关、窄相关以及抗多路径观测量之间是否一致。

仍然采用上述数据,对 B1、B2、B3 上分别进行宽相关、窄相关、抗多径观测值组差,结果见表 4-3 和图 4-4。

表 4-3　观测数据同一频率内伪距互差统计表

伪距	均值	标准偏差	最大值	最小值
B1IW-B1IN	0.106 9	0.500 2	3.081 0	−2.243 0
B1IW-B1IA	0.081 6	0.500 7	3.028 0	−2.267 0
B1IN-B1IA	−0.030 2	0.028 6	0.020 0	−0.080 0
B2IW-B2IN	0.068 1	0.315 4	2.793 0	−2.436 0
B2IW-B2IA	0.047 8	0.317 4	2.747 0	−2.469 0
B2IN-B2IA	−0.020 4	0.028 7	0.030 0	−0.070 0
B3IW-B3IN	0.034 6	0.105 7	1.538 0	−0.658 0
B3IW-B3IA	0.010 1	0.105 8	1.512 0	−0.685 0
B3IN-B3IA	−0.024 5	0.026 0	−0.020 0	−0.059 0

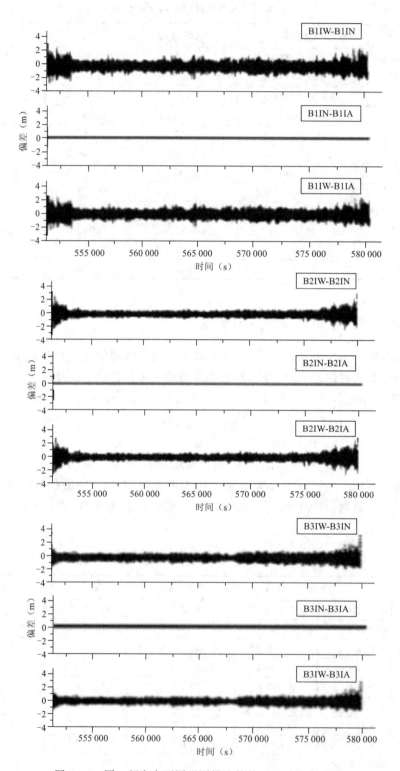

图 4-4　同一频率内不同观测量比较的互差时间序列图

同一频率的窄相关和抗多路径观测量具有较好的一致性,系统差和组合后的噪声均小于 3cm。B1 宽相关和窄相关之间有约 0.11m 的系统差,B2 宽相关和窄相关之间有 0.07m 的系统差,B3 宽相关和窄相关之间系统差最小。

4.2.5.3 卫星载噪比分析

载噪比是用来标示载波与载波噪声关系的测量尺度,与信噪比相似,但是载噪比一般用于卫星通信系统中,通常记作 CNR 或者 C/N(dB)。高的载噪比可以提供更好的网络接收率、更好的网络通信质量及更好的网络可靠率。为了研究 BDS M1 卫星的载噪比变化情况,现取相邻两天相同时间段(2011.03.31 和 2011.04.01)的载噪比观测数据对比,分析接收机信号质量。具体统计如表 4-4 所示。

表 4-4 两天载噪比统计表

日期	均值		标准偏差		最大值		最小值	
	3.31	4.01	3.31	4.01	3.31	4.01	3.31	4.01
B1 载噪比	41.68	42.55	3.628	3.42	48.86	49.11	29.0	29.0
B2 载噪比	49.49	49.72	3.463	2.458	53.59	52.68	29.1	33.46
B3 载噪比	50.74	50.96	3.192	2.621	54.07	54.53	30.77	35.69

由表 4-4 中两天的连续观测数据统计情况来看,B3 载噪比始终高于前两者,B2 高于 B1,B1 频率上的载噪比最低而且容易产生波动,尤其是在 12 时前后,两天里载噪比都有明显的变小趋势。出现这种现象的原因可能是因为观测环境变化导致观测噪声增大;相比而言,其他两个频率则比较稳定。

通过对 BDS("北斗二号"卫星导航系统)卫星实测数据处理与分析,初步得到以下结论:

(1)伪距观测量宽相关伪距噪声最大,窄相关和抗多路径伪距噪声较小,并且 B1 频率伪距噪声高于 B2、B3,伪距观测精度为分米级,窄相关伪距和抗多径伪距可用于相位数据平滑等实验;3 个频率的载波相位观测量的精度均为 3mm 左右,适合进行周跳探测和修复的实验。

(2)同一频率同一支路,窄相关和抗多路径观测量具有较好的一致性,B1、B2、B3 上这种一致性相同。

4.3 基于多频观测数据线性组合

4.3.1 研究多频数据组合的原因

应用观测数据线性组合主要基于 3 个原因:第一个原因是应用观测量之间线性组合可以消除在观测数学模型中不关心的变量。例如,常用的观测量双差,就消除掉接收机和卫星钟差的影响,进而改正了误差,还组合消除电离层延迟带来的误差。第二个原因是应用数据线性组合将会减轻 GNSS(全球导航卫星系统)数据处理的计算负担。对于 LAMBDA 技术中整周模糊度搜索,就是应用相位整周模糊度线性组合进行降相关变换,这减小了搜索空间,搜索速度更快。第三个原因是应用数据线性组合可以降低 GNSS 观测数据传输通信的带宽。在数据传输前,将数据组合成单一观测量,可以将多频信息仅用单频观测数据的传输带宽在测站之间进行传输。

在 GPS 定位领域常用的组合包括宽巷观测值,该组合主要用于长基线模糊度确定;无电离层延迟组合,该组合主要用于求解宽巷模糊度后的窄巷模糊度的确定以及长基线相对定位;无几何距离组合,该组合经常用于估计电离层参数。在探测周跳方面,韩绍伟采用波长约 0.86m 的 $\varphi_{1,-1}$ 和波长约 14.6m 的 $\varphi_{-7,9}$ 来探测周跳,探测周跳的精度得到大大改善。由于我国 BDS 系统提供的三频数据,可以获得更多有益的组合,具有更长的波长,更小的噪声,更小电离层影响,将更有利于周跳探测和模糊度解算。

4.3.2 组合观测值的定义

在 GPS 双频观测条件下,宽巷组合的波长为 0.86m,很容易准确地确定其模糊度,并作为求解坐标的约束条件。与宽巷组合类似,考虑 L1 电离层延迟为 $\dfrac{I}{f_1^2}$,在有噪声的情况下,设以周为单位 GNSS 卫星的三频相位观测方程为:

$$\varphi_1 = \frac{R}{\lambda_1} - \frac{1}{\lambda_1} \cdot \frac{I}{f_1^2} + N_1 + \varepsilon_{\varphi_1} \tag{4-47}$$

$$\varphi_2 = \frac{R}{\lambda_2} - \frac{f_1^2}{f_2^2} \frac{1}{\lambda_2} \cdot \frac{I}{f_1^2} + N_2 + \varepsilon_{\varphi_2} \tag{4-48}$$

$$\varphi_3 = \frac{R}{\lambda_3} - \frac{f_1^2}{f_3^2} \frac{1}{\lambda_3} \cdot \frac{I}{f_1^2} + N_3 + \varepsilon_{\varphi_3} \tag{4-49}$$

其中,$\varphi_1, \varphi_2, \varphi_3$ 分别为 3 个频率的原始观测值;f_1, f_2, f_3 为相应频率;N_1, N_2, N_3 为模糊度;$\lambda_1, \lambda_2, \lambda_3$ 分别为 3 个频率的波长;I 为总的电离层含量(TEC)函数;R 为卫星至测站的几何距离;$\varepsilon_{\varphi_1}, \varepsilon_{\varphi_2}, \varepsilon_{\varphi_3}$ 分别为 3 个频率的随机误差。

同一测站信号,站星距离相同,根据三频载波相位观测值的线性组合定义为:

$$\begin{aligned}\varphi_{i,j,k} &= i\varphi_1 + j\varphi_2 + k\varphi_3 \\ &= R \times \left(\frac{i}{\lambda_1} + \frac{j}{\lambda_2} + \frac{k}{\lambda_3}\right) - \left(i + \frac{jf_1}{f_2} + \frac{kf_1}{f}\right) \times \frac{I}{\lambda_1 f_1^2} + \\ &\quad iN_1 + jN_2 + kN_3 + i\varepsilon_{\varphi_1} + j\varepsilon_{\varphi_2} + k\varepsilon_{\varphi_3}\end{aligned} \tag{4-50}$$

定义组合观测量的组合整周模糊度、频率和波长分别为:

$$N_{i,j,k} = iN_1 + jN_2 + kN_3 \tag{4-51}$$

$$f_{i,j,k} = if_1 + jf_2 + kf_3 \tag{4-52}$$

$$\lambda_{i,j,k} = \frac{c}{f_{i,j,k}} = \frac{\lambda_1 \lambda_2 \lambda_3}{i\lambda_2\lambda_3 + j\lambda_1\lambda_3 + k\lambda_1\lambda_2} \tag{4-53}$$

式(4-50)可写为:

$$\varphi_{i,j,k} = \frac{R}{\lambda_{i,j,k}} - a_{\text{ion}} \cdot \frac{I}{\lambda_1 f_1^2} + N_{i,j,k} + \varepsilon_{\varphi_{i,j,k}} \tag{4-54}$$

其中,$a_{\text{ion}} = \left(i + \dfrac{jf_1}{f_2} + \dfrac{kf_1}{f_3}\right)$ 为组合观测值的电离层延迟与基本频率上的电离层延迟的比例因

子。化为距离量的组合观测值观测方程为：

$$P_{i,j,k} = R + \beta_{ion}\frac{I}{f_1^2} + \varepsilon_{P_{i,j,k}} \quad (4-55)$$

$$L_{i,j,k} = \varphi_{i,j,k}\lambda_{i,j,k} = R - \beta_{ion}\frac{I}{f_1^2} + N_{i,j,k}\lambda_{i,j,k} + \varepsilon_{\varphi_{i,j,k}}\lambda_{i,j,k} \quad (4-56)$$

其中，I/f_1^2 指 L1 上的电离层改正，β_{ion} 为电离层比例因子（以米为单位的比值）：

$$\beta_{ion} = \frac{f_1^2(i/f_1 + j/f_2 + k/f_3)}{if_1 + jf_2 + kf_3} \quad (4-57)$$

如果不加任何限制的话，三频载波相位观测值可以组成无穷多种线性组合。所以定义组合观测值指标为：新观测值应该保留模糊度的整周特性；新观测值应该具有较长的波长；新观测值应该具有较小的电离层延迟影响；新观测值应该具有较小的测量噪声。根据以上指标，需要分析组成的观测值的性质如何。

4.3.3 组合观测值性质分析

4.3.3.1 波长分析

α_λ 定义为组合观测值的波长与 B1 载波波长之比，即：

$$\alpha_\lambda = \frac{\lambda_{i,j,k}}{\lambda_1} = \frac{f_1}{if_1 + jf_2 + kf_3} = \frac{\lambda_2\lambda_3}{i\lambda_2\lambda_3 + j\lambda_1\lambda_3 + k\lambda_1\lambda_2} \quad (4-58)$$

在三频观测条件下，载波相位观测值可以形成波长更长、特性更好的组合，在相同观测条件下获得更精确的模糊度和周跳估值。所以需要组合的波长要大于单个最大波长。

4.3.3.2 电离层折射分析

电离层折射与频率大小有关，根据式（4-56）$I_{i,j,k}$ 为：

$$I_{i,j,k} = \beta_{ion} \cdot I/f_1^2 \quad (4-59)$$

定义 α_{ion} 为组合观测值的以周为单位的电离层误差与基本频率 B1 的电离层误差的比值，即：

$$\alpha_{ion} = \left(i + \frac{jf_1}{f_2} + \frac{kf_1}{f_3}\right) = \left(i + \frac{763}{620}j + \frac{763}{590}k\right) \quad (4-60)$$

α_{ion} 越小，则组合观测值受以周为单位的电离层误差影响越小。如果消除电离层影响，只需 $\alpha_{ion} = 0$。

4.3.3.3 观测噪声分析

如果认为相位观测方程中噪声项 $\varepsilon_{\varphi 1}$、$\varepsilon_{\varphi 2}$、$\varepsilon_{\varphi 3}$ 是独立且方差相等为 $\sigma_{\varphi 0}$，同理 ε_{P1}、ε_{P2}、ε_{P3} 也满足相同的规律为 σ_{p0}。

对于相位观测方程组合噪声可描述为：

$$\sigma_{\varphi(i,j,k)} = \sqrt{i^2 + j^2 + k^2}\,\sigma_{\varphi 0} \quad (4-61)$$

写成距离观测方程组合噪声为：

$$\sigma_{\varphi(i,j,k)} = \sqrt{i^2 + j^2 + k^2}\,\sigma_{\varphi 0}\lambda_{i,j,k} \quad (4-62)$$

假设 $\sigma_{\varphi_1}=\sigma_{\varphi_2}=\sigma_{\varphi_3}=\sigma_{\varphi_0}=0.01$ 周,若要求解模糊度和周跳,则至少要求组合观测值噪声的中误差 3 倍应该小于 0.5 周,即式(4-63)成立:

$$\sqrt{i^2+j^2+k^2}\times 0.01\times 3<0.5 \tag{4-63}$$

解该不等式,至少要求 $i,j,k<17$,i,j,k 不同时为 0。

综上所述,对于选择多频数据组合需满足条件:

$$\begin{cases}\lambda_{i,j,k}=\dfrac{\lambda_1\lambda_2\lambda_5}{i\cdot\lambda_2\lambda_5+j\cdot\lambda_1\lambda_5+k\cdot\lambda_1\lambda_2}>\lambda_5 & \text{GPS}\\ \lambda_{i,j,k}=\dfrac{\lambda_{B1}\lambda_{B2}\lambda_{B3}}{i\cdot\lambda_{B2}\lambda_{B3}+j\cdot\lambda_{B1}\lambda_{B3}+k\cdot\lambda_{B1}\lambda_{B2}}>\lambda_{B2} & \text{BD-2}\end{cases} \tag{4-64}$$

$$\sqrt{i^2+j^2+k^2}<17 \tag{4-65}$$

$$\begin{cases}\alpha_{\text{ion}}=(i+\dfrac{77}{60}j+\dfrac{154}{115}k)=0 & \text{GPS}\\ \alpha_{\text{ion}}=(i+\dfrac{763}{620}j+\dfrac{763}{590}k)=0 & \text{BD-2}\end{cases} \tag{4-66}$$

通过以上不等式,可以有很多组合,对于可用的 i,j,k 组合,需根据具体情况选择,总的原则为:长波长,低电离层因子,低噪声因子。

4.3.4 消除电离层二阶项影响的组合特性

我们已经知道,影响导航定位的主要误差源之一就是电离层折射误差,以 GPS 定位系统为例,电离层引起的距离误差一般白天可达 15m,夜晚可达 3m;在天顶方向最大可达 50m,水平方向最大可达 150m。如此大的偏差,无论对测量还是导航都是必须加以改正的。目前使用最广泛、最有效的电离层折射误差改正技术是双频技术。很多文献指出双频模型只能消除电离层折射误差的一阶项,三频观测量可以消除电离层影响的二阶项。本节讨论采用 BDS 三个频率的观测量对电离层折射误差改正至二阶项的方法。

电磁波信号在电离层中的传播与频率有关,根据 $n_g=n_p+f\dfrac{\mathrm{d}n_p}{\mathrm{d}f}$,其折射率可简写为:

$$n_p=1+a_1/f^2+a_2/f^3+\cdots \tag{4-67}$$

$$n_g=1-a_1/f^2-2a_2/f^3+\cdots \tag{4-68}$$

其中,a_1、a_2 为简写后的系数。当电磁波信号穿过电离层时,由折射率变化引起的传播路径距离误差及相位误差,并忽略二阶以上的项为:

$$\delta\rho_p=\int_s(a_1/f^2)\mathrm{d}s+\int_s(a_2/f^3)\mathrm{d}s \tag{4-69}$$

$$\delta\rho_g=-\int_s(a_1/f^2)\mathrm{d}s-2\int_s(a_2/f^3)\mathrm{d}s \tag{4-70}$$

由式(4-69)和式(4-70)可得:

$$\delta\rho_p(f_i)=A_1/f_i^2+A_2/f_i^3 \quad (i=1,2,3) \tag{4-71}$$

其中,$A_1=\int_s a_1\mathrm{d}s,A_2=\int_s a_2\mathrm{d}s$。式(4-69)和式(4-70)两两相减可得消除电离层一阶项误差的组合:

$$\begin{aligned}\delta\rho_p(f_1)f_1^2-\delta\rho_p(f_2)f_2^2&=A_2(1/f_1-1/f_2)\\ \delta\rho_p(f_1)f_1^2-\delta\rho_p(f_3)f_3^2&=A_2(1/f_1-1/f_3)\end{aligned} \tag{4-72}$$

由以上两式可得消除电离层二阶项的组合:

$$\frac{[\delta\rho_p(f_1)f_1^2-\delta\rho_p(f_2)f_2^2](f_1 f_2)}{f_2-f_1}-\frac{[\delta\rho_p(f_1)f_1^2-\delta\rho_p(f_3)f_3^2](f_1 f_3)}{f_3-f_1}=0 \quad (4-73)$$

即：

$$\begin{aligned}&f_1^3(f_3-f_2)\delta\rho_p(f_1)+f_2^3(f_1-f_3)\delta\rho_p(f_2)+f_3^3(f_2-f_1)\delta\rho_p(f_3)\\&=B_1\delta\rho_p(f_1)+B_2\delta\rho_p(f_2)+B_3\delta\rho_p(f_3)\\&=0\end{aligned} \quad (4-74)$$

其中，

$$\begin{cases}B_1=f_1^3(f_3-f_2)\\B_2=f_2^3(f_1-f_3)\\B_3=f_3^3(f_2-f_1)\end{cases} \quad (4-75)$$

若令 $m_i=B_i/(B_1+B_2+B_3)(i=1,2,3)$，式(4-75)可写为：

$$m_1\delta\rho_p(f_1)+m_2\delta\rho_p(f_2)+m_3\delta\rho_p(f_3)=0 \quad (4-76)$$

因为 $\delta\rho_p=\lambda\delta\varphi_p$，由式(4-76)可得：

$$\begin{aligned}&\delta\varphi_p(f_1)m_1/f_1+\delta\varphi_p(f_2)m_2/f_2+\delta\varphi_p(f_3)m_3/f_3\\&=\delta\varphi_p(f_1)i+\delta\varphi_p(f_2)j+\delta\varphi_p(f_3)k\\&=0\end{aligned} \quad (4-77)$$

其中，$i=m_1 c/f_1, j=m_2 c/f_2, k=m_3 c/f_3$。令 $f=if_1+jf_2+kf_3$，$\lambda=c/f$，即可组成无电离层误差的三频载波相位组合(LC 组合)观测方程：

$$\varphi=i\varphi_1+j\varphi_2+k\varphi_3 \quad (4-78)$$

式(4-78)可消除电离层折射引起的一、二阶项误差。相对于第一频率的二阶项电离层比例因子为：

$$\theta_{\text{ion}}=\frac{f_1^3(i/f_1^2+j/f_2^2+k/f_3^2)}{if_1+jf_2+kf_3} \quad (4-79)$$

同双频伪距改正电离层一样，取 ρ_1,ρ_2,ρ_3 分别表示 f_1,f_2,f_3 的载波相位信号同步观测所得观测站至卫星的距离，而消除电离层折射影响的相应传播路径为 ρ_0，则有：

$$\rho_i=\rho_0+\delta\rho_p(f_i)=\rho_0+A_1/f_i^2+A_2/f_i^3 \quad (i=1,2,3) \quad (4-80)$$

通过两两相减，解得：

$$A_1=\frac{\rho_{12}f_1^3(f_3^2-f_2^2)-\rho_{23}f_3^3(f_2^2-f_1^2)}{f_1^3(f_2-f_3)+f_2^3(f_3-f_1)+f_3^3(f_1-f_2)} \quad (4-81)$$

$$A_2=-\frac{\rho_{12}f_1^3 f_2 f_3(f_3^2-f_2^2)-\rho_{23}f_1 f_2 f_3^3(f_2^2-f_1^2)}{f_1^3(f_2-f_3)+f_2^3(f_3-f_1)+f_3^3(f_1-f_2)} \quad (4-82)$$

根据 BDS 的 3 个频率大小 $f_1=1\,561.098\text{MHz}$、$f_2=1\,268.52\text{MHz}$、$f_3=1\,207.14\text{MHz}$ 可得：

$$\begin{cases}\delta\rho_p(f_1)=-7.358\,7\rho_{12}+18.220\,0\rho_{23}\\\delta\rho_p(f_2)=-8.267\,1\rho_{12}+18.220\,0\rho_{23}\\\delta\rho_p(f_3)=-8.267\,1\rho_{12}+17.311\,6\rho_{23}\end{cases} \quad (4-83)$$

对于 GPS 而言：

$$\begin{cases}\delta\rho_p(f_1)=-6.080\,583\rho_{12}+20.049\,766\rho_{23}\\\delta\rho_p(f_2)=-7.080\,583\rho_{12}+20.049\,766\rho_{23}\\\delta\rho_p(f_3)=-7.080\,583\rho_{12}+19.049\,766\rho_{23}\end{cases} \quad (4-84)$$

其中，$\rho_{12}=\rho_1-\rho_2$，$\rho_{23}=\rho_2-\rho_3$。对于相位而言：

$$\delta\rho_g(f_i)=-A_1/f_i^2-2A_2/f_i^3 \quad (i=1,2,3) \tag{4-85}$$

将式(4-81)、式(4-82)代入式(4-85)得：

$$\begin{cases}\delta\rho_g(f_1)=-0.879\,1\rho_{12}+8.615\,7\rho_{23}\\ \delta\rho_g(f_2)=-7.086\,4\rho_{12}+31.796\,4\rho_{23}\\ \delta\rho_g(f_3)=-9.549\,5\rho_{12}+40.728\,9\rho_{23}\end{cases} \tag{4-86}$$

式(4-86)是我国 BDS 卫星导航系统三频载波相位观测值及码相位观测值电离层延迟距离改正。对于 GPS 而言，三频载波相位观测值电离层延迟距离改正为：

$$\begin{cases}\delta\rho_g(f_1)=-0.206\,567\rho_{12}+7.747\,346\rho_{23}\\ \delta\rho_g(f_2)=-6.207\,803\rho_{12}+38.701\,618\rho_{23}\\ \delta\rho_g(f_3)=-8.017\,523\rho_{12}+47.702\,854\rho_{23}\end{cases} \tag{4-87}$$

4.4 常用周跳探测与修复方法

由于仪器和(或)外界的电气干扰，载波锁相环路的短暂失锁会造成整周计数错误，这一现象称为周跳(Cycle Slips)。周跳可用图 4-5 来表示。如果没有周跳，载波相位观测量对时间的图形是一个相当平滑的曲线；当有周跳时，图形有一个突变。

周跳对发生周跳时刻及以后的载波相位观测量都产生错误影响，直到下一个周跳或观测结束。如果把这些错误的观测数据用于基线的解算，则无法保证基线解算结果的正确。因此，必须对相位观测量的原始数据及其组合进行预处理，检测出周跳出现的时刻及大小，并修复相应的观测量。

在现代卫星导航定位系统的载波相位测量中，由于电器、电离层等影响使得接收机整周计数发生错误，从而产生周跳现象。由于动态测量环境比较复杂，周跳可能出现

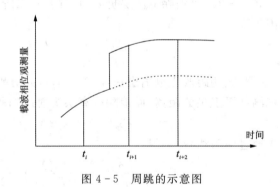

图 4-5 周跳的示意图

大周跳、小周跳以及连续周跳等现象。如果周跳不能及时被发现并正确处理，将严重影响定位结果，如数值仅为一周的周跳就会导致数十厘米的定位误差。周跳探测原理是建立在多余观测量序列的基础上，利用粗差理论，由观测数据或其组合构成适当的检验序列，使得周跳在该检验序列中以粗差的形式表现出来并确定周跳的位置。在探测出周跳后，利用观测信息来估计丢失的整周数，从而修正周跳后的载波相位观测值，称为周跳的修复。未被探测的整周跳将被整周模糊度及接收机位置参数所吸收，导致这些参数的估计值有偏差。因此正确探测和修复周跳对相对定位模糊度的求解及位置参数的确定具有关键作用。

动态导航定位测量中，周跳的探测与修复方法有很多种。如电离层残差法、伪距载波相位组合法等。电离层残差法和伪距载波相位组合法综合使用是常用的双频观测值周跳探测与修

复的方法,对于动态数据,失锁时间超过几分钟,仍能比较有效地探测并修复。在 GPS 周跳探测领域,相关学者研究并提出了很多实际的解决方法,但在众多的方法中,没有哪一种能适应所有的情况,应根据具体情况选择或者联合使用几种方法来处理。

在两个测站同时观测的情况下,可利用相位观测值的单差、双差和三差模型来进行周跳检测并修复。但需要说明的是,差分模型比原始相位观测值会有更多的观测噪声,而且数据、模型处理将更加冗长繁多,从算法复杂程度及对通信链路的要求来看,不符合星载动态导航定位的要求。

4.4.1 高次差法

Remondi 提出用差分法进行周跳探测。尽管星站距离虽然是在不断变化,各观测量也应随时间而相应变化,但这种变化是平滑而有规律的。而当出现周跳时,这种规律被破坏了。高次差法就是利用高阶差分的办法来探测周跳。利用数据变化很小的规律,采用原始观测数据或历元间求差,在消除一些误差,如大气折射延迟、接收机钟差、卫星钟差后,可以看出周跳存在的位置。例如:设有观测值 $Li(i=1,2,3,4,\cdots)$ 在历元 $i=1,2,\cdots$ 组差,如表 4-5 所示。

表 4-5 观测量各阶差值

历元	相位	一次差	二次差	三次差	四次差	五次差
1	L1					
2	L2	L2−L1				
3	L3	L3−L2	L3−2L2+L1			
4	L4	L4−L3	L4−2L3+L2	L4−3L3+3L2−L1		
5	L5	L5−L4	L5−2L4+L3	L5−3L4+3L3−L2	L5−4L4+6L3−4L2+L1	
6	L6	L6−L5	L6−2L5+L4	L6−3L5+3L4−L3	L6−4L5+6L4−4L3+L2	L6−5L5+10L4−10L3+5L2−L1
⋮	⋮	⋮	⋮	⋮	⋮	⋮

可以认为 BDS 载波相位观测精度最差约为 3mm,经 5 次差后探测精度约为 $\sqrt{1+25+100+100+25+1}\times 3\approx 47.62$mm,相当于 B1 频率约 0.25 周。因此,对于 BDS 接收机 1s 采样的相位数据,原理上 1 周以上的周跳都能够被探测出来。现选取 2008 年 4 月 26 日临潼站一段不含周跳的实测 B1IC 相位观测数据,在 BDT 120 周 562 627.00s 加入 1 周周跳,进行高次差探测。

如图 4-6、图 4-7 所示,通过高次差法可以进行周跳探测,但当在相邻历元 562 627.00s,562 628.00s 分别加 1 周周跳时,对于连续周跳不再满足上述规律,故该方法不适用于连续周跳的探测。尽管该方法实现简单,但很显然对于实时动态导航定位,这种方法不能实时进行周跳探测与修复。

4.4.2 伪距相位组合法

因为码伪距和载波相位值都可以表示站星之间的距离,所以通过伪距和载波相位之间取

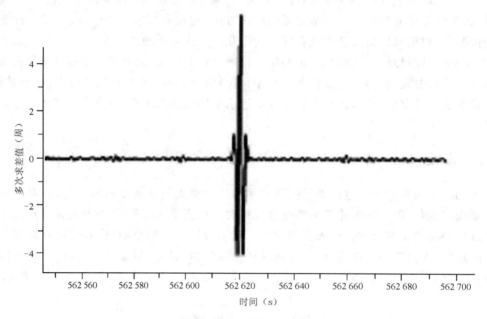

图 4-6 高次差法探测周跳(一)

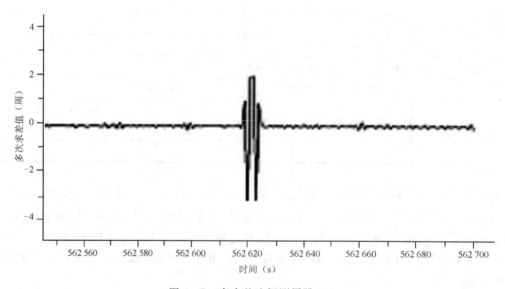

图 4-7 高次差法探测周跳(二)

差,原理上可获得载波相位整周模糊度：

$$N=\varphi-(P+2I/f^2)/\lambda \tag{4-88}$$

但是,式(4-88)中显然包含有多路径效应和观测噪声,这都影响整周模糊度的求解。式(4-88)历元间求差,可得:

$$\delta N_f=N_k-N_{k-1}=\delta\varphi-(\delta P+2\delta I/f^2)/\lambda \tag{4-89}$$

式中,δ算符表示历元间取差。理论上,对于一次观测,各个历元整周模糊度应该相同,即:$\delta N_f=0$,

但由于有周跳的出现,这个值会有差异。这与载体的运动状态无关,所以适合于各种运动状态的载波相位观测值的周跳检测。由于载波相位观测值误差很小,所以 δN_f 的精度主要受电离层折射误差、多路径效应历元间的变化、伪距观测误差、载波相位的波长 λ 的影响。BDS 的 B1QW 伪距噪声设为 0.6m,不考虑电离层和相位噪声的影响,该式估计周跳的精度为 $\sqrt{2} \times 0.6/0.192 \approx 4.418$ 周,所以该方法的探测精度较低,不能检测出数值较小的周跳。为了克服伪距噪声太大的问题,GPS 采用波长约 0.86m 的 L_w 和波长约 14.6m 的 $L_{-7,9}$,δN_f 的精度得到大大改善:

$$\delta N_{f,i,j} = \delta \varphi_{i,j} - \frac{\delta P}{\lambda_{i,j}} + \left(\frac{4620i + 5929j}{4620i + 3600j} + \beta\right) \times \frac{1}{\lambda_{i,j}} \frac{\delta I}{f_1^2} \tag{4-90}$$

式中:

$$\beta = \begin{cases} 1, & P = P_1 \\ 1.647, & P = P_2 \\ 1.323, & P = (P_1 + P_2)/2 \end{cases} \tag{4-91}$$

对于 L_w 而言,$i=1, j=-1$;对于 $L_{-7,9}$,则 $i=-7, j=9$。通过式(4-90),我们可以获得 L_w 和 $L_{-7,9}$ 的周跳实数估值 $\delta N_{f,1,-1}$ 和 $\delta N_{f,-7,9}$。$\delta N_{f,1,-1}$ 和 $\delta N_{f,-7,9}$ 可以用来检测周跳,如果 $\delta N_{f,1,-1}$ 或 $\delta N_{f,-7,9}$ 的数值超过了某一阈值,则认为存在周跳。它们一般作为电离层残差法检测周跳的补充方法。

由上可知,在其他条件不变的情况下,如果波长变大,检测周跳的精度就会大幅度提高。BDS 导航系统提供 3 个频率的伪距和相位数据,可以形成波长更长的组合,但由于经过组合后放大了相位观测量(以周为单位)的噪声,电离层影响也会有所变化。所以需要选择合适的组合。

4.4.3 多项式拟合法

周跳前后载波相位不再是连续函数,但可通过载波相位的变化,预测下一时刻相位值,根据相位值的变化,发现周跳。陈小明作了这方面的研究。

载波相位是时间的函数多项式,可写为如下的多项式模型:

$$\varphi = a_0 + a_1 t + a_2 t^2 + a_3 t^3 \quad (\text{周跳前}) \tag{4-92}$$

$$\varphi = a_0 + a_1 t + a_2 t^2 + a_3 t^3 + \Delta N_{cs} \quad (\text{周跳后}) \tag{4-93}$$

对两式求导,可得载波相位变化率的多项式公式:

$$\dot{\varphi} = a_1 + 2a_2 t + 3a_3 t^2 \tag{4-94}$$

可以选取 6 个连续历元的数据,并假设前 5 个历元的载波相位观测值没有周跳,修复第六个历元的周跳。可以列出如下的误差方程:

$$V = A\hat{X} - L \tag{4-95}$$

其中:

$$A = \begin{bmatrix} 1 & 1 & 1 & 1 & 1 & 1 & 0 & 0 & 0 & 0 & 0 & 0 \\ t_1 & t_2 & t_3 & t_4 & t_5 & t_6 & 1 & 1 & 1 & 1 & 1 & 1 \\ t_1^2 & t_2^2 & t_3^2 & t_4^2 & t_5^2 & t_6^2 & 2t_1 & 2t_2 & 2t_3 & 2t_4 & 2t_5 & 2t_6 \\ t_1^3 & t_2^3 & t_3^3 & t_4^3 & t_5^3 & t_6^3 & 3t_1^2 & 3t_2^2 & 3t_3^2 & 3t_4^2 & 3t_5^2 & 3t_6^2 \\ 0 & 0 & 0 & 0 & 0 & 1 & 0 & 0 & 0 & 0 & 0 & 0 \end{bmatrix}^T \tag{4-96}$$

$$L=[\varphi_1,\varphi_2,\varphi_3,\varphi_4,\varphi_5,\varphi_6,\dot\varphi_1,\dot\varphi_2,\dot\varphi_3,\dot\varphi_4,\dot\varphi_5,\dot\varphi_6]^T \quad (4-97)$$

$$\hat{X}=[a_0,a_1,a_2,a_3,\Delta N_{cs}]^T \quad (4-98)$$

若无载波相位变化率观测量，则 A 和 L 变为：

$$A=\begin{bmatrix}1 & 1 & 1 & 1 & 1 & 1\\ t_1 & t_2 & t_3 & t_4 & t_5 & t_6\\ t_1^2 & t_2^2 & t_3^2 & t_4^2 & t_5^2 & t_6^2\\ t_1^3 & t_2^3 & t_3^3 & t_4^3 & t_5^3 & t_6^3\\ 0 & 0 & 0 & 0 & 0 & 1\end{bmatrix}^T \quad (4-99)$$

$$L=[\varphi_1,\varphi_2,\varphi_3,\varphi_4,\varphi_5,\varphi_6]^T \quad (4-100)$$

$$\hat{X}=(A^TA)^{-1}A^TL \quad (4-101)$$

若解得的 $|\Delta N_{cs}|>\varepsilon$（$\varepsilon$ 为给定的限制条件），则说明 φ_6 含有周跳，周跳估值为 ΔN_{cs} 的取整值。由于多项式拟合方法探测周跳只用到了一个频率的观测量，因此更适用于单频、双频、三频的情况。多项式探测周跳的精度与采用的历元个数、历元间时间间隔以及周跳失锁时间相关。下面利用 BDS 之 GEO-2 卫星的 B1 频点的真实载波相位数据来分析多项式拟合方法探测周跳的精度。

图 4-8 是对 2011 年 6 月 3 日汕头站 1 号接收机周跳探测的结果，通过其他周跳探测方法知该时段无周跳发生，采样间隔为 1s。当无周跳发生时，利用 100 个历元的多项式拟合法探测周跳的精度低于采用 10 个历元的精度，前者的标准差为 0.023 9 周，后者为 0.016 97 周，因此在失锁时间较短的情况下，可以利用少数几个历元（如 10）进行多项式拟合来探测和修复周跳。

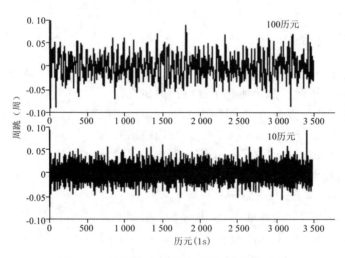

图 4-8 无周跳时不同历元数拟合的周跳值

图 4-9 是采用与图 4-8 相同的数据，只是第 660 个历元之后设置信号失锁，失锁时间为 4min，等到再次锁定卫星信号后（历元号为 900），设置在 B1 上发生了 1 周的周跳。利用 100 个历元的多项式拟合法探测周跳值 $\Delta N_{cs}=2.574$，利用 10 个历元的多项式拟合法探测周跳值 $\Delta N_{cs}=-3\,824.271$，因此在失锁时间较长的情况下，利用少数几个历元的精度比利用较多历元探测的精度高。

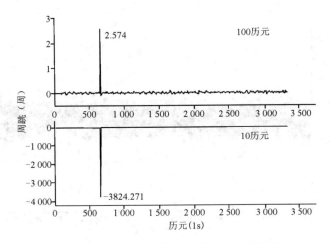

图 4-9 有周跳时不同历元数拟合的周跳值

4.4.4 电离层残差法

若不考虑测量噪声和多路径效应,同一历元的载波相位测量之差则为:

$$\Phi_{gf}(t)=\lambda_1\varphi_1(t)-\lambda_2\varphi_2(t)=\lambda_2 N_2-\lambda_1 N_1-\frac{A(t)}{f_1^2}+\frac{A(t)}{f_2^2} \quad (4-102)$$

将上式两端同除以 λ_1,则有:

$$\frac{\Phi_{gf}(t)}{\lambda_1}=\varphi_1(t)-\frac{\lambda_2}{\lambda_1}\varphi_2(t)=\frac{\lambda_2}{\lambda_1}N_2-N_1-\frac{A(t)}{\lambda_1 f_1^2}+\frac{A(t)}{\lambda_1 f_2^2}$$

$$=\frac{f_1}{f_2}N_2-N_1-\frac{A(t)}{\lambda_1 f_1^2}\left(1-\frac{f_1^2}{f_2^2}\right)=\frac{f_1}{f_2}N_2-N_1+\Delta_{\text{ion}}(t) \quad (4-103)$$

式中,$\Delta_{\text{ion}}(t)=-\frac{A(t)}{\lambda_1 f_1^2}\left(1-\frac{f_1^2}{f_2^2}\right)$,$\Delta_{\text{ion}}(t)$ 表示用 L1 波长的双频载波相位测量电离层延迟的差值,称之为电离层残差。若不存在周跳,则在标准情况下,历元之间的 $\frac{\Phi_{gf}(t)}{\lambda_1}$ 之差为:

$$\Delta\Phi_{gf}=\frac{\Phi_{gf}(t+1)}{\lambda_1}-\frac{\Phi_{gf}(t)}{\lambda_1}=\varphi_1(t+1)-\varphi_1(t)-\frac{f_1}{f_2}[\varphi_2(t+1)-\varphi_2(t)]$$

$$=\Delta_{\text{ion}}(t+1)-\Delta_{\text{ion}}(t)+\varepsilon \quad (4-104)$$

式中,$\Delta\Phi_{gf}$ 表示历元间电离层残差变化。短时间内,电离层比较稳定、采样间隔较短,电离层延迟的变化缓慢。

图 4-10 为临潼站 2011 年 4 月 26 日 B1、B3 两频率相位组合历元间电离层的变化值 $\Delta\Phi_{gf}$,该残差序列中最大值为 0.027m,最小值为 −0.031m,中误差为 0.006m。所以适合周跳探测。

若设 L1,L2 的周跳分别为 $\Delta N_1,\Delta N_2$,则有

$$\Delta\Phi_{gf}=-\frac{f_1}{f_2}\Delta N_2+\Delta N_1+[\Delta_{\text{ion}}(t+1)-\Delta_{\text{ion}}(t)]$$

$$\approx-\frac{f_1}{f_2}\Delta N_2+\Delta N_1=\Delta N \quad (4-105)$$

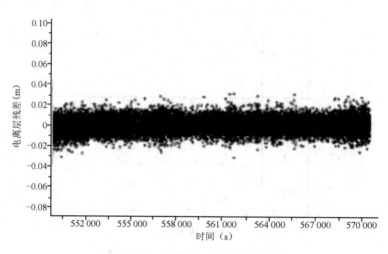

图 4-10 无周跳时电离层残差变化

此时，$\Delta\Phi_{gf}$ 是 L1，L2 周跳的线性组合。显然，如果 $-\dfrac{f_1}{f_2}\Delta N_2+\Delta N_1=0$，以 B1、B3 频率为例，对于两个频率发生周跳 $\Delta N_1/\Delta N_2\approx 763/620$ 的情况，则无法探测出周跳。为了更准确地探测周跳，根据公式（4-103）知道：$m_{\Delta N}=m_{\Delta\Phi_{gf}}=\sqrt{2(1+\dfrac{f_1^2}{f_2^2})}\,m_\varphi$，假设相位观测噪声 $m_\varphi=\pm 0.01$ 周，$m_{\Delta N}=\pm 2.3 m_\varphi=\pm 0.023$ 周，则应用 3 倍限差，周跳探测的限差约为 ± 0.07 周。当 $|\Delta\Phi_{gf}|>\pm 0.07$ 周时，除一些特殊的组合外，对于大部分周跳均可探测出来。表 4-6 是周跳在 $[-10,10]$ 之间的周跳组合。

表 4-6 部分周跳组合特性

ΔN_1（周）	ΔN_2（周）	ΔN
-10	-8	$-0.154\,840$
-6	-5	$0.153\,226$
-5	-4	$-0.077\,420$
5	4	$0.077\,419$
6	5	$-0.153\,230$
10	8	$0.154\,839$

因为某些周跳 $(\Delta N_1,\Delta N_2)$ 组合值不同，而其对应的 ΔN 值却可能很接近。如果将 ΔN_1 和 ΔN_2 搜索范围限定在 ± 4 之内，并且结合其他可以探测大周跳的方法，就可以避免这种情况，并进行周跳探测。

为了说明问题，现在设置如表 4-7 所示的情况，在一段未发生周跳的实测数据某些历元预设周跳，并使用电离层残差法进行探测（图 4-11）。

表 4-7 电离层残差法周跳探测结果

历元	557 858	557 890	557 921	557 975	558 100	558 239
B1 设周跳	1	0	2	−15	17	763
B3 设周跳	0	1	1	−13	13	620
检测值	1.003 9	−1.232 4	0.767 4	0.998 4	1.002 2	0.001 2

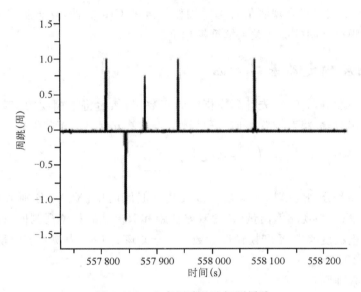

图 4-11 电离层残差法探测周跳

通过以上数值试验,可以得到以下结论:

(1)电离层残差法使用的前提是电离层变化没有突变。

(2)某一频率发生周跳,该方法探测能力较敏感,但由于各频率周跳系数不同,即使预设周跳值相同,检测值也是不同的(如 557 858.00s,557 890.00s)。

(3)该方法利用双频载波相位组合来探测周跳,任一频率相位数据发生周跳,其组合检测值都会以粗差形式表现出来,探测精度高(如 557 921.00s)。

(4)对于检测值相似的,有多种周跳可能,所以最好限制在 ±4 周之内(如 558 100 与 557 858 两个历元)。

(5)对一些特殊的组合,探测失效,如:B1 发生 763 周周跳,B2 发生 620 周周跳(如:558 239.00s)。

电离层残差法探测周跳的能力较敏感,$\Delta\Phi_{gf}$ 还可以用来修复周跳,满足 $\Delta\Phi_{gf}$ 最小的 ΔN_1 和 ΔN_2 即为正确的周跳。若能联合应用其他周跳探测方法(如高次差或者多项式拟合法),将周跳修复至 4 周以内,电离层残差法则可正确探测出所有的周跳。

4.5 多频观测数据在模糊度解算中的应用

载波相位模糊度的确定,是相对定位的关键技术,也是提高定位精度的根本。模糊度一旦确定,相对观测值即可转变为精确的距离观测值。对于短基线,如果已知模糊度,利用几个甚至单历元即可以获得厘米级的相对位置。因此,模糊度分解对于提高定位精度和定位效率具有重要意义。常用的模糊度确定的方法有取整法、区间判定法、快速分解法、准电离层 QIF 方法,以及利用双频 P 码伪距的 MW 方法等。针对 GPS 现代化后的 3 个频率载波相位,Werner 和 Winkel 提出了由三频组合观测值解算整周模糊度的 CIR 方法,该方法利用载波观测值及组合波长与观测噪声之间的层迭关系解算模糊度。

4.5.1 模糊度确定的基本方法

模糊度确定一般分两步:首先计算模糊度的实数解,然后将模糊度的实数解约束为整数。为计算模糊度的实数解,将双差观测值方程线性化,误差方程写为矩阵形式:

$$v = (A_1 \ A_2) \times \binom{X}{a} - [\underbrace{L - f(X^0, a^0)}_{l}] \quad (4-106)$$

式中,v 为残差;a、a^0 分别为模糊度参数向量及其近似值向量;X、X^0 分别为非模糊度参数向量及其近似值向量;L 为观测值向量(包含双差伪距和双差载波相位观测值);A_1、A_2 分别为设计矩阵中对应非模糊度参数 X 和模糊度参数 a 的子矩阵;$f(\cdot)$ 为观测值向量 L 的函数模型;$l = L - f(X^0, a^0)$。

依据最小二乘准则:

$$\Omega = (l - A_1 X - A_2 a)^T P (l - A_1 X - A_2 a) = \min \quad a \in Z^m \quad X \in R^n \quad (4-107)$$

由于模糊度整数约束 $a \in Z^m$,式(4-107)实际上属于整数最小二乘问题,一般分 3 个步骤来解决。首先将模糊度作为实数来解算,相应解法方程为:

$$\begin{bmatrix} A_1^T P A_1 & A_1^T P A_2 \\ A_2^T P A_1 & A_2^T P A_2 \end{bmatrix} \times \begin{Bmatrix} \hat{X} \\ \hat{a} \end{Bmatrix} = \begin{Bmatrix} A_1^T P l \\ A_2^T P l \end{Bmatrix} \quad (4-108)$$

或简写为:

$$\begin{pmatrix} N_{11} & N_{12} \\ N_{21} & N_{22} \end{pmatrix} \times \begin{Bmatrix} \hat{X} \\ \hat{a} \end{Bmatrix} = \begin{pmatrix} U_1 \\ U_2 \end{pmatrix} \quad (4-109)$$

式中,P 为权矩阵。解法方程可获得 X 和 a 的实数估值及其协方差矩阵:

$$\hat{a} = (N_{22} - N_{21} N_{11}^{-1} N_{12})^{-1} \times (U_2 - N_{21} N_{11}^{-1} U_1) \quad (4-110)$$

$$Q_{\hat{a}} = (N_{22} - N_{21} N_{11}^{-1} N_{12})^{-1} \quad (4-111)$$

$$\hat{X} = N_{11}^{-1} (U_1 - N_{12} \hat{a}) \quad (4-112)$$

$$Q_{\hat{X}} = N_{11}^{-1} + N_{11}^{-1} N_{12} \sum_{\hat{a}} N_{21} N_{11}^{-1} \quad (4-113)$$

$$Q_{\hat{X}\hat{a}} = Q_{\hat{a}\hat{X}} = -N_{11}^{-1} N_{12} \sum_{\hat{a}} \quad (4-114)$$

其次,将模糊度实数解 $\hat{a}$ 通过式(4-115)固定为整数 $\check{a}$:

$$\Omega'' = (\hat{a} - a)^T Q_{\hat{a}}^{-1} (\hat{a} - a) = \min \quad a \in Z^m \quad (4-115)$$

最后,将整数模糊度 $\breve{a}$ 回代,计算整数模糊度条件下的非模糊度参数解 $\breve{X}$:

$$\breve{X} = N_{11}^{-1}(U_1 - N_{12}\breve{a}) = \hat{X} + N_{11}^{-1}N_{12}(\hat{a} - \breve{a})$$
$$= \hat{X} - Q_{\hat{x}\hat{a}}Q_{\hat{a}}(\hat{a} - \breve{a}) \tag{4-116}$$

$$Q_{\breve{X}} = N_{11}^{-1} = Q_{\hat{X}} - Q_{\hat{X}\hat{a}}Q_{\hat{a}}^{-1}Q_{\hat{a}\hat{x}} \tag{4-117}$$

$$\breve{X} = \hat{X} + N_{11}^{-1}N_{12}(\hat{a} - \breve{a}) \tag{4-118}$$

以上式子显示了固定模糊度对其他参数的影响。很显然,$Q_{\breve{X}} \ll Q_{\hat{X}}$,所以固定模糊度以后,其他参数的精度得到提高。另外,模糊度参数的确定很大程度上减少了未知参数的数量,使解更加稳定,因为在解算过程中,模糊度参数是主要的未知参数。图 4-12 引用了一个定位的例子,可以看到模糊度固定后,定位精度得到明显提高,而且加快了收敛速度。

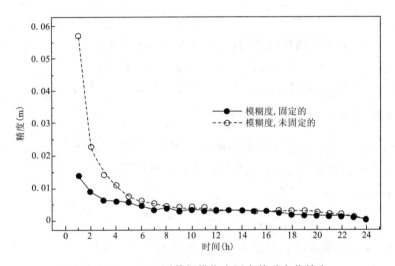

图 4-12　一天观测数据模糊度固定前后定位精度

4.5.2　模糊度确定方法

目前常用的模糊度确定的方法有:双频 P 码伪距法、模糊度函数法、最小二乘搜索法、模糊度协方差法以及近些年发展起来的 LAMBDA 方法和针对三频提出的 TCAR 和 CIR 等方法。

4.5.2.1　取整法

取整法是最简单的模糊度分解方法,它忽略了模糊度之间的相关性,仅简单将模糊度实数解固定到与之最接近的整数,由于没有考虑先验的模糊度协方差信息,该方法可靠性较差,一般不推荐使用。

4.5.2.2　快速模糊度分解法

快速模糊度分解方法 FARA(Fast Ambiguity Resolution Approach)是 Frei 和 Beutler 1990 年提出来的。采用该方法进行短基线定位,利用双频接收机仅需一两分钟便可成功确定整周模糊度。快速模糊度解算方法利用了最小二乘实数解信息。

模糊度参数的验后方差和协方差分别为：

$$m_i = \sigma_0 \sqrt{Q_{ii}}, \quad m_{ij} = \sigma_0 \sqrt{Q_{ii} - 2 \times Q_{ij} + Q_{jj}} \tag{4-119}$$

选择一定的置信水平 α，使用正态分布可以得到模糊度整数值的范围，即：

$$p_i - \xi \cdot m_i \leqslant p_{Ai} \leqslant p_i + \xi \times m_i, \quad i = 1, 2, \cdots, u \tag{4-120}$$

式中，$p = (p_1, p_2, \cdots, p_u)$ 为双差模糊度的实数解，其中，u 为模糊度个数；Q 为模糊度参数对应的协方差阵；σ_0^2 为单位权验后方差。

这样就形成了多组维数为 u 的整数模糊度向量，将这些向量引入平差计算，估计参数标准差最小的一组即为模糊度的固定解。为了加快搜索速度，可以用其他附加条件来约束，如使用电离层残差组合：

$$L_{4kl}^{ij} + I_{4kl}^{ij}\left(1 - \frac{f_1^2}{f_2^2}\right) = \lambda_1 p_{1kl}^{ij} - \lambda_2 p_{2kl}^{ij} \tag{4-121}$$

假定式(4-121)右边模糊度已经固定，则可以得到如下标准：

$$v = |(\lambda_1 p_{1kl}^{ij} - \lambda_2 p_{2kl}^{ij}) - (\lambda_1 p_{A1kl}^{ij} - \lambda_2 p_{A2kl}^{ij})| \tag{4-122}$$

式(4-122)为模糊度固定前后电离层偏差，为一小量，如 0.1 周。

4.5.2.3 准电离层法(QIF)

该方法是 Bernese 软件中采用的一种模糊度搜索方法，主要用在 2 000km 以下的长基线，需要卫星精密星历，还必须采用双频观测数据。其原理如下。

双差电离层自由组合表示为：

$$L_3 = \rho + B_3 = \rho + \frac{c}{f_1^2 - f_2^2}(f_1 n_1 - f_2 n_2) \tag{4-123}$$

对于 L_1、L_2 频率模糊度的实数解 b_1 和 b_2，可以得到：

$$\widetilde{B}_3 = \frac{c}{f_1^2 - f_2^2}(f_1 b_1 - f_2 b_2) \tag{4-124}$$

式(4-124)可以表示窄巷周(对应波长为 11cm)：

$$\tilde{b}_3 = \frac{\widetilde{B}_3}{\lambda_3} = \widetilde{B}_3 \times \frac{f_1 + f_2}{c} = \frac{f_1}{f_1 - f_2}b_1 - \frac{f_2}{f_1 - f_2}b_2 = \beta_1 b_1 + \beta_2 b_2 \tag{4-125}$$

假设 n_{1i} 和 n_{2j} 正确固定，则可以得到：

$$b_{3ij} = \beta_1 n_{1i} + \beta_2 n_{1j} \tag{4-126}$$

由此可以给出选择最佳 n_{1i} 和 n_{2j} 的标准

$$d_{3ij} = |\tilde{b}_3 - b_{3ij}| \tag{4-127}$$

4.5.2.4 LAMBDA 方法

LAMBDA 方法于 1993 年由 Teunissen 提出，全称为模糊度最小二乘降相关判定(Least-squares Ambiguity Decorrelation Adjustment)，它既可在载波相位双差观测值模型的基础上进行参数估计，也可在秩亏的情况下用于相位非差和单差观测值的模糊度解算。该方法以解算速度快而著称，它的一个突出优点是对整周模糊度的协方差矩阵进行了一个保积整周高斯变换，利用降相关将待搜索的 N 维超椭球转换成类似一个球的椭球，从而大大缩小了搜索空间，加快了搜索速度。图 4-13 给出了 LAMBDA 用于模糊度分解的流程。

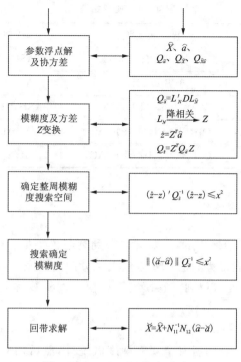

图 4-13　LAMBDA 方法流程

4.5.2.5　MW 方法

该方法借助两个频率上的 P 码伪距观测值解宽巷整周模糊度,然后结合 L3 组合进行模糊度分解。由于双频 P 码伪距确定宽巷整周模糊度方法与几何时延无关,也不受钟差和大气折射的影响,因此,这一方法基本上不受边长的限制。实践表明,它对 2 000km 的基线是有效的。对于高精度长距离相对定位数据处理,它是模糊度分解的最有效的办法。但是,宽巷观测值中的电离层折射影响在基线较长时很难模拟,这直接影响整数模糊度的求解。

4.5.3　不同的模糊度分解方法对基线解算的影响

模糊度分解方法的选择要根据实际观测情况而定,具体来说要根据基线的长短、观测时间长短以及观测量的类型。综合考虑以上情况,给出模糊度分解方法的建议。本节针对准电离层法(QIF)和 WM 方法,以 GPS 信号为例,比较两种方法对于不同长度基线模糊度分解的影响。

4.5.3.1　数据选取

选取 5 个 IGS 参考站 7 天(2008 年 11 月 16—22 日)的观测数据,数据采样间隔为 30s,各站分布情况如图 4-14,站信息列于表 4-8 中。以 KIRO 为中心形成 4 条不同长度的基线,涵盖了短基线、中基线和长基线。

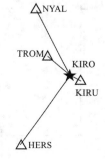

图 4-14　各站分布情况

表 4-8 观测站信息

站 名	接收机类型	天线类型	天线高(m)
HERS 13212M007	ASHTECH Z-XII3	ASH700936E	0.009 6
KIR0 10422M001	JPS EGGDT	AOAD/M_T	0.071 0
KIRU 10403M002	ASHTECH UZ-12	ASH701945C_M	0.062 0
NYAL 10317M001	AOA BENCHMARK ACT	AOAD/M_B	5.216 0
TROM 10302M003	AOA BENCHMARK ACT	AOAD/M_B	2.475 0

4.5.3.2 比较方法

要利用 L3 组合求解窄巷模糊度,需要首先得到宽巷模糊度。QIF 方法并行处理得到 L1 和 L2 模糊度,宽巷即为两者之差;而 WM 方法则是分两步来完成,首先用 WM 组合得到宽巷模糊度,然后利用宽巷模糊度可得到窄巷模糊度。模糊度实数解与正确固定的整数解之差 Δ 符合正态分布特性。

$$\Delta = \hat{a}_{NL} - \check{a}_{NL} \tag{4-128}$$

对观测网中 7 天数据解算的所有窄巷模糊度做统计,然后用 Gauss 分布拟合。为了比较 WM 和 QIF 两种方法,引入拟合因子的概念。用式(4-129)表示 Gauss 分布拟合函数:

$$y = y_0 + \frac{A}{w \cdot \sqrt{\frac{\pi}{2}}} \exp\left[-\frac{2(x-x_0)^2}{w^2}\right] \tag{4-129}$$

用于拟合的 4 个参数为 y_0, A, w 和 x_0,分别代表系统偏差、振幅、均值和方差,拟合因子可定义为:

$$\kappa = \frac{v^T v}{n-r} \tag{4-130}$$

式中,v 为拟合残差;r 为参数个数,此处为 4。

不同基线两种方法得到的结果见图 4-15~图 4-18,将 Gauss 拟合结果中的方差与拟合因子的统计结果列于表 4-9 中。

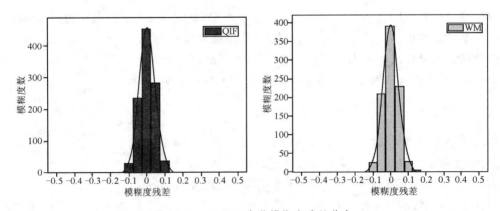

图 4-15 KOKU 窄巷模糊度残差分布

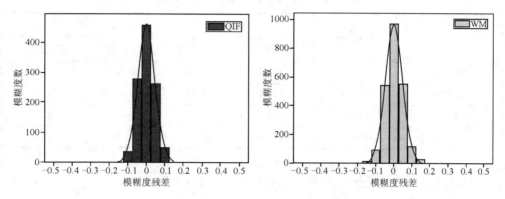

图 4-16　KOTM 窄巷模糊度残差分布

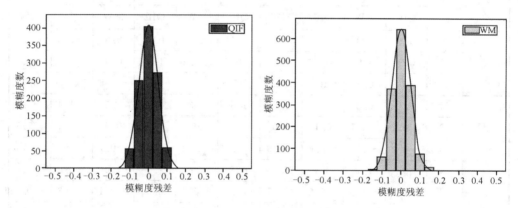

图 4-17　KONL 窄巷模糊度残差分布

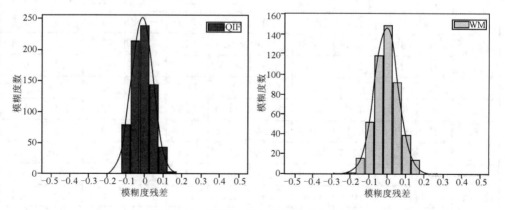

图 4-18　KOHS 窄巷模糊度残差分布

表 4-9 各基线窄巷模糊度残差拟合因子

基线	长度(km)	QIF		WM	
		方差	拟合因子	方差	拟合因子
KOKU	4.5	0.091 2	17.34	0.090 7	10.68
KOTM	216.8	0.094 7	17.47	0.095 6	34.76
KONL	1262.0	0.103 0	9.96	0.096 0	11.03
KOHS	2195.9	0.115 9	22.42	0.129 4	5.63

测站坐标重复性结果见表 4-10 和图 4-19、图 4-20。

表 4-10 各基线坐标重复性　　　　　　　　　　　　（单位:mm）

Days		HERS		KIRO		KIRU		NYAL		TROM	
		QIF	MW	QIF	MW	QIF	MW	QIF	MW	QIF	MW
1	N	0.5	0.0	0.1	0.0	1.1	0.7	0.7	0.6	−0.5	−0.5
	E	0.3	0.9	0.1	0.3	−0.2	−0.2	1.0	0.9	−1.2	−1.3
	U	−0.4	0.7	−10.0	−11.5	−15.4	−16.0	−1.8	−0.6	1.7	0.5
2	N	1.1	0.2	1.0	0.8	1.5	1.3	1.4	1.3	−1.4	−1.3
	E	−0.1	−0.7	0.1	0.0	−0.2	−0.2	0.8	0.8	−1.1	−1.1
	U	−0.2	−1.3	−6.6	−6.9	−12.6	−12.6	−0.5	−0.7	0.6	0.7
3	N	−0.4	1.1	0.4	0.4	0.8	0.8	1.2	1.0	−0.9	−0.5
	E	−1.0	−2.3	−0.2	−0.1	−0.4	−0.2	0.0	−0.1	−0.3	−0.3
	U	0.7	−1.3	2.3	4.3	−4.4	−2.4	−2.2	−3.7	2.4	3.7
4	N	−0.3	−0.9	−0.5	−0.3	−0.3	−0.1	−0.2	−0.5	0.4	0.7
	E	−0.1	−0.4	−0.4	−0.6	0.2	0.1	−0.5	−0.3	0.5	0.3
	U	9.1	9.7	8.9	8.9	4.6	5.0	−1.8	−1.5	1.8	1.5
5	N	1.0	0.3	−0.3	−0.4	−1.1	−1.3	−0.8	−0.6	0.9	0.6
	E	1.3	2.7	0.4	0.2	0.0	−0.1	−0.3	−0.3	0.5	0.5
	U	−2.7	−2.0	5.1	6.0	10.8	11.1	0.2	0.4	−0.3	−0.5
6	N	0.0	1.2	0.3	0.4	−0.4	0.5	−2.6	−2.0	2.1	1.6
	E	−1.0	0.1	−0.5	−0.4	−0.9	−0.8	−0.6	−0.8	1.1	1.2
	U	−2.5	−1.6	4.8	3.6	11.1	8.6	3.0	2.9	−3.3	−3.0
7	N	−1.8	−1.9	−0.9	−1.1	−1.7	−1.9	0.3	0.2	−0.6	−0.6
	E	0.6	−0.1	0.6	0.6	1.5	1.4	−0.3	−0.4	0.5	0.6
	U	−3.9	−4.2	−4.4	−4.4	5.8	6.3	3.1	3.1	−2.8	−2.9
RMS	N	1.0	1.1	0.6	0.6	1.2	1.2	1.4	1.1	1.2	1.0
	E	0.8	1.5	0.4	0.4	0.7	0.7	0.6	0.6	0.9	0.9
	U	4.3	4.5	7.0	7.6	10.9	10.7	2.2	2.4	2.3	2.4

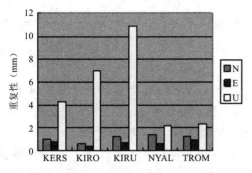

图4-19 QIF方法计算的各站坐标重复性

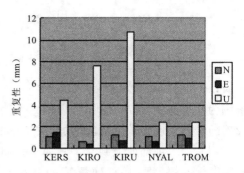

图4-20 WM方法计算的各站坐标重复性

4.5.3.3 结论

从表4-10可以看出,5个监测站的坐标水平方向重复性在2mm以内,高程方向稍差一点,但仍优于11mm,这与用GPS相对定位技术确定点的地心坐标特点完全相同。

从对不同长度基线窄巷模糊度固定残差的Gauss拟合结果来看,随着基线长度的增加,拟合方差逐渐增大。

从各条基线窄巷模糊度Gauss拟合的统计方差可以看出,对于短基线,QIF和WM两种方法结果接近,对于超过2 000km的长基线,WM小于QIF方法,主要是因为WM方法基本不受边长的限制。

从基线重复性可以看出,NYAL和TROM坐标重复性解算结果较好,而KIRU在高程方向差异较大,说明对于短基线,两种方法计算效果不理想。原因是短基线情况下,通过双差已经可以很好地消除电离层等误差的影响,使用双频组合增大了观测噪声,使得计算结果反而不好。

4.5.4 模糊度精度衰减因子(ADOP)及成功率分析

模糊度精度衰减因子(ADOP)可以用来分析可见卫星个数、卫星几何结构、载波和伪距精度、观测数据类型(单频、双频数据以及多频)、观测时间、观测采样率以及电离层加权模型等因素对模糊度确定精度的影响。

4.5.4.1 ADOP定义及特性

Teunissen最早给出了ADOP的数学表达式。该表达式针对无几何模型提出,后来扩展到了几何相关的模型,但都是在忽略了电离层误差的前提下得出的。其形式为:

$$\text{ADOP} = \prod_{i=1}^{n} \sigma_{\hat{a}_i}^{\frac{1}{n}} \tag{4-131}$$

ADOP特性可以概括为3点:

(1)ADOP只随模型变化。
(2)ADOP与模糊度搜索空间的体积一一对应。
(3)ADOP等价于降相关的模糊度标准偏差的几何平均。

ADOP给出了模糊度解算的平均精度,可以用来得到模糊度固定成功率的最低限值。

$$P(\check{z}=z) \geqslant \prod_{i=1}^{n}\left[2\Phi\left(\frac{1}{2\text{ADOP}}\right)-1\right] \quad (4-132)$$

$$\Phi(x)=\int_{-\infty}^{x}\frac{1}{\sqrt{2\pi}}\exp\left(-\frac{1}{2}z^2\right)d_z \quad (4-133)$$

所以 ADOP 可作为评价整数最小二乘模糊度解算成功率的精度指标。假设 ADOP 的变化范围为 0.0~1.0 周变化,则可以得到不同模糊度个数模糊度解算成功率的变化情况,如图 4-21,随着模糊度参数个数的增加,成功率的变化趋势增大。

对图 4-21 细部放大到 0.1~1.0 周,如图 4-22 所示,如果 ADOP 小于 0.12 周,即使同时解算 30 个模糊度,其正确解算的概率也在 0.999 以上;如果小于 0.14 周,也可以达到 0.99。

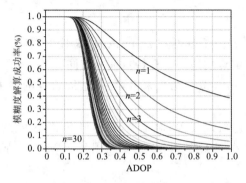

图 4-21 模糊度分解成功率随 ADOP 值变化图

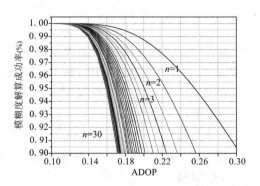

图 4-22 模糊度分解成功率随 ADOP 值变化细部放大图

4.5.4.2 电离层加权模型

在观测方程中,为每个历元的每颗卫星都引入一个电离层延迟的伪观测值 I_v,并且认为各卫星的电离层延迟相同的情况下可以得到:

$$I_v=\frac{I}{f_1^2}+\varepsilon_I \quad (4-134)$$

这种电离层随机性模型也称为电离层加权模型。

σ_i^2 为先验方差,若 $\sigma_i^2=0$,电离层误差的影响可以忽略,称为电离层常数模型。电离层常数模型适用于短基线的 GPS 测量,若 σ_i^2 无穷大,电离层误差作为未知参数来解算,称为电离层浮点模型(Ionosphere-float model)。中长基线的模糊度解算可以用该模型,但是附加的电离层参数不但会显著降低模糊度解的精度,而且会延长模糊度成功解算的观测时间。前面提到的 QIF 方法就是基于该模型的,在实际解算中,一般是先将附加电离层参数消去。由此,通过对 σ_i^2 的控制可以调节不同的电离层改正处理方式,所以称为电离层加权模型。

4.5.4.3 ADOP 分解表达式

Odijk 和 Teunissen 给出了改进的 ADOP 的单基线表达式:

$$\text{ADOP}=f_1\times f_2\times f_3\times f_4\times f_5 \quad (4-135)$$

式中各因子的含义见表 4-11。

表 4-11 ADOP 表达式中各因子

模型	f_1	f_2	f_3	f_4	f_5
A	$\dfrac{\sqrt{2}\mid C_\phi\mid^{\frac{1}{2j}}}{\check{\lambda}}$	$\left[\dfrac{1}{e_k^T R_k^{-1} e_k}\right]^{\frac{1}{2}}$	$\left[\dfrac{\sum_{s=1}^m w_s}{\prod_{s=1}^m w_s}\right]^{\frac{1}{2(m-1)}}$	$\left[1+\dfrac{1}{\xi}\right]^{\frac{1}{2j}}$	1
B	$\dfrac{\sqrt{2}\mid C_\phi\mid^{\frac{1}{2j}}}{\check{\lambda}}$	$\left[\dfrac{1}{e_k^T R_k^{-1} e_k}\right]^{\frac{1}{2}}$	$\left[\dfrac{\sum_{s=1}^m w_s}{\prod_{s=1}^m w_s}\right]^{\frac{1}{2(m-1)}}$	$\left[1+\dfrac{1}{\xi}\right]^{\frac{1}{2j}}$	$\left[1+\dfrac{1}{\delta}\right]^{\frac{1}{2j}}$
C	$\dfrac{\sqrt{2}\mid C_\phi\mid^{\frac{1}{2j}}}{\check{\lambda}}$	$\left[\dfrac{1}{e_k^T R_k^{-1} e_k}\right]^{\frac{1}{2}}$	$\left[\dfrac{\sum_{s=1}^m w_s}{\prod_{s=1}^m w_s}\right]^{\frac{1}{2(m-1)}}$	$\left[1+\dfrac{1}{\xi}\right]^{\frac{1}{2j}}$	$\left[1+\dfrac{1}{\delta}\right]^{\frac{1}{2j(m-1)}}$
D	$\dfrac{\sqrt{2}\mid C_\phi\mid^{\frac{1}{2j}}}{\check{\lambda}}$	$\left[\dfrac{1}{k}\right]^{\frac{1}{2}}$	$m^{\frac{1}{2(m-1)}}$	$\left[1+\dfrac{1}{\xi}\right]^{\frac{1}{2j}}$	$\left[\prod_{i=1}^v (1+\dfrac{1-1/\gamma_i}{\delta+1/\gamma_i})\right]^{\frac{1}{2j(m-1)}}$

表 4-11 中,j 为频率个数;k 为观测历元数;m 为卫星个数;C_ϕ 为相位观测的协方差阵;$w_s,s=1,\cdots,m$,为各颗卫星的权;e_k 为单位向量;R_k 时间相关矩阵;$\check{\lambda}=\prod_{i=1}^j \lambda_i^{1/j}$ 为波长的几何平均;$\mu=(\mu_1,\cdots,\mu_j)^T$ 为电离层改正系数;ξ 为电离层改正因子;δ 为距离因子;$\gamma_i\in[1,\infty)$ 基线增益。

4.5.4.4 计算与分析

模糊度确定的成功率与表 4-11 中的各项因子有关,本书主要分析载波频率个数及不同频率对模糊度确定成功率的影响。数据仿真中,卫星轨道选择了 2008 年 11 月 12 日 GPS 广播星历提供的轨道,使用电离层加权模型,用于计算的参考站为 XIAN(34.26,108.88)。图 4-23 给出了 XIAN 点一天的卫星可见性。

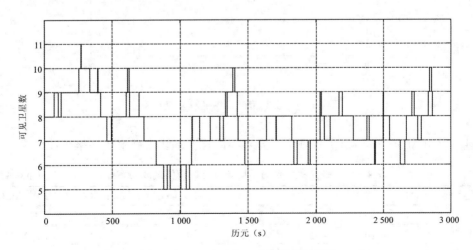

图 4-23 XIAN 点一天的可见卫星数

为了分析不同频率组合对短、中、长基线模糊度解算成功率的影响,在此分3类情况分析:L1/L2 组合(Ⅰ);L1/L5 组合(Ⅱ);L1/L2/L5 组合(Ⅲ)。每一类中分别计算了 10km、100km、500km 和 1000km 四条不同长度的基线。图 4-24 和图 4-25 分别给出了 100km 基线在Ⅰ、Ⅲ的情况下一天时间的模糊度解算成功率,作为实例。

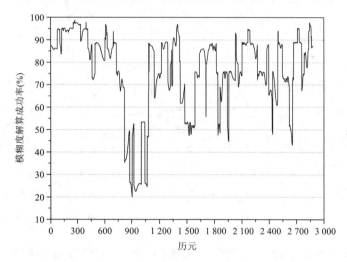

图 4-24　Ⅰ类情况模糊度解算成功率

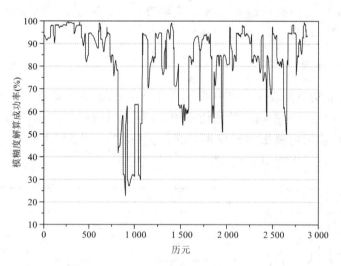

图 4-25　Ⅲ类情况模糊度解算成功率

表 4-12 和图 4-26 给出了各频率组合对不同长度基线模糊度成功率统计结果。

表 4-12　各频率组合对不同长度基线模糊度成功率统计　　　(单位:%)

类型	频率	10km(4)	100km(3)	500km(2)	1 000km(1)
Ⅰ	L1/L2	99.9	76.3	13.9	6.3
Ⅱ	L1/L5	99.9	79.6	16.9	9.1
Ⅲ	L1/L2/L5	100.0	83.1	40.1	35.0

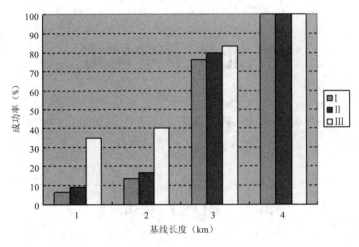

图 4-26 各频率组合对不同长度基线模糊度成功率

从不同频率组合以及频率个数对基线模糊度解算成功率影响来看,随着基线长度的增大,模糊度解算成功率逐渐降低,这符合一般模糊度解算规律;对同一基线而言,增加观测频率个数有利于提高模糊度成功率,对于 10km 的短基线,成功率都在 99% 以上,无论采用频率间隔更大的 L1/L5 组合还是 L1/L2/L3 三频组合,改进效果都不明显,但随着基线长度的增加,尤其对于 500km 以上的长基线,利用 3 个频率成功率由原来的 10% 左右提高到 40% 左右,提高效果显著,即说明三频组合相比较双频组合,模糊度解算的成功率更高。另外,通过对 Ⅰ 和 Ⅱ 两类情况不同长度基线的比较,对于双频观测,GPS L1/L5 组合在模糊度成功率较 GPS L1/L2 有所提高。

5 北斗卫星星历

实时、准确地获取卫星位置、速度、钟差参数是进行卫星导航定位的前提条件。卫星定位中,卫星的位置、速度及钟差等参数通常是由卫星星历提供的。BDS系统提供两种星历,即广播星历和精密星历。

5.1 BDS广播星历

广播星历是由主控站根据各监测站的观测资料得到的轨道确定值向外推算的轨道和钟差参数构成。广播星历通常通过卫星直接播发向用户,精度较低,主要用于实时导航定位。广播星历中提供的轨道参数是曲线拟合的结果,为保证定位精度,它通常只能在一段时间(2h)内使用,以RINEX(The Receiver Independent Exchange)格式向用户提供。RINEX是一种在GNSS测量中应用很普遍的标准数据格式,该文件采用文本格式存储数据,数据格式与接收机的制造厂商和具体型号无关。

RINEX格式已经有2.10,2.11,3.00,3.02等多个版本。2016年1月29—30日,国际海事无线电技术委员会第104专业委员会(RTCM SC-104)全体会议在美国加利福尼亚州蒙特雷市君悦酒店召开,会议发布了首个全面支持北斗的RINEX标准(3.03版本)(图5-1),标志着北斗完整进入RINEX标准,北斗接收机国际通用数据标准格式工作取得阶段性重要成果。

```
     3.03           NAVIGATION DATA     M (Mixed)            RINEX VERSION / TYPE
BCEmerge            montenbruck         20140517 072316 GMT  PGM / RUN BY / DATE
DLR: O. Montenbruck; TUM: P. Steigenberger                   COMMENT
BDUT -9.3132257462e-10 9.769962617e-15      14    435        TIME SYSTEM CORR
                                                             END OF HEADER
C01 2014 05 10 00 00 00 2.969256602228e-04 2.196998138970e-11 0.000000000000e+00
     1.000000000000e+00 4.365468750000e+02 1.318269196918e-09-3.118148933476e+00
     1.447647809982e-05 2.822051756084e-04 8.092261850834e-06 6.493480609894e+03
     5.184000000000e+05-2.654269337654e-08 3.076630958509e+00-3.864988684654e-08
     1.103024081152e-01-2.506406250000e+02 2.587808789012e+00-3.039412318009e-10
     2.389385241772e-10 0.000000000000e+00 4.350000000000e+02 0.000000000000e+00
     2.000000000000e+00 0.000000000000e+00 1.420000000000e-08-1.040000000000e-08
     5.184000000000e+05 0.000000000000e+00
```

图5-1 北斗广播星历文件(RINEX 3.03)

RINEX 3.03做了很多改动,像原来兼容GLONASS星历一样对BDS做兼容。在最新的RINEX 3.03中,对BDS的TGD1、TGD2等带有系统特色的一些参数进行了体现。具体格式见表5-1和表5-2。

表 5-1 RINEX 3.03 导航信息文件头文件说明

标签(第 61～80 列)	说明	格式
RINEX VERSION / TYPE	—RINEX 格式的版本号 3.03	F9.2,11X
	—文件类型(N)	A1,19X
	—导航系统 G：GPS R：GLONASS E：Galileo J：QZSS C：BDS I：IRNSS S：SBAS Payload M：Mixed(含多个导航系统的数据)	A1,19X
PGM / RUN BY / DATE	—创建本文件所采用程序的名称	A20
	—创建本文件单位的名称	A20
	—创建本文件的日期 格式：yyyymmdd hhmmss 时区，时区采用 3～4 个字符表示 推荐使用 UTC 时间	A20
* COMMENT	注释(可以有多行)	A60
* IONOSPHERIC CORR	电离层延迟改正参数 —改正类型 GAL = Galileo ai0 - ai2 GPSA = GPS alpha0 - alpha3 GPSB = GPS beta0 - beta3 QZSA = QZS alpha0 - alpha3 QZSB = QZS beta0 - beta3 BDSA = BDS alpha0 - alpha3 BDSB = BDS beta0 - beta3 IRNA = IRNSS alpha0 - alpha3 IRNB = IRNSS beta0 - beta3	A4,1X
	—参数 GPS：alpha0 - alpha3 或 beta0 - beta3 GAL：ai0, ai1, ai2, Blank QZS：alpha0 - alpha3 或 beta0 - beta3 BDS：alpha0 - alpha3 或 beta0 - beta3 IRN：alpha0 - alpha3 或 beta0 - beta3	4D12.4
	—时间标记 发播时间(本项对北斗系统而言是必须有的，其他系统可选) A = BDT 00h - 01h B = BDT 01h - 02h ⋮ X = BDT 23h - 24h	1X,A1
	—卫星号，表明提供电离层参数的卫星(本项对北斗系统而言是必须有的，其他系统可选)	1X,I2

续表 5-1

标签(第 61~80 列)	说明	格式
* TIME SYSTEM CORR	导航系统时到 UTC 时间的改正参数 —改正类型: GAUT ＝ GAL 到 UTC a0, a1 GPUT ＝ GPS 到 UTC a0, a1 SBUT ＝ SBAS 到 UTC a0, a1 GLUT ＝ GLO 到 UTC a0＝ －TauC, a1＝zero GPGA ＝ GPS 到 GAL a0＝A0G, a1＝A1G GLGP ＝ GLO 到 GPS a0＝TauGPS, a1＝zero QZGP ＝ QZS 到 GPS a0, a1 QZUT ＝ QZS 到 UTC a0, a1 BDUT ＝BDS 到 UTC a0＝A0UTC, a1＝A1UTC IRUT ＝ IRN 到 UTC a0＝A0UTC, a1＝A1UTC IRGP ＝ IRN 到 GPS a0＝A0, a1＝A1	A4,1X
	—a0,a1(多项式系数, CORR(s) ＝ a0 ＋ a1 * DELTAT)	D17.10,D16.9
	—T(多项式参考时间,周内秒)	I7
	—W(多项式参考时间,周数,为连续记数的周数)	I5
	—S EGNOS, WAAS, 或 MSAS()	1X,A5,1X
	—U UTC 来源 0 未知 1＝UTC(NIST) 2＝UTC(USNO) 3＝UTC(SU) 4＝UTC(BIPM) 5＝UTC(Europe Lab) 6＝UTC(CRL) 7＝UTC(NTSC)(BDS) ＞7 ＝ 未指定,S 和 U 均没有为 SBAS 指定	I2,1X
* LEAP SECONDS	—当前闰秒数	I6
	—未来或过去的闰秒数 $\Delta tLSF$	I6
	—闰秒发生时间的周数 WN_LSF	I6
	—闰秒发生时间的天数 DN(如 2015 年 6 月 30 日,发生闰秒)	I6
	—时间系统标志(GPS, GAL, QZS,BDS 或 IRN)	A3
END OF HEADER	头文件结束标志	

注:格式中,X 代表空格,A 代表字符,I 代表 1 位整数

表 5-2 RINEX 3.03 导航信息文件数据记录格式说明

观测值记录	说明	格式
PRN 号/历元/卫星钟	—卫星的 PRN 号	A1,I2.2
	—历元：TOC(卫星钟的参考时刻)年,月,日,时,分,秒	1X,I4,5(1X,I2.2)
	—卫星钟的偏差(s) —卫星钟的漂移(s/s) —卫星钟的漂移速度(s/s^2)	3D19.12
广播轨道参数-1	—IOD(Issue of Data,Ephemeris/数据、星历发布时间) —Crs(m) —Δn(rad/s) —M0(rad)	4X,4D19.12
广播轨道参数-2	—Cuc(rad) —e 轨道偏心率 —Cus(radians) —sqrt(A)(m$^{1/2}$)	4X,4D19.12
广播轨道参数-3	—TOE 星历的参考时刻(BDT 周内的秒数) —Cic(rad) —OMEGA0 (rad) —Cis(rad)	4X,4D19.12
广播轨道参数-4	—i0(rad) —Crc(m) —omega(rad) —OMEGADOT(rad/s)(OMEGADOT)	4X,4D19.12
广播轨道参数-5	—IDOT (rad/s) —空置 —BDT 周数 —空置	4X,4D19.12
广播轨道参数-6	—卫星精度(m) —SatH1 卫星自主健康标识,其中"0"表示卫星可用,"1"表示卫星不可用 —TGD1 B1/B3 (s) —TGD2 B2/B3（s）	4X,4D19.12
广播轨道参数-7	—电文发送时刻（单位为 BDS 周内秒） —时钟数据龄期 AODC,是钟差参数的外推时间间隔,为本时段钟差参数参考时刻与计算钟差参数所作测量的最后观测时刻之差,在 BDT 整点更新,具体定义如下。 ＜ 25 单位为 1h,其值为卫星钟差参数数据龄期的小时数 25 表示卫星钟差参数数据龄期为 2 天 26 表示卫星钟差参数数据龄期为 3 天 27 表示卫星钟差参数数据龄期为 4 天 28 表示卫星钟差参数数据龄期为 5 天 29 表示卫星钟差参数数据龄期为 6 天 30 表示卫星钟差参数数据龄期为 7 天 31 表示卫星钟差参数数据龄期大于 7 天 —空置 —空置	4X,4D19.12

5.1.1 星历参数及其定义

星历参数描述了在一定拟合间隔下得出的卫星轨道。BDS 系统的星历参数包括 15 个轨道参数、1 个星历参考时间。星历参数的更新周期为 1h。

表 5-3 中，t_{oe} 为星历参考时间，利用 15 个轨道参数可以计算出 t_{oe} 前后一段时间内卫星的坐标、速度。由于广播星历中轨道参数为拟合得来，因此，距离 t_{oe} 的时间间隔越长，计算结果的精度越差。

表 5-3 星历参数定义

参数	定义
t_{oe}	星历参考时间
$\sqrt{A}$	长半轴的平方根
e	偏心率
ω	近地点幅角
Δn	卫星平均运动速率与计算值之差
M_0	参考时间的平近点角
Ω_0	按参考时间计算的升交点赤经
$\dot{\Omega}$	升交点赤经变化率
i_0	参考时间的轨道倾角
IDOT	轨道倾角变化率
C_{uc}	纬度幅角的余弦调和改正项的振幅
C_{us}	纬度幅角的正弦调和改正项的振幅
C_{rc}	轨道半径的余弦调和改正项的振幅
C_{rs}	轨道半径的正弦调和改正项的振幅
C_{ic}	轨道倾角的余弦调和改正项的振幅
C_{is}	轨道倾角的正弦调和改正项的振幅

5.1.2 卫星位置计算

BDS 系统中，用户根据接收到的星历参数可以计算卫星在 CGCS2000 坐标系中的坐标，在计算的过程中，所用到的常量必须采用 CGCS2000 中规定的数值，例如，在 CGCS2000 中规定，圆周率 π＝3.141 592 653 589 8。具体计算流程如下。

（1）计算卫星平均角速度 n：
计算理论平均角速度 n_0

$$n_0 = \sqrt{\frac{\mu}{A^3}} \tag{5-1}$$

式中，半长轴 $A=(\sqrt{A})^2$，$\mu=3.986\ 004\ 418\times10^{14}\ \text{m}^3/\text{s}^2$ 为 CGCS2000 坐标系下的地球引力常数。

由于地球引力摄动的影响，实际的平均角速度需要加上一个摄动改正项 Δn，即：

$$n = n_0 + \Delta n \tag{5-2}$$

(2) 计算观测历元到参考历元的时间差 t_k：
$$t_k = t - t_{oe} \tag{5-3}$$
式中，t 是信号发射时刻的北斗时。t_k 是 t 和 t_{oe} 之间的总时间差，因此，必须考虑周变换的开始或结束，即：
$$\begin{cases} t_k = t_k - 604\,800 & \text{当 } t_k > 302\,400 \\ t_k = t_k + 604\,800 & \text{当 } t_k < -302\,400 \end{cases} \tag{5-4}$$

(3) 计算平近点角 M_k：
$$M_k = M_0 + nt_k \tag{5-5}$$

(4) 计算偏近点角 E_k：
$$E_k = M_k + e\sin E_k \tag{5-6}$$

式(5-6)为超越方程，需要采用迭代方式求解，迭代公式：
$$E_{i+1} = M_k + e\sin E_i \tag{5-7}$$

由于，北斗卫星轨道为近圆轨道，其轨道偏心率很小，因此初始值可取 $E_0 = M_k$。迭代中止条件 $|E_{i+1} - E_i| \leqslant \varepsilon$，$\varepsilon$ 按小于所允许的误差给定，通常取 $\varepsilon = 10^{-12}$。在实际计算中，为加快迭代收敛速度，可对式(5-7)取微分，即：
$$dE_k = dM_k + e\cos E_k dE \tag{5-8}$$

式(5-8)整理可得：
$$dE = \frac{dM}{1 - e\cos E_k} \tag{5-9}$$

考虑到：
$$E_{i+1} = E_i + dE_i \tag{5-10}$$

将式(5-10)代入式(5-9)可得：
$$dM = M_k - E_i + e\sin E_i \tag{5-11}$$

此时，迭代公式为：
$$E_{i+1} = E_i + \frac{dM}{1 - e\cos E_i} \tag{5-12}$$

初始值仍取 $E_0 = M_k$，但迭代中止条件变化为：
$$\left| \frac{dM}{1 - e\cos E_i dE_i} \right| \leqslant \varepsilon \tag{5-13}$$

(5) 计算真近点角 v_k：
$$\begin{cases} \sin v_k = \dfrac{\sqrt{1-e^2}\sin E_k}{1 - e\cos E_k} \\ \cos v_k = \dfrac{\cos E_k - e}{1 - e\cos E_k} \end{cases} \tag{5-14}$$

(6) 计算纬度幅角参数 φ_k：
$$\varphi_k = v_k + \omega \tag{5-15}$$

(7) 计算改正后的纬度幅角 u_k：
$$u_k = \varphi_k + \delta u_k \tag{5-16}$$

式中，纬度幅角改正项 $\delta u_k = C_{us}\sin(2\varphi_k) + C_{uc}\cos(2\varphi_k)$。

(8) 计算改正后的径向 r_k：

$$r_k = A(1 - e\cos E_k) + \delta r_k \tag{5-17}$$

式中，径向改正项 $\delta r_k = C_{rs}\sin(2\varphi_k) + C_{rc}\cos(2\varphi_k)$。

(9) 计算改正后的轨道倾角 i_k：

$$i_k = i_0 + \text{IDOT} \times t_k + \delta i_k \tag{5-18}$$

式中，轨道倾角改正项 $\delta i_k = C_{is}\sin(2\varphi_k) + C_{ic}\cos(2\varphi_k)$。

(10) 计算卫星在轨道平面内的坐标：

$$\begin{cases} x_k = r_k\cos u_k \\ y_k = r_k\sin u_k \end{cases} \tag{5-19}$$

(11) 计算卫星在 CGCS2000 坐标系中的坐标。

BDS 系统具有 3 种类型的轨道，其中，MEO 和 IGSO 卫星的位置计算方法与 GPS 的卫星位置计算方法相同，具体步骤如下：

① 计算历元升交点赤经（地固系）：

$$\Omega_k = \Omega_0 + (\dot{\Omega} - \dot{\Omega}_e)t_k - \dot{\Omega}_e t_{oe} \tag{5-20}$$

② 计算 MEO、IGSO 卫星在 CGCS2000 坐标系中的坐标：

$$\begin{cases} X_k = x_k\cos\Omega_k - y_k\cos i_k\sin\Omega_k \\ Y_k = x_k\sin\Omega_k + y_k\cos i_k\cos\Omega_k \\ Z_k = y_k\sin i_k \end{cases} \tag{5-21}$$

由于 GEO 卫星是圆形轨道（升交点等不存在），且轨道倾角接近于 0，常规的开普勒轨道参数无法用来描述其轨道，系统采用对其广播星历参数用户计算公式进行了修正，将北斗 GEO 卫星轨道进行了坐标旋转 5°角处理，以达到提高 GEO 卫星轨道拟合精度的目的。因此，北斗系统 GEO 卫星与 MEO、IGSO 不同，具体步骤如下：

① 计算历元升交点的赤经 Ω_k（惯性系）：

$$\Omega_k = \Omega_0 + \dot{\Omega}t_k - \dot{\Omega}_e t_{oe} \tag{5-22}$$

式中，$\dot{\Omega}_e = 7.292\,115\,0 \times 10^{-5}$ rad/s，CGCS2000 坐标系下的地球旋转速率。

② 计算 GEO 卫星在自定义坐标系中的坐标：

$$\begin{cases} X_{GK} = x_k\cos\Omega_k - y_k\cos i_k\sin\Omega_k \\ Y_{GK} = x_k\sin\Omega_k + y_k\cos i_k\cos\Omega_k \\ Z_{GK} = y_k\sin i_k \end{cases} \tag{5-23}$$

③ 计算 GEO 卫星在 CGCS2000 坐标系中的坐标：

$$\begin{bmatrix} X_k \\ Y_k \\ Z_k \end{bmatrix} = R_Z(\dot{\Omega}_e t_k) R_X(-5°) \begin{bmatrix} X_{GK} \\ Y_{GK} \\ Z_{GK} \end{bmatrix} \tag{5-24}$$

式中，$R_X(\varphi)$、$R_Z(\varphi)$ 为旋转矩阵。

$$R_X(\varphi) = \begin{pmatrix} 1 & 0 & 0 \\ 0 & +\cos\varphi & +\sin\varphi \\ 0 & -\sin\varphi & +\cos\varphi \end{pmatrix} \tag{5-25}$$

$$R_Z(\varphi) = \begin{pmatrix} +\cos\varphi & +\sin\varphi & 0 \\ -\sin\varphi & +\cos\varphi & 0 \\ 0 & 0 & 1 \end{pmatrix} \tag{5-26}$$

5.2 北斗精密星历

精密星历是由若干卫星跟踪站的观测数据,经事后处理算得的供卫星精密定位等使用的卫星轨道信息。目前,精密星历的获取是直接从 IGS 网站上下载。

5.2.1 国际 GNSS 服务(IGS)

国际 GPS 服务(International GPS Service,IGS)是国际大地测量协会(IAG)于 1993 年创建的一个为 GPS 服务提供应用服务的国际组织。该组织于 1994 年 1 月正式运作,其目的是为大地测量与地球动力学研究提供 GPS 数据服务。IGS 产品包括 GNSS 卫星星历、地球自转参数、全球跟踪站的坐标和速度、卫星和跟踪站时钟信息、对流层路径延迟估计和全球电离层地图。这些产品为地球科学和其他活动提供支持,例如改善和扩大由国际地球自转与参考框架服务组织(IERS)维持的国际地球参考框架(ITRF)、监测地球形变、监测对流层和电离层、确定科学研究卫星的轨道以及其他各种应用。IGS 运行架构包括:①约 400 个连续运行的全球跟踪站;②16 个运行数据中心、6 个区域数据中心、4 个全球数据中心;③11 个 IGS 分析中心(主要由科研机构承担);④1 个分析中心协调机构(综合分析中心),负责对各分析中心提供的产品进行综合分析,并最终发布 IGS 产品。针对不同的数据产品,IGS 成立了多个工作组(Working Groups)。

5.2.1.1 低轨卫星研究工作组

开展利用 IGS 全球跟踪网进行低轨卫星(LEO)定轨、掩星技术等方面的研究,并提供高采样率、实时的星载 GPS 数据。目前主要研究 Oersted,Sunsat,SAC-C,CHAMP,GRACE,GLAS 等低轨卫星。

5.2.1.2 GLONASS 工作组

综合利用 GPS/GLONASS 卫星数据,进行大地测量与地球动力学研究。研究 PZ90 到 ITRF 框架的转换;研究 GPS 和 GLONASS 之间的系统时间偏差;通过 GLONASS 地面站和 SLR 站进行 GLONASS 卫星定轨研究。

5.2.1.3 电离层工作组

发展全球性和区域性的电离层延迟图。目前,CODE 和 NGS 发布格式为 IONEX 的电离层产品。

5.2.1.4 对流层工作组

发展全球性和区域性的对流层延迟图,为气象学服务。使用原始数据为各跟踪站的 RIENX 文件,用精密单点定位技术计算测站天顶对流层延迟。

5.2.1.5 时频传递工作组

利用 GPS 时间共视技术(GPS Common View)进行高精度时间比对,维护协调世界时

(UTC)。实现策略：在两个或多个测站上各设一个 GPS 时间传递接收机，同步观测 GPS 卫星，可以测得各测站时钟间的相对偏差，达到高精度时间比对的目的，从而实现时间传递。实施计划：IGS/BIPM(Bureau International des Poids et Meausres)工程。

5.2.1.6 MGEX 工作组

为了将数据处理能力从单一的 GPS 拓展到 GLONASS 及其他系统，IGS 组织于 2003 年成立了 MGEX(multi - GNSS experiment)工作组。目前该工作组已经对外提供多个系统的精密轨道产品，用户可以通过 FTP 下载，下载地址为：ftp://cddis.gsfc.nasa.gov/pub/gps/products/mgex/。产品中业已包括北斗卫星精密星历。

随着中国北斗系统(BDS)的不断完善发展，为了进一步推动实现多模 GNSS 系统的兼容与互操作，中国在国际上发起了建立国际 GNSS 监测评估系统(international GNSS Monitoring and Assessment System,iGMAS)活动。该系统将建立多模导航卫星全弧段、多重覆盖的全球实时跟踪网，以及具备数据采集、存储、分析、管理和发布等功能的信息平台。其主要任务是建立北斗导航卫星全弧段、多重覆盖的全球近实时跟踪网，以及相应的数据采集、存储、分析、管理、发布等信息服务平台，提供北斗卫星导航系统的共享数据与产品，支持技术试验、监测评估、科学研究和专业应用等。到目前为止，国际 GNSS 监测评估系统仍在建设中，尚未对外公开提供精密星历产品。

5.2.2 精密星历格式

IGS 组织提供的精密星历采用 SP3(Standard Product ♯3)格式，专门用于存储 GPS 卫星的精密轨道数据。每 15min 为一组，其主要内容是 ITRF 框架下卫星位置和卫星钟位置，另外，还可以包含卫星的运动速度和钟的变率。若在 SP3 格式文件的第一行中有位置标识 P，说明文件中没有卫星速度信息；如果第一行有速度记录标识 V，说明文件对每一历元、每一颗卫星均已计算出速度和钟的变率。针对不同用户的需要，IGS 发布的卫星星历和钟差，又分为超快速卫星星历、快速卫星星历、最终产品卫星星历，具体如表 5 - 4 中所示。

表 5 - 4 IGS 星历产品

数据产品		精度	延迟	更新时间	采样间隔	文件命名格式
超快速星历(预报) Ultra-Rapid (predicted)	·星历 ·卫星钟差	<5cm ~5ns	实时	03h, 09h, 15h, 21h UTC	15min 15min	iguwwwws.*
超快速星历(实测) Ultra-Rapid (observed)	·星历 ·卫星钟差	~3cm ~0.2ns	3~9h	03h, 09h, 15h, 21h UTC	15min 15min	iguwwwws.*
快速星历 Rapid	·星历 ·钟差	~2.5cm ~0.1ns	17~41h	每天	15min 5min	igrwwwws.*
最终产品星历 Final	·星历 ·钟差	~2.5cm ~0.1ns	13~20d	每周	15min 5min, 30s	igswwwws.*

注：wwww 为 GPS 周，s 为周内第几天。

表 5-5 即是 SP3 格式精密星历文件。限于篇幅，表 5-5 中仅取了几颗卫星的精密星历信息作为示例，但仍可以从头文件第三行卫星观测数目中看出，该星历文件中共包含了 70 颗卫星的精密星历数据，其中包括 GPS 卫星、GLONASS 卫星、北斗卫星和 GALILEO 卫星的数据。

表 5-5　IGS 精密星历

```
#cP2014  2 23  0  0  0.00000000      96 u+U IGb08 FIT  WHU
## 1781      0.00000000   900.00000000 56711   0.000000000
+   70   G01G02G03G04G05G06G07G08G09G10G11G12G13G14G15G16G17
+        G18G19G20G21G22G23G24G25G26G27G28G29G31G32R01R02R03
+        R04R05R06R07R08R09R10R11R12R13R14R15R16R17R19R20R21
+        R22R23R24C01C02C03C04C05C06C07C08C09C10C11C12C13C14
+        E12E20  0  0  0  0  0  0  0  0  0  0  0  0  0  0  0
*   2014  2 23  0  0  0.00000000
PG01  -10723.937598  -13494.392191  -20272.287987     0.669906
PG02  -12631.144009   14596.023133   18292.602214   480.173559
PG03    6314.346601  -25646.128559   -2288.698199   329.346794
PG04  -25113.421473    6380.861683    6078.129820     5.703114
PR01   -2333.392668   19172.845668   16645.766465  -165.895596
PR02    7308.345967   24433.028731     998.792775    59.563813
PC01  -32298.035075   27080.447184   -1104.369772   498.357654
PC02    7305.775985   41528.507053    -427.123837   -78.526033
PC03  -14701.491167   39502.592298    -885.628443  -286.840349
PE12   16676.257729  -23764.703406   -5756.816425   151.994378
PE20   17277.472000   17771.094767  -16194.925663 11303.701245
```

5.2.3　卫星位置计算

SP3 格式的精密星历是由一系列离散的、采样间隔为 15min 的卫星位置坐标构成的。在定位过程中，已知给定时刻的卫星位置、速度，需要采用插值的方法。常用的方法有拉格朗日插值法、牛顿多项式插值法、内维尔插值法等。由于精密星历精度较高，最高精度优于 5cm，因此，在采用插值算法时，要保证插值精度优于 5cm。在实际计算中，3 种方法在精度上都符合要求，但值得注意的是，3 种插值方法在插值的阶数上都有一定的要求，阶数达不到或者超出都有可能使插值误差超出 5cm。在进行星历插值计算时，3 种方法的最高精度插值阶数都在 12 阶以上，以拉格朗日插值法为例，它的插值阶数在 16 阶时插值精度最优。

采用拉格朗日插值公式计算任意时刻的卫星位置，则任意时刻 t 的 X 轴方向的坐标 x^s 为：

$$x^s = P_n(t) = x_0 l_0(t) + x_1 l_1(t) + \cdots + x_n l_n(t) \tag{5-27}$$

式中，$x_i(i=0,1,\cdots,n)$，为卫星在 n 个不同时刻的 X 方向坐标值

$$l_i(t) = \frac{(t-t_0)\cdots(t-t_{i-1})(t-t_{i+1})\cdots(t-t_n)}{(t_i-t_0)\cdots(t_i-t_{i-1})(t_i-t_{i+1})\cdots(t_i-t_n)} \tag{5-28}$$

同理可得到时刻 t 的坐标 Y、Z 轴方向的坐标 y^s, z^s 为

$$y^s = P_n(t) = y_0 l_0(t) + y_1 l_1(t) + \cdots + y_n l_n(t) \tag{5-29}$$

$$z^s = P_n(t) = z_0 l_0(t) + z_1 l_1(t) + \cdots + z_n l_n(t) \tag{5-30}$$

卫星钟差的插值计算方式与上述位置的计算方式相同。

5.3 北斗导航电文介绍

根据速率和结构不同,导航电文分为 D1 导航电文和 D2 导航电文,D1 导航电文速率为 50 bps,并调制有速率为 1kbps 的二次编码,内容包含基本导航信息(本卫星基本导航信息、全部卫星历书信息、与其他系统同步信息);D2 导航电文速率为 500bps,内容包含基本导航信息和增强服务信息(北斗系统的差分及完好性信息和格网点电离层信息)。

MEO/IGSO 卫星的 B1(Ⅰ)和 B2(Ⅰ)信号播发 D1 导航电文,GEO 卫星的 B1(Ⅰ)和 B2(Ⅰ)信号播发 D2 导航电文。北斗卫星导航系统发播信号特征见表 5-6。

表 5-6 北斗卫星导航系统发播信号特征

信号	中心频点(MHz)	码速率(cps)	带宽(MHz)	调制方式	服务类型
B1(Ⅰ)	1561.098	2.046	4.092	QPSK	开放
B1(Q)	1561.098	2.046	4.092	QPSK	授权
B2(Ⅰ)	1207.14	2.046	24	QPSK	开放
B2(Q)	1207.14	10.23	24	QPSK	授权
B3	1268.52	10.23	24	QPSK	授权

5.3.1 D1 导航电文帧结构

北斗卫星导航系统导航电文帧结构分为 D1 码帧结构和 D2 码帧结构。D1 导航电文由超帧、主帧和子帧组成。每个超帧为 36 000bit,历时 12min,每个超帧由 24 个主帧组成(24 个页面);每个主帧为 1 500bit,历时 30s,每个主帧由 5 个子帧组成;每个子帧为 300bit,历时 6s,每个子帧由 10 个字组成;每个字为 30bit,历时 0.6s。

每个字由导航电文数据及校验码两部分组成。每个子帧第 1 个字的前 15bit 信息不进行纠错编码,后 11bit 信息采用 BCH(15,11,1)方式进行纠错,信息位共有 26bit;其他 9 个字均采用 BCH(15,11,1)加交织方式进行纠错编码,信息位共有 22bit。帧结构如图 5-2 所示。

D1 导航电文包含有基本导航信息,包括本卫星基本导航信息(包括周内秒计数、整周计数、用户距离精度指数、卫星自主健康标识、电离层延迟模型改正参数、卫星星历参数及数据龄期、卫星数及数据龄期、星上设备时延差)、全部卫星历书及与其他系统同步信息(UTC、其他卫星导航系)。整个 D1 导航电文传送完需要 12min。

D1 导航电文主帧结构及信息内容如图 5-3 所示。子帧 1 至子帧 3 送发基本导航信息;子帧 4 和子帧 5 的信息内容由 24 个页面分时发送,其中子帧 4 的页面 1~24 和子帧 5 的页面

5 北斗卫星星历

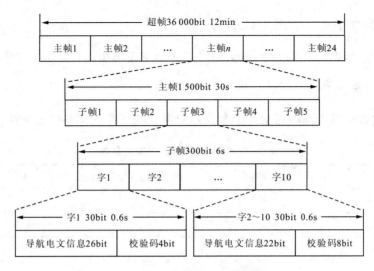

图 5-2 D1 导航电文帧结构

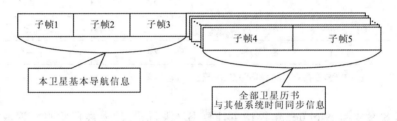

图 5-3 D1 导航电文主帧结构与信息内容

1~10 播发全部卫星历书及与其他系统时间同步信息;子帧 5 的页面 11~24 为预留页面。

5.3.2 D1 导航电文内容

5.3.2.1 周内秒计数(SOW)

每一子帧的第 19~26bit 和第 31~42bit 为周内秒计数(SOW),共 20bit,每周日北斗时 0 点 0 分 0 秒从零开始计数。周内秒计数所对应的秒时刻是指本子帧同步头的第一个脉冲上升沿所对应的时刻。

5.3.2.2 整周计数(WN)

整周计数(WN)共 13bit,为北斗时的整周计数,其值范围为 0~8 191,以北斗时 2006 年 1 月 1 日 0 点 0 分 0 秒为起点,从零开始计数。

5.3.2.3 用户距离精度指数(URAⅠ)

用户距离精度(URA)用来描述卫星空间信号精度,单位是米,以用户距离精度指数 (URAI)表征,URAⅠ为 4bit,范围从 0 到 15。

5.3.2.4 卫星自主健康标识(SatH1)

卫星自主健康标识(SatH1)共1bit,其中"0"表示卫星可用,"1"表示卫星不可用。

5.3.2.5 电离层延迟模型改正参数(α_n,β_n)

电离层延迟改正预报模型包括8个参数,共64bit,8个参数都是二进制补码(表5-7)。

表5-7 电离层延迟改正模型参数

参数	比特数	比例因子(LSB)	单位
α_0	8*	2^{-30}	s
α_1	8*	2^{-27}	s/π
α_2	8*	2^{-24}	s/π^2
α_3	8*	2^{-24}	s/π^3
β_0	8*	2^{11}	s
β_1	8*	2^{14}	s/π
β_2	8*	2^{16}	s/π^2
β_3	8*	2^{16}	s/π^3

注:* 为二进制补码,最高有效位(MSB)是符号位(+或-)

用户利用8参数和Klobuchar模型可计算B1(Ⅰ)信号的电离层垂直延迟改正$I'_z(t)$,单位为秒,具体计算方法参见《北斗卫星导航系统空间信号接口控制文件》。

5.3.2.6 星历数据龄期(AODE)

星历数据龄期(AODE)共5bit,是星历参数的外推时间间隔,为本时段星历参数参考时刻与计算星历参数所作测量的最后观测时刻之差,在BDT整点更新,具体定义如表5-8所示。

表5-8 星历数据龄期值定义

AODE值	定 义
<25	单位为1h,其值为星历数据龄期的小时数
25	表示星历数据龄期为2天
26	表示星历数据龄期为3天
27	表示星历数据龄期为4天
28	表示星历数据龄期为5天
29	表示星历数据龄期为6天
30	表示星历数据龄期为7天
31	表示星历数据龄期大于7天

5.3.2.7 时钟数据龄期(AODC)

时钟数据龄期(AODC)共 5bit,是钟差参数的外推时间间隔,为本时段钟差参数参考时刻与计算钟差参数所作测量的最后观测时刻之差,在 BDT 整点更新,具体定义见表 5-9。

表 5-9 时钟数据龄期值定义

AODC 值	定 义
< 25	单位为 1h,其值为卫星钟差参数数据龄期的小时数
25	表示卫星钟差参数数据龄期为 2 天
26	表示卫星钟差参数数据龄期为 3 天
27	表示卫星钟差参数数据龄期为 4 天
28	表示卫星钟差参数数据龄期为 5 天
29	表示卫星钟差参数数据龄期为 6 天
30	表示卫星钟差参数数据龄期为 7 天
31	表示卫星钟差参数数据龄期大于 7 天

5.3.2.8 星上设备时延差(T_{GD1}、T_{GD2})

星上设备时延差(T_{GD1}、T_{GD2})各 10bit,为二进制补码,最高位为符号位,"0"表示为正,"1"表示为负,比例因子 0.1,单位为纳秒,其具体算法见《北斗卫星导航系统空间信号接口控制文件》。

5.3.2.9 钟差参数(t_{oc}, a_0, a_1, a_2)

钟差参数包括 t_{oc}, a_0, a_1 和 a_2,共占用 74bit。是本时段钟差参数参考时间,单位为秒,有效范围是 0~604 792。其他 3 个参数为二进制补码。钟差参数的定义见表 5-10。

表 5-10 钟差参数说明

参数	比特数	比例因子(LSB)	有效范围	单位
t_{oc}	17	2^3	604 792	s
a_0	24*	2^{-33}	—	s
a_1	22*	2^{-50}	—	s/s
a_2	11*	2^{-66}	—	s/s²

注:* 为二进制补码,最高有效位(MSB)是符号位(+或-)

用户计算信号发射时刻的北斗时参见《北斗卫星导航系统空间信号接口控制文件》。

5.3.2.10 星历参数($t_{oe}, \sqrt{A}, e, \omega, \Delta n, M_0, \Omega_0, \dot{\Omega}, i_0, IDOT, C_{uc}, C_{us}, C_{rc}, C_{rs}, C_{ic}, C_{is}$)

星历参数描述了在一定拟合间隔下得出的卫星轨道。它包括 15 个轨道参数和 1 个星历参考时间。星历参数更新周期 1h。星历参数定义见表 5-11。

表 5-11 星历参数定义

参 数	定 义
t_{oe}	星历参考时间
$\sqrt{A}$	长半轴的平方根
e	偏心率
ω	近地点幅角
Δn	卫星平均运动速率与计算值之差
M_0	参考时间的平近点角
Ω_0	按参考时间计算的升交点赤经
$\dot{\Omega}$	升交点赤经变化率
i_0	参考时间的轨道倾角
IDOT	轨道倾角变化率
C_{uc}	纬度幅角的余弦调和改正项的振幅
C_{us}	纬度幅角的正弦调和改正项的振幅
C_{rc}	轨道半径的余弦调和改正项的振幅
C_{rs}	轨道半径的正弦调和改正项的振幅
C_{ic}	轨道倾角的余弦调和改正项的振幅
C_{is}	轨道倾角的正弦调和改正项的振幅

5.3.2.11 页面编号(Pnum)

子帧 4 和子帧 5 的第 44~50bit 为页面编号(Pnum),用于标识子帧的页面编号,共 7bit,子帧 4 和子帧 5 的信息都分 24 个页面分时播发,其中子帧 4 的第 1~24 页面编排卫星号为 1~24 的历书信息,子帧 5 的第 1~6 页面编排卫星号为 25~30 的历书信息,页面编号与卫星编号一一对应。

5.3.2.12 历书参数(t_{oa}, $\sqrt{A}$, e, ω, M_0, Ω_0, $\dot{\Omega}$, δ_i, a_0, a_1)

历书参数更新周期小于 7 天,历书参数定义见表 5-12。

表 5-12 历书参数定义

参 数	定 义
t_{oa}	历书参考时间
$\sqrt{A}$	长半轴的平方根
e	偏心率
ω	近地点幅角
M_0	参考时间的平近点角
Ω_0	按参考时间计算的升交点赤经
$\dot{\Omega}$	升交点赤经变化率
δ_i	参考时间的轨道参考倾角的改正量
a_0	卫星钟差
a_1	卫星钟速

5.3.2.13 历书周计数(WN_a)

历书周计数(WN_a)为北斗时整周计数(WN)模256,为8bit,取值范围为0~255。

5.3.2.14 卫星健康信息($Hea_i, i=1\sim30$)

卫星健康信息为9bit,第9位为卫星钟健康信息,第8位为B1(Ⅰ)信号健康状况,第7位为B2(Ⅰ)信号健康状况,第2位为信息健康状况,其定义见表5-13。

表5-13 卫星健康信息定义

信息位	信息编码	健康状况标识
第9位(MSB)	0	卫星钟可用
	1	*
第8位	0	B1(Ⅰ)信号正常
	1	B1(Ⅰ)信号不正常**
第7位	0	B2(Ⅰ)信号正常
	1	B2(Ⅰ)信号不正常**
第6~3位	0	保留
	1	保留
第2位	0	导航信息可用
	1	导航信息不可用(龄期超限)
第1位(LSB)	0	保留
	1	保留

注:* 后8位均为表示卫星钟不可用,后8位均表示卫星故障或永久关闭,后8位为其他值时,保留;** 信号不正常指信号功率比额定值低10dB及以上。

5.3.3 D2导航电文帧结构及内容

D2导航电文由超帧、主帧和子帧组成。每个超帧为180 000bit,历时6min,每个超帧由120个主帧组成;每个主帧为1 500bit,历时3s,每个主帧由5个子帧组成;每个子帧为300bit,历时0.6s,每个子帧由10个字组成;每个字为30bit,历时0.06s。

每个字由导航电文数据及校验码两部分组成。每个子帧第1个字的前15bit信息不进行纠错编码,后11bit信息采用BCH(15,11,1)方式进行纠错,信息位共有26bit;其他9个字均采用BCH(15,11,1)加交织方式进行编码,信息位共有22bit。详细帧结构如图5-4所示。

子帧1播发基本导航信息,由10个页面分时发送,子帧2~4信息由6个页面分时发送,子帧5中信息由120个页面分时发送。D2导航电文主帧结构及信息内容如图5-5所示。

D2导航电文中包含所有基本导航信息,除了页面编号(Pnum)、周内秒计数(SOW)与D1导航电文中有区别外,其他基本导航信息与D1导航电文中含义相同。在此只给出D2导航电文中页面编号、周内秒计数的含义。

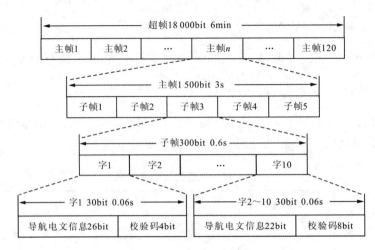

图 5-4　D2 导航电文帧结构

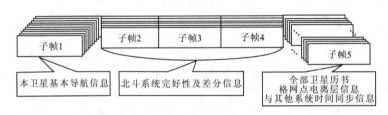

图 5-5　D2 导航电文信息内容

5.3.3.1　页面编号（Pnum）

D2 导航电文中，子帧 5 信息分 120 个页面播发，由页面编号（Pnum）标识。

5.3.3.2　周内秒计数（SOW）

D2 导航电文中，每一子帧 19~26 位和第 31~42 位为周内秒计数 SOW，共 20bit，每周日北斗时 0 点 0 分 0 秒从零开始计数。

对于 D2 导航电文，周内秒计数所对应的秒时刻是指当前主帧中子帧 1 同步头的第一个脉冲上升沿所对应的时刻。

6 北斗测量与应用

GNSS 测量分为静态测量和动态测量。静态测量采用是的载波相位相对测量技术,在实施过程中分为各种等级,按逐级控制原则,高等级控制低等级进行。目前我国最高等级是 A 级和 B 级。A 级指 GNSS 连续观测站(CORS),B 级是高等级高精度控制点,C、D、E 级指低等级控制点。A、B 级一般是国家基础控制网或特殊工程需要的高精度控制点,主要用于为低等级控制网提供坐标基准;低等控制网(点)主要为工程测量提供坐标基准。动态测量是指 RTK 测量,主要满足低精度需要,如城市规划、地籍测量、管道和线路等测量。

至 2016 年初我国大陆各省市和各行业布设的 CORS 站已超 6000 个,分布在全国各地,东部最多、西部较少。由于 CORS 技术的飞速发展,像 20 世纪 90 年代那种在全国大面积布设高等级高精度控制网的情况已不需要,以后 GNSS 测量主要用于局部测量。北斗测量技术方法与其他 GNSS 技术基本上是一致的,但由于北斗测量设备是按功能进行设计的(见第 8 章),有静态、动态设备、定向设备和测速设备,因此其应用与其他 GNSS 接收机测量略有不同。

6.1 相对定位测量

北斗用于定位测量的设备有静态测量设备(基准站型接收机)和动态测量设备(RTK 型接收机)。由于其测量方法与 GPS 基本相同,在这里不再展开论述。

6.1.1 静态测量

CORS 系统。至 2016 年底,全国已有近 500 个北斗 CORS(安装北斗接收机),还有 300 多个 CORS 站开通了北斗卫星信号的接收。随着国家对全国 CORS 站的整合管理和北斗基准站接收机的成熟发展,在我国北斗接收机会逐步代替其他类型接收机,成为我国 CORS 站的主流设备。CORS 系统在测量方面提供 2 种产品:一是各 CORS 站的高精度坐标和速率;二是为 RTK 测量提供差分改正数。

其他等级的北斗定位测量将基于北斗 CORS 站进行。在 GNSS 测量中,各等级控制级控制网在北斗 CORS 站控制下实施。其实施方法与 GPS 测量一样,有分区同步观测法和流动观测法。

同步分区法是按参加作业的接收机数确定分区点数,区与区之间有 2~4 个连接点(图 6-1),一个区观测完成后,连接点上的仪器不动,其他仪器迁至下一个区,全部上点后再同步观测。

流动式观测法,在北斗 CORS 网内进行。单台接收机可进行作业,数据处理时选取 CORS 站与流动站的同

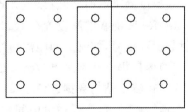

图 6-1 分区示意图

步观测站数据一起处理；也可以几台接收机在同一区域内同步流动（图6-2）。

在数据处理时要注意 CORS 站选择，由于 CORS 站较多，尤其是在我国东部地区，在数据处理时并不是选择的 CORS 站越多效果越好。一是选择测区周围较近的 CORS 站；二是 CORS 站在测区周围要分布均匀；三是选择精度较高稳定性较好的 CORS 站。在控制网平差中，一般将所选的 CORS 站作为起算点并施加约束，若 CORS 站坐标精度不高或带有误差，将直接影响平差结果的精度，起算点各坐标分量对平差结果的影响与控制网到起算点的距离有关，距离越远影响越大；所以 CORS 站的选取不仅要具有较高的精度和良好的可靠性，还应顾及板块运动的影响，即就顾及点位随时间的变化。

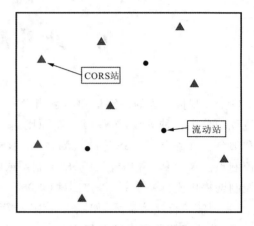

图6-2 流动观测示意图

因此，CORS 站选取应满足以下要求。

（1）CORS 站应分布在未知点周围，且有一定数量，一般要多于4个。

（2）当未知点位于 CORS 站构成的多边形之中。

（3）尽量不要将未知点置于 CORS 站构成的多边形以外。

（4）未知点到每个 CORS 站的距离应大约相当。

6.1.2 动态测量

这里的动态测量指北斗 RTK 测量，RTK 测量分为单基站 RTK 测量和网络 RTK 测量（CORS 系统下 RTK 测量）。

6.1.2.1 单基站 RTK 测量

单基站 RTK 测量系统由北斗基准站型接收机、流动型接收机和电台组成（见第8章第5节）。应用时将基准站型接收机置于已知坐标的控制点上，将设备连接好后，开机后将已知坐标及相关参数输入到基准站接收机，基准站接收机接收到北斗卫星信号后，由观测到的数据和测站已知坐标计算出测站改正值。将测站改正值和载波相位测量数据，经电台发送给流动站。一个基准站提供的差分改正数可供数个流动站使用。

在架设基准站时，注意以下几点：

（1）RTK 的基准站设置在 RTK 有效测区中央最高的控制点上，以利于接收卫星信号和发射数据链信号，控制点间距离应小于 RTK 仪器标称的作业距离。

（2）尽量提高基准站电台天线的架设高度。

（3）在流动站的数据链信号接收不强时，应搬动基准站，缩短各流动站到基准站的距离，有地形、地物遮挡时，应另增设中间站。

6.1.2.2 网络 RTK 测量

网络 RTK 测量在 CORS 系统下进行，CORS 系统组成见第 7 章。数据处理中心将 CORS 站的观测数据进行实时处理，获得实时差分改正信号，通过通信系统发布差分改正信息。RTK 用户要在数据中心进行注册，入网后流动设备才能收到差分改正信息。北斗流动设备收取差分改正信息后，设备会自动将观测到的北斗卫星数据与差分改正信息进行实施处理，从而获得实时坐标值。

随着北斗 CORS 站的建设及现有 CORS 站改建，会逐步从城市到农村、从国家的东部到西部拓展，北斗差分信息覆盖的范围将越来越广，网络 RTK 在一般精度测量中将逐步代替北斗相对测量。目前网络 RTK 精度优于 3cm，可满足一般工程测量的需要。在高精度测量方面载波相对测量还将继续占主导地位。

6.2 测速与定向

6.2.1 速度测量

速度测量是指利用北斗卫星信号对运动载体进行速度测量，因此也称为卫星测速。将北斗测速仪安装在运动载体上（如车辆、飞机等），对运动载体的速度进行实时测量。尽管载体的运行速度各不一样，且不是匀速运动，但是，只要在这些运动载体上安置卫星定位接收机，就可以在进行动态定位的同时，实时测得它们的运行速度。有了载体在坐标系中各分量的速度值，就可以进一步描述其运动状态，如飞机的爬升、转弯等。

利用卫星信号进行速度测量，其基本原理是基于站、星间的距离测量。用户天线和卫星之间的距离可表示为：

$$\rho_j' = [(X^j - X_u)^2 + (Y^j - Y_u)^2 + (Z^j - Z_u)^2]^{1/2} + c(d\tau_r - d\tau_s^j) + \delta\rho_{1r}' - \delta\rho_{2r}^j \qquad (6-1)$$

式中，X_u, Y_u, Z_u 为动态用户在 t_k 时刻的瞬时位置；X^j, Y^j, Z^j 是第 j 颗卫星在其运行轨道上的瞬时位置，它可根据卫星星历计算；ρ_j' 为接收机所测得的卫星信号接收天线和第 j 颗卫星之间的距离，即站、星距离；d 是由于接收机时钟误差等因素所引起的站、星距离偏差。$\delta\rho_{1r}'$ 为电离层时延所引起的距离偏差，$\delta\rho_{2r}'$ 是对流层时延所引起的距离偏差。

根据物理学关于线速度是运动质点在单位时间内的距离变化率的定义，则微分后可以得到动态用户的三维速度与 $\dot\rho_j'$ 的关系式：

$$\dot\rho_j' = [(X^j - X_u)(\dot X^j - \dot X_u) + (Y^j - Y_u)(\dot Y^j - \dot Y_u) + (Z^j - Z_u)(\dot Z^j - \dot Z_u)]/\rho_{ji} +$$
$$c(d\dot\tau_r - d\dot\tau_s) + \dot\delta\rho_{1r}' - \dot\delta\rho_{2r}' \qquad (6-2)$$

式(6-2)中站、星距离：

$$\rho_{ji} = [(X^j - X_u)^2 + (Y^j - Y_u)^2 + (Z^j - Z_u)^2]^{1/2} \qquad (6-3)$$

站、星距离变化率 $\dot\rho_j'$ 可以由卫星信号接收机通过测量信号的多普勒频移得到：

$$\dot\rho_j' = [N - (f_u - f_j)\Delta T](c/f_u)\Delta T \qquad (6-4)$$

此处的 N 是卫星信号接收机所测得的积分多普勒频移计数；f_u 为卫星信号接收机所接收到

的载波频率;f_j 是第 j 颗卫星所发射的载波频率;c 为电磁波的传播速度;ΔT 是测速时间间隔,又叫测速更新率。这些参数均是已知的,故可算得距离变化率。

接收机时钟偏差变化率(钟速)$d\dot{\tau}_r$,一般只有 1ns/s,可以忽略不计或者作为未知数。卫星时钟偏差变化率 $d\dot{\tau}^j$ 小于 0.1ns/s,可以忽略不计。电离层、对流层时延的变化率 $\delta\dot{\rho}_I^j$ 和 $\delta\dot{\rho}_T^j$,也可以忽略不计。

卫星的运行速度($\dot{X}_j,\dot{Y}_j,\dot{Z}_j$)可以根据导航电文求得,还可用"初始化"的方法,即在进行测速之前,先使动态接收机处于静止状态,此时有:

$$\dot{X}_u = \dot{Y}_u = \dot{Z}_u = 0 \tag{6-5}$$

可按式(6-2)解算出卫星的三维速度。

综上所述,在利用卫星定位技术进行测速时,只有用户三维速度($\dot{X}_u,\dot{Y}_u,\dot{Z}_u$)和接收机钟速 $d\dot{\tau}_r$ 四个未知数,故只要同时观测 4 颗卫星,即可解得这 4 个未知数,求得运动载体的运行速度:

$$v_k = \sqrt{\dot{X}_u^2 + \dot{Y}_u^2 + \dot{Z}_u^2} \tag{6-6}$$

另外,还可用差分卫星定位方法测速,从而消除星历误差造成的测速精度的损失,这对削弱 GPS 的 SA 技术的影响是一种有效的措施,同时,还可以显著削弱电离层或对流层效应对测速精度的影响。

6.2.2 定向测量

6.2.2.1 北斗定向仪

北斗定向仪由一个主机和 2 个天线组成,若利用基准站或 CORS 站,则增加差分改正信息接收机设备(外挂或内置),主机内有 1 个主板,分别连接 2 个天线,内置 CPU 处理器(图 6-3)。

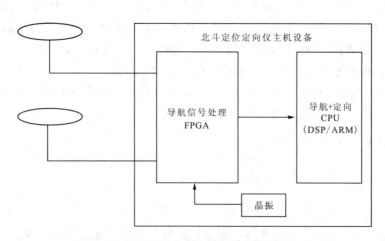

图 6-3 北斗定向仪构造示意图

6.2.2.2 基本原理

使用载波相位测量数据,实时或准实时进行载波相位测量值双差,采用 LAMBDA 法进行载波相位模糊度解算,使用最小二乘法求解双差方程,获取用户的方位数据。

定向仪系统工作流程主要包括射频单元、基带处理单元、定位定向解算单元(图 6-4)。射频单元主要包括对应于两个天线的低噪放大模块、射频通道模块以及两个射频共用的晶振模块等几个模块;基带处理单元主要完成信号的捕获、跟踪和解调等功能;定位定向解算单元主要包括定位、定向等应用处理功能模块。

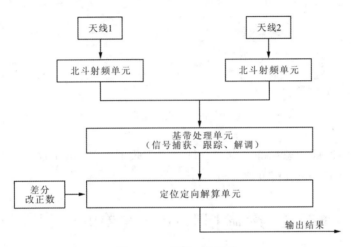

图 6-4 系统工作流程

射频单元的作用是完成信号接收、低噪声放大以及混频和中频处理等功能,同时提供一定的干扰抑制功能。

基带处理单元的功能是从多个址信号中分离能够识别各卫星信号,对北斗信号进行相关的解扩;在得到解扩相关的增益基础上再解调载波,并消除相关频率偏移的影响,恢复相应基带的信号;最后将解调处理和相关解扩的历元时刻所对应的载波、码状态及相位状态形成的最原始的观测量,和相关的导航数据一起传送给最终的应用处理模块,进行进一步处理求解,最后给出相关的定位结果。

定位定向解算单元功能是利用卫星信号基带的处理单元处理获取伪距测量的数据、卫星导航的相关数据和载波相位的测量数据进行相关的定位定向求解,获取用户的位置数据和方位数据,供用户使用。

6.2.2.3 应用

北斗定向仪是北斗接收机生产厂商针对定向应用开发的一款产品(见第 8 章第 4 节),主要用于自行火炮、防空武器、雷达、侦察车等需要快速定向的设备(图 6-5),为其提供快速定向服务。

使用定向仪时,将 2 个天线安装在需定向的基线两端(如自行火炮、火箭车的相关位置),基线长度一般在 3~9m,接收机安装在车内。

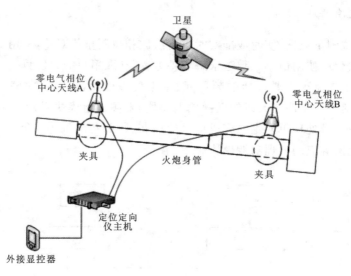

图 6-5　火炮定向

定向方式有 2 种,即动态和静态方式。即动态方式下一般 3min 后可获得 1 个密位的定向精度,静态方式下定向 3min,精度优于 0.5 个密位。

6.3　影响相对测量误差的因素

北斗卫星导航系统在定位解算过程中的误差按照其来源可分为 3 个部分:一是与卫星有关的误差,包括卫星轨道误差、卫星钟差和卫星天线相位中心误差;二是与传播路径有关的误差,包括电离层延迟误差、对流层延迟误差、多路径效应等;三是与接收机有关的误差,包括接收机钟差、接收机天线相位中心误差和观测噪声等。

相对定位测量中使用的双差模型基本消除了卫星钟差、卫星天线相位中心误差、接收机钟差和接收机天线相位中心误差等的影响。剩下的误差可分为两类:一是与基线长度有关的误差,包括卫星轨道误差、电离层延迟误差和对流层延迟误差;二是与基线长度无关的随机误差,包括多路径效应和观测噪声等。其中与基线长度有关的误差虽然在差分后大大消除,但仍会随着基线的增长而产生较大的影响,因此是中长基线重点考虑的误差源;而与基线长度无关的随机误差则会在差分后扩大,是短基线测量中的主要误差源。

6.3.1　卫星位置误差

广播星历的卫星轨道误差是由星历推算出的卫星位置与实际位置之间的偏差,它包含了星历的定轨误差和外推误差两个部分。由于不同类型轨道的定轨精度和外推精度不同,因此各种类型的卫星轨道误差也不一样。

对于 GEO 卫星来说,其相对地球静止的特性使其定轨时的卫星钟差很难分离出来。同时由于 GEO 卫星受光压影响较大,因此在相同条件下,GEO 卫星星历误差引入的测距误差约为 MEO 卫星的 2 倍。目前,GPS 卫星发播的广播星历的误差大约为 10m,不妨假设 GEO 卫星轨道误差大约为20m。而IGSO卫星在局部地区的轨道测定精度和卫星钟钟差外推精度都比GEO卫星和MEO卫星高,而考虑到其受光压影响较大,可视其卫星轨道精度与MEO卫星相当,为10m。

在利用伪距计算测站位置时,要获得较高精度的解算结果就必须根据不同卫星类型使用不同的权比。对于北斗卫星可使用两种方法:一是根据广播星历中用户可达测距精度参数(URA)获得不同卫星的精度;二是使用不同卫星测距精度的经验值,可将MEO卫星和IGSO卫星测距精度设为8m,GEO卫星设为11m。

在相对定位解算中,差分运算可以大大消除大部分卫星位置误差,但残余仍会对中长基线产生影响。长度为l的基线因卫星轨道误差ΔX所引起的误差Δx可用式(6-7)来估算:

$$\Delta x \approx \frac{l}{d} \cdot \Delta X \tag{6-7}$$

北斗卫星导航系统的MEO卫星高度约为21 500km,GEO和IGSO卫星高度约为36 000km,对于不同基线长度,根据式(6-7)可得到卫星轨道误差对相对定位解算的影响如表6-1所示。

表6-1 卫星轨道误差引起的基线误差

卫星类型	卫星高度(km)	卫星轨道误差(m)	基线误差(mm)			
			1km基线	10km基线	100km基线	1 000km基线
MEO卫星	21 500	10	0.5	5.0	50.0	500.0
GEO卫星	36 000	20	0.6	5.6	55.6	555.6
IGSO卫星	36 000	10	0.3	2.8	27.8	277.8

由表6-2可以看出,广播星历对小于50km的载波相位差分测量影响基本可以忽略。当基线长度为中等长度时(<200km),载波相位相对测量可采用广播星历计算卫星位置。当基线长度更长时(>200km),载波相位相对测量需采用精密星历。

表6-2 卫星星历误差引起的基线误差

星历	卫星轨道误差(m)	基线长度(km)	基线相对误差($\times 10^{-6}$)	基线绝对误差(mm)
广播星历	10	10	0.1	4
	10	50	0.1	20
	10	100	0.1	40
	10	200	0.1	80
	10	500	0.1	200
精密星历	0.05	200	0.002	0.10
	0.05	500	0.002	0.25
	0.05	1 000	0.002	0.50
	0.05	2 000	0.002	1.00

6.3.2 电离层延迟误差

差分技术可以大大减小电离层折射的影响,但是残余的电离层折射误差随基线长度的增加而增大,模糊度整数估计难度也随之增大。当基线长度小于10km时,差分后残余的电离层折射误差较小,基本不会影响模糊度整数估计。当基线长度超过100km时,差分后残余的电离层折射误差约为40cm;当基线长度超过500km时,差分后残余的电离层折射误差约为100cm。由于残余的电离层折射误差较大,中长基线模糊度整数估计的成功率大大下降。

另一方面,在模糊度成功解算后,即使是几千米的短基线,尤其对于形变监测网,残余的电离层误差对基线解的影响也不能忽视。它将影响基线的尺度因子。其影响与观测量的线性组合类型、卫星截止角 E_{min} 有关,且与信号传播路径上总电子数(TEC)成正比。用 TECU 作为 TEC 的单位,TECU=10^{16} 电子/m^2。对于卫星截止角为 $15°$ 的 B_1 基线解,10TECU 电离层误差的最大影响约为 $10×0.10=1.0×10^{-6}$(或 1.0mm/km)。

因此,在中长基线动态测量中,不论对于模糊度解算,还是动态定位,都需要着重考虑电离层延迟影响。

对于 BD 双频观测量,在 L_w 模糊度 $N_{1,-1}(N_w)$ 已经确定的情况下,可利用消电离层组合观测值 L_c 来确定 L_1 模糊度 N_1。消电离层组合观测值经常用于中长基线的模糊度整数估计。

对于北斗三频观测量,中长基线实时动态测量,采用无几何模式解算三频模糊度,采用噪声最优的三频消电离层组合进行定位。

中长基线条件下,在利用无几何模式固定三频载波模糊度之后,一般采用消电离层组合的载波观测量进行定位解算。可用下述方法寻找噪声最优的三频组合载波观测量。

$$\Phi_M = \alpha\Phi_1 + \beta\Phi_2 + \gamma\Phi_3 \tag{6-8}$$

$$\Phi_M = (\alpha+\beta+\gamma)\rho - \left(\frac{\alpha}{f_1^2}+\frac{\beta}{f_2^2}+\frac{\gamma}{f_3^2}\right)K_1 \tag{6-9}$$

其中,α、β、γ 应满足如下条件:

$$\alpha+\beta+\gamma=1 \tag{6-10}$$

$$\frac{\alpha}{f_1^2}+\frac{\beta}{f_2^2}+\frac{\gamma}{f_3^2}=\frac{A}{f_1^2} \tag{6-11}$$

$$\alpha^2+C_1×\beta^2+C_2×\gamma^2=\min \tag{6-12}$$

其中,A 为所需组合载波电离层系数,一般取 0;C_1、C_2 为观测量 Φ_2、Φ_3 相对于 Φ_1 的噪声系数比值。

由式(6-10)可得:

$$\gamma=1-\alpha-\beta \tag{6-13}$$

代入式(6-11)可得:

$$\beta=\frac{f_2^2}{f_1^2}×\frac{f_1^2-Af_3^2}{f_2^2-f_3^2}-\alpha\frac{f_2^2}{f_1^2}×\frac{f_1^2-f_3^2}{f_2^2-f_3^2} \tag{6-14}$$

$$\beta=F_a-\alpha F_b \tag{6-15}$$

其中,

$$F_a=\frac{f_2^2}{f_1^2}×\frac{f_1^2-Af_3^2}{f_2^2-f_3^2}$$

$$F_b = \frac{f_2^2}{f_1^2} \times \frac{f_1^2 - f_3^2}{f_2^2 - f_3^2}$$

代入式(6-12)可得:

$$\alpha^2 + C_1 \times (F_a - \alpha F_b)^2 + C_2 \times (1 - \alpha - F_a + \alpha F_b)^2 = \min \quad (6-16)$$

令

$$v = [C_1 F_a^2 + C_2 (1 - F_a)^2] - 2a[C_1 F_a F_b + C_2 (1 - F_a)(1 - F_b)] + \alpha^2 [1 + C_1 F_b^2 + C_2 (1 - F_b)^2]$$

对 v 求导数,令其等于 0,则有:

$$\alpha = \frac{C_1 F_a F_b + C_2 (1 - F_a)(1 - F_b)}{1 + C_1 F_b^2 + C_2 (1 - F_b)^2} \quad (6-17)$$

$$\beta = F_a - \alpha F_b$$

$$\gamma = 1 - \alpha - \beta$$

取 $A = 0, C_1 = (f_1/f_2) \times (f_1/f_2), C_2 = (f_1/f_3) \times (f_1/f_3)$ 时,即 3 个载波误差都是 $\sigma_{\nabla\Delta\varphi}$ (周),可得到消电离层的噪声最小的三频载波组合系数:

$$\alpha = 2.6087$$

$$\beta = -0.5175$$

$$\gamma = -1.0912$$

$$\sqrt{\alpha^2 + \beta^2 + \gamma^2} = 3.0335$$

Φ_M 的均方差为:

$$\sigma_{[\Phi_M]} = 3.0335 \times \lambda_1 \times \sigma_{\nabla\Delta\varphi} = 0.0291 \mathrm{m}$$

6.3.3 对流层延迟误差

对于导航信号,对流层为非弥散介质,不能用双频、三频观测值来计算对流层延迟。利用差分可以大大减小对流层延迟误差的影响,但仅限于流动站与基准站的距离较近、高差较小的情况。对于距离较远或高差较大的基线,差分后残余的对流层延迟将影响基线解的精度,甚至影响整周模糊度的解算。

减小对流层延迟影响的方法有两种:一是利用对流层经验模型来预报对流层延迟;二是将对流层天顶延迟作为未知参数来进行估计。

第一种对流层修正方法与伪距修正方法相同,此处主要介绍对流层延迟参数估计方法。

对于距离较远或高差较大的基线,差分后残余的对流层延迟较大,需要用对流层模型来改正。不过,由于实测气象元素和对流层天顶延迟模型都存在误差,干分量天顶延迟可能残余 1‰~2‰ 的影响,约 2~4mm;湿分量天顶延迟可能残余 10%~15% 的影响,约 3~5cm。这些经过差分和模型改正后的残余对流层误差,不仅影响位置特别是高程的精度,甚至影响模糊度的可靠性,因此需要将对流层湿分量天顶延迟作为未知参数来进行估计。残余对流层湿分量延迟的估计方法为:

$$d_{\mathrm{trop}} = d_h^z \cdot m_h(E) + (d_w^z + r_w^z) \cdot m_w(E) \quad (6-18)$$

式中,d_h^z、d_w^z 为对流层天顶延迟模型的修正值。由于干分量延迟和湿分量延迟的映射函数数值相差较小,所以残余对流层干分量延迟可以很好地被 r_w^z 的估值所吸收。

残余对流层湿分量延迟的估计模型可以采用确定性模型或随机性模型。如果用确定性模型,根据天气条件变化快慢情况和测量时间的长短,r_w^z可以是单个常数变量、分时段的多个常数变量、多项式函数(以时间为自变量)或梯度函数,用最小二乘法来估计。如果用随机性模型,r_w^z可以是随机游走或一阶Gauss-Markov的随机变量,用Kalman滤波来处理。

在实时动态测量中,一般把r_w^z作为随机游走或一阶Gauss-Markov的随机变量,用Kalman滤波来处理。

在静态相对测量中,采用分时段的常数变量来估计残余对流层延迟分量,一般2h设一个对流层延迟参数。

6.3.4 多路径效应

卫星信号在传播过程中由于接收机周围环境的影响发生反射,与直接来自卫星的信号发生叠加进入接收机,使测量值产生系统性的误差,称为多路径误差,也叫多路径效应。

多路径效应的影响与卫星信号方向、反射系数以及反射物距离有关,由于测量环境复杂多变,多路径效应难以模型化,不能用差分方法来减弱。一般采用预防性措施来减弱多路径效应的影响,如天线远离反射物、天线上设置抑径板、改善码和相位跟踪环路等。数据处理中,可以把多路径效应作为偶然误差来处理。

在静态测量中,随着"北斗二号"系统卫星几何结构的变化,多路经效应影响呈现出周期性的正弦变化。其中,长周期变化被参数估值所吸收,使待估参数产生偏差;而短周期变化则被残差所吸收,其影响由时间平均方法所消除。

动态测量中,由于测量环境的不断变化,多路径效应更多地表现为随机性误差。不过,对于低速运行的载体,由于受到相对固定地物的反射,多路径效应仍显示出周期性的变化。

6.3.5 观测噪声

观测值噪声为白噪声,而且不同卫星的观测值噪声之间是独立的。观测值噪声与码相关模式、接收机机动状态和卫星仰角有关。民码的观测噪声为0.6m,P码的观测噪声为0.3m。载波相位的噪声一般为波长的1%,载波相位的噪声误差影响一般在2mm左右。对于不同的接收机类型和信噪比,载波相位的观测噪声在0.1%～10%之间变化。

在载波相位数据处理中,常把观测噪声和多路径效应合为一项。在实时动态测量中,观测噪声无法消除;在相对静态测量中,通过长时间观测取平均可减弱其影响。

在载波相位高精度定位中,可采用观测噪声很小的窄巷组合来进一步减小观测噪声影响。

6.3.6 与测站有关的误差

6.3.6.1 控制点误差

北斗测量为相对测量,已知控制点的坐标误差影响相对测量解算的误差,即已知控制点坐标的误差不是简单传递到未知点的坐标中。

单差观测量的数学模型可以简写为:

$$\varphi_{12}^j = N_{12}^j + f\delta t_{12} - [\rho_2^j - \rho_1^j]\frac{f}{c} + \cdots \tag{6-19}$$

其中，ρ_1^j 是已知点到卫星的距离：

$$\rho_1^j = [(x^j - x_1)^2 + (y^j - y_1)^2 + (z^j - z_1)^2]^{1/2} \qquad (6-20)$$

它在误差方程中是作为已知值参加计算的。如果已知点坐标 x_1, y_1, z_1 含有误差，将使方程自由项计算含有误差。

在方程组解算中，自由项与解算结果是非线性关系，因此已知控制点所含有的误差与未知点的坐标误差是非线性关系。

6.3.6.2 固体潮

地球并非一个刚体，在太阳和月亮万有引力的作用下，地球的固体表面会产生周期性涨落，称为固体潮。在日月引力的作用下，作用于地球上的负荷也将发生周期性变化（如海潮），从而使地球产生周期性的形变，这种影响引起的测站位移最大可达 80cm，从而使不同时间的测量结果不一致。固体潮是地球弹性形变的表现，在时间域内二阶引潮力位对测站位移的影响由式（6-21）计算：

$$\Delta R = \sum_{j=2}^{3} \frac{Gm_j \times R^4}{Gm \times R_j^3} \left\{ [3l(\overline{R}_j \times \overline{R})\overline{R}_j] + [3(h/2 - l)(\overline{R}_j \times \overline{R})^2 - h/2]\overline{R} \right\} \qquad (6-21)$$

式中，Gm_j 和 Gm 为摄动天体（月亮 $j=2$，太阳 $j=3$）和地球的引力常数；R_j 和 $\overline{R}_j$ 为摄动天体在地固系中地心矢量的模和相应的单位矢量；R 和 $\overline{R}$ 为测站在地固系中地心矢量的模和相应的单位矢量；h 和 l 为二阶固体潮位移勒夫数，一般 $h = 0.6090, l = 0.0852$。式（6-21）的模型最大误差为 1cm，所以高精度的定位计算还需要考虑频率域的改正，具体方法和公式参见《IERS 规范》(2000)。

6.3.6.3 极移（极潮）

极潮是指地壳对自转轴指向漂移（极移）的弹性响应，极移使自转轴在北极描出直径维为 20cm 的近似圆。极移位移取决于观测瞬间自转轴与地壳的交点位置，它随时间而变化。IERS 采用的极潮几何改正为：

$$\begin{aligned}
\Delta E &= 9.0 \cos B (x_P \sin L + y_P \cos L) \\
\Delta N &= -9.0 \cos 2B (x_P \cos L - y_P \sin L) \\
\Delta h &= -32.0 \sin 2B (x_P \cos L - y_P \sin L)
\end{aligned} \qquad (6-22)$$

式中，x_P, y_P 是地极的位置（以角秒为单位）；B 和 L 是测站的大地经纬度。当 x_P, y_P 达到最大值 $0.8''$ 时，最大的水平改正值约为 7mm，最大的垂直改正值约为 25mm。

6.3.6.4 海潮

由于日月引力作用，实际的海平面相对于平均海平面有周期性的潮汐变化，即海潮。地壳对海潮的这种海水质量重新分布所产生的弹性响应通常称为海潮负载，它引起的测站位移要比固体潮的影响小，约为几个厘米，但规律性差一些。

海潮负载引起的测站位移改正是分潮波进行的，由全球海潮模型计算得到测站对应的每个潮波径向、东西向和南北向位移的幅度（A_i^r, A_i^e, A_i^n）和相对于格林尼治子午线的相位滞后（$\delta_i^r, \delta_i^e, \delta_i^n$），最后改正为各潮波的叠加。

$$\begin{bmatrix} \Delta U \\ \Delta E \\ \Delta N \end{bmatrix} = \sum_{i=1}^{n} \begin{bmatrix} A_i^r \cos(\omega_i t + \varphi_i - \delta_i^r) \\ A_i^e \cos(\omega_i t + \varphi_i - \delta_i^e) \\ A_i^n \cos(\omega_i t + \varphi_i - \delta_i^n) \end{bmatrix} \quad (6-23)$$

式中,ω_i 和 φ_i 是分潮波的频率和历元时刻的天文幅角;t 是以秒计的世界时。目前海潮改正多采用 Schwiderski 的标准模型,仅考虑到 9 个分潮波(M2,S2,N2,K2,O1,P1,MF,MM,SSA)。

6.3.6.5 大气负载

大气压分布随时间变化会导致地壳的季节性形变,量级在几个毫米。目前对大气负载影响的认识还不完善,这里只能给出一个计算垂向位移(大气负载对于地球引起的地壳形变主要为垂向形变)的经验公式:

$$\Delta h = -0.00035 P - 0.00055 \overline{P} \quad (6-24)$$

式中,P 为测站表面负载,$\overline{P}$ 为半径 2 000km 圆形区域(以 Γ 表示)内的平均负载,均以毫巴(mbar)为单位($1\text{bar} = 10^5 \text{Pa}$)。位移的参考点是标准大气压(1 013mbar)下的测站位置。$\overline{P}$ 计算方法如下,设在区域 Γ 内的大气负载可用二次多项式表示为:

$$P(x,y) = a_0 + a_1 x + a_2 y + a_3 x^2 + a_4 xy + a_5 y^2 \quad (6-25)$$

式中,x,y 是测站至积分单元东向和北向的距离;系数 a_i 由区域内的气象资料拟合求得,则有:

$$\overline{P} = \frac{\iint_\Gamma P(x,y) \mathrm{d}x \mathrm{d}y}{\iint_\Gamma \mathrm{d}x \mathrm{d}y} \quad (6-26)$$

7 网络 RTK(CORS)系统

常规 RTK 是由一个基准站和数量不固定的流动站组成。一般来讲,流动站的数量是 2～3 台,我们通常称之为单基站 RTK,它是一种实时差分模式。在常规 RTK 作业模式下,基准站通过数据链将其观测值和测站坐标信息一起传送给流动站。流动站不仅通过数据链接收来自基准站的数据,还要采集 GPS 观测数据,并在系统内组成差分观测值进行实时处理,同时给出厘米级定位结果。为了能得到固定可靠的解,它要求流动站至少观测 4 颗以上的卫星。

网络 RTK 是由一个或若干个固定的、连续运行的 GPS 参考站,利用现代计算机、数据通信和互联网(LAN/WAN)技术组成的网络,实时地向不同类型、不同需求、不同层次的用户自动地提供经过检验的不同类型的 GPS 观测值(载波相位,伪距)、各种改正数、状态信息以及其他有关 GPS 服务项目的系统。它是集 Internet 技术、无线通信技术、计算机网络管理技术和 GNSS 定位技术于一体的定位系统,由若干个连续运行的参考站、数据控制中心、移动站(用户)和通信系统组成。与常规的 RTK 相比,网络 RTK 的定位模式更多。两者之间的不同点主要在以下几个方面:

(1)常规的 RTK 是采用单基准站模式,即由一个基准站和若干个流动站组成,而网络 RTK 由一系列的基准站组成。

(2)定位模式的不同。常规 RTK 定位时,只是直接从仅有的一个参考站获取各种改正信息。而网络 RTK 既可以从某一个参考站获取改正信息,也可以获取几个参考站的综合误差改正信息,这些改正信息是从控制中心传给流动站的,而不是直接从参考站传给流动站的。

(3)打破了常规 RTK 作业基准站与流动站距离较近的限制。常规 RTK 作业距离受到多方面因素的影响。由于改正信息的发送依靠电台,所以电台的覆盖范围将直接影响作业的半径,同时,作业范围内的地势、植被等对作业距离也有影响。而网络 RTK 是依靠 Internet,GPRS,GSM 等来发送改正信息的,所以作业覆盖范围更大。

(4)定位精度稳定。常规 RTK 定位精度与站间距离成反比,精度在测区内的均匀性得不到保证。

(5)与常规 RTK 相比,网络 RTK 的定位精度不会随着与基准站距离的增加而下降,也就是说,在网络 RTK 覆盖范围内,定位精度是稳定的。

由以上所述可以看出,网络 RTK 技术与传统的 RTK 技术相比较存在着巨大的优势,应用范围也更加广泛,前景也会更加广阔。因此,网络 RTK 技术的发展和应用对社会的发展具有十分重要的意义。

7.1 国内外 CORS 情况

20 世纪 80 年代,加拿大提出 CORS"主动控制系统"理论,并于 1995 年建成第一个 CORS 台网站。由于受当时通信技术和数据处理方法的限制,不能在实时定位方面提供服务,其功能和我国目前"中国大陆构造环境监测网络"一样,主要应用于大地控制网测量和地壳运动监测。

20世纪90年代,由于RTK技术的出现和普及,出现了一些利用无线电进行差分改正信息发布的连续运行参考站,即单参考站系统,用于RTK测量和导航,能在一定距离为用户提供伪距差分和相位差分服务。它的出现,改变了传统RTK测量模式,极大地提高了作业效率,同时也提高了运动载体的导航精度。

进入21世纪以来,由于计算机、网络和通信技术的飞速发展,原来CORS一些设想得以实现。世界各国纷纷建立应用于各行业的CORS系统。目前,CORS已在不同领域、不同行业得以广泛应用。

7.1.1 美国的连续运行参考站网系统(CORS)

美国的CORS建设最早、发展最快。其CORS主要有三大部分:一是国家CORS网络近700个站;二是各部门合作CORS网络140个站;三是加利福尼亚CORS网络350多个站,并且每年还在增加。国家CORS网络由美国国家大地测量局(NGS)管理,它是将其他部门建立的CORS站进行整合、管理,而不是建立一个独立的CORS网络;合作CORS网络由美国国家海洋和大气管理局(NOAA)的国家海洋服务办公室管理。整个CORS网络构成了美国新一代动态国家参考系统。系统的所有参考站都配置双频全波型GPS接收机和扼流圈天线。每一天下载当天的数据,数据记录格式为RINEX格式。NGS通过因特网向全美和全球用户提供国家CORS参考站坐标和GPS卫星观测站数据。此外,还提供其他如大地水准面、坐标系转换等服务。用户用一台GPS接收机在美国任意位置观测,然后通过因特网下载CORS参考站数据,即可进行事后精密定位。

合作CORS的数据和相关信息可以从美国国家地球物理数据中心下载,其内容包括接收的伪距和相位信息、站坐标、站移动速率、GPS星历及各站的气象数据等,并且所有数据向合作组织成员自由开放。

美国全国CORS与合作CORS的根本区别就在于NGS存档并播发来自全国的CORS数据,而不对来自合作CORS的数据进行存档和播发。合作CORS是全国CORS的补充,实验室提供更多的本地基站、更短的基线和各种不同的数据率。

7.1.2 加拿大的主动控制网系统(CACS)

加拿大大地测量局将该国目前已建成的十几个永久GPS卫星跟踪站构成一个主动控制网(CACS),作为简单大地测量的动态参考框架。其目的同样是通过因特网提供参考站的地心坐标和相应GPS卫星跟踪观测数据,用户采用GPS单机即可进行事后精密定位。该系统提供精密星历、卫星钟差、电离层模型等广域差分修正,其服务定位精度从厘米级到米级是可变的,并取决于用户采用的GPS接收机的抗干扰和抗多路径效应的性能。加拿大一些公司目前采用FM广播和中波信标广播网开展实时定位服务。

7.1.3 德国的卫星定位导航服务计划(SAPOS)

SAPOS计划即"德国卫星定位导航服务计划",是把当前德国各部门的差分GPS计划协调统一起来,建立一个长期运行的、覆盖全国的多功能差分GPS定位导航服务体系,作为国家的空间数据基础设施。它由200多个基准站组成,站间平均距离仅为40km左右,构成德国的首级动态大地控制网。其基本服务是提供卫星信号和用户改正数据,为不同用户提供不同精度服务。SAPOS采用的是区域改正参数(FKP)技术。

它提供的服务有:

(1)高精度定位服务。系统通过互联网向用户提供站址坐标及观测资料,定位精度可达到毫米级。

(2)准实时的高精度定位服务。系统通过有线方式向用户提供站址坐标及观测值,定位精度为1cm。

(3)高精度实时定位服务。系统通过UHF向用户播发站址坐标和观测值,定位精度为1~5cm。

(4)实时差分GPS服务。系统采用RTCM 2.0格式通过长波或中波无线电通信方式,向用户播发站址坐标和差分改正数,其导航定位精度为1~3m。

7.1.4 日本的GPS连续应变监测系统(CORS)

日本国家地理院从20世纪90年代初就开始布设地壳应变监测网,开始主要为地震预报服务,后逐步发展成由1 200个长期连续运行的基准站组成的CORS,站间距离平均为30km左右,是日本重要的国家基础设施。其主要功能是进行地震监测和预报,构成高精度的动态国家大地控制网,满足测图和GIS数据采集和更新的需要,进行工程控制和监测,以及进行气象监测和天气预报。

7.1.5 中国的CORS

2003年深圳率先建成中国第一个CORS后,全国各省市陆续建设了一批市级甚至省级的CORS。虽然近10年发展迅速,但不是国家统一建设的,而是由各省市、各行业自己建立的。据统计,到目前为止已建立CORS站达6 000多个,这就造成了各个CORS系统采用的技术、建设的规格及标准不统一,各部门独立运行,存在功能单一、重复建设等诸多问题,各行业用户若跨省、跨部门,则使用起来会有困难。若能将各部门的CORS系统整合,统一标准,对整个国家的基础建设将产生重大影响。

7.2 CORS系统的组成

连续运行参考站系统由一个数据管理中心、若干个GNSS连续运行参考站、用户应用设备和相应的数据通信系统设备等部分组成(图7-1)。各个参考站点与数据处理中心之间有网络连接,数据处理中心从参考站点采集数据,利用参考站网软件进行处理,然后向各种用户自动提供相关服务。

7.2.1 数据管理中心

数据管理中心是CORS系统的控制、计算、通信中枢。数据管理中心的主要硬件设备包括站点管理服务器(接入各个参考站)、网络管理和网络解算服务器、用户接入及RTK实时播

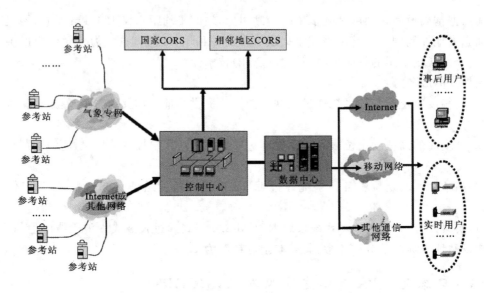

图 7-1 CORS 系统构成简图

发服务器以及网络通信设备。数据管理中心和各参考站之间通过高速宽带通信网络建立连续数据链接。数据管理中心利用参考站网络管理和分析软件将实时发回的各参考站观测数据进行文件存档、格式转换、自动分发、实时计算和实时播发。用户可以通过无线通信网络（GSM、GPRS、CDMA）或互联网接入数据管理中心的实时播发服务器，在经过认证后即可获得相应的实时定位服务。

7.2.2 CORS 站

每个 CORS 站的组成包括 GNSS 接收机、天线、数据存储和网络通信设备。参考站 24h 连续观测，并实时将观测数据通过宽带网送往数据管理中心。

7.2.3 通信系统

通信系统的主要功能：一是实现数据处理服务中心与 CORS 站之间数据传输；二是向用户提供差分信息。数据传输类型有 3 种：有线通信、无线网络和卫星通信。站点通过 FTP 客户端软件将收集的数据实时传送到数据处理服务中心 FTP 服务器。向用户提供服务是通过无线通信网络（GSM、GPRS、CDMA）或互联网发播 RTCM 格式的差分信息。

RTCM 数据编码最基本的数据单元为数据域，数据域名有伪距、载噪比、卫星 ID、平滑间隔等，每种数据域对应一种数据类型，数据类型有表示数字的二进制补码整数、无符号整型数和表示字符串的符号-量值整数。数据域组成不同的观测值、参考站坐标、天线说明、系统参数等电文组，再由电文组构成单频、双频、三频等不同的基准站电文、卫星电文。传输时，数据帧以固定的数据长度传输不同的电文，其中包含校验等信息。

7.2.4 用户应用设备

用户应有网络 RTK 型 GNSS 接收机，该机装有网络 RTK 软件，手机通信硬软件，装有手机卡并开通手机通信业务。普通 RTK 接收机一般要进行软硬件的升级才能应用于网络 RTK 的作业。

7.2.5 差分改正技术

目前成熟的差分改正技术有 Trimble 公司的虚拟参考站(VRS)技术、徕卡公司的主辅站(MAX)技术、德国的区域改正参数法(FKP)、中国武汉大学卫星导航定位技术研究中心的综合误差内插法(CBI)4 种。

7.3 RTCM 电文与 NTRIP 协议

网络 RTK 以 RTCM 格式向用户发播改正信息,下面我们对 RTCM 进行介绍。

7.3.1 RTCM 标准

国际海事无线电技术委员会(Radio Technical Commission For Maritime services,RTCM)第 104 专门委员会(SC-104)于 1983 年制定了 DGPS 电文,最初 RTCM SC-104 是因海事应用而开发的,但它现在已在 GPS 差分方面得到了广泛应用。虽然在导航界提出了许多电文协议用于在基准站与用户之间发播码基和基于载波的 DGPS 数据,但迄今为止,也只有一组 SC-104 电文同时支持码基和基于载波的 LADGPS 服务。该电文组随时间不断发展,2001 年 8 月发布了 2.3 版本,2004 年 2 月 RTCM 发布了新的电文组,该电文使用一个效率更高的协议(3.1 版本),该协议重点集中在载波相位 DGPS 上。两个协议(2.3 版本和 3.1 版本)都描述了能通过任意数据链路从基准站传送到用户的数字电文格式。RTCM DGNSS 服务标准历史发展见表 7-1。

表 7-1 RTCM DGNSS 服务标准历史发展

版本	发布日期 (年.月)	主要内容
V1.0	1985.11	草稿,仅针对 GPS 差分使用
V2.0	1990.01	仅支持伪距差分
V2.1	1994.01	在 V2.0 基础上增加了载波相位差分
V2.2	1998.01	在 V2.1 基础上增加了对 GLONASS 差分的支持
V2.3	2001.08	在 V2.2 基础上增加了 23 和 24 语句(天线参考类型)
V2.4	2013.07	为适应多系统低速率通信条件下的差分应用,在 V2.3 基础上删除了不用或少用的部分 GPS/GLONASS 伪距差分和载波相位差分电文,增加了 3 条通用电文以支持多星座多频率的伪距差分和载波差分电文
V3.0	2006—2009	新协议,与 2.x 不再兼容,对网络 RTK 提供支持
V3.1	2010	强化了对状态空间差分(SSR)的支持
V3.2	2013.07	提出了多信号电文组(MSM),包含 Galileo 电文,增加了少量 BDS 电文定义

7.3.2 RTCM 2.3 电文

2.3 版本 RTCM 的基本帧格式由 30 个比特字组成,每个字的最后 6bit 是奇偶校验位,而 30bit 字的格式取自 GPS 导航电文。每帧的前两个字称为报头,报头的内容如表 7-2 所示。报头的第一个字包含一个 8bit 的同步头(引导字),它由固定序列 01100110 组成;后面是 6bit 的帧标识,它能标识出 64 种可能的电文类型;接下来是 10bit 的站标识,用于标识基准站。报头第二个字的前 13bit(修正 Z 计数)包含电文的时间基准;接着是 3bit 的序列号,它按每个帧增加,并用于验证帧同步;再下是 5bit 帧长度,帧长度是标识下一帧的开始所必需的,因为帧长度是随电文类型和可见卫星分布改变的;接着是 3bit 的基准站健康状况,共有 8 种可能的状态,其中 6 种用于为一个在各种电文类型中包含的域提供一个比例因子,该域被称为用户差分距离误差。前 2 个字的结构见表 7-2。

表 7-2 第一和第二字码内容

字码	内容	bit 数	比例因子	范围
第一字码	引导字	8		
	帧标识	6	1	1~64
	基准站识别	10	1	0~1 023
	奇偶校验	6		
第二字码	修正 Z 计数	13	0.6	0~3 599.4
	序号	3		0~7
	帧长度	5	1 字码	2~33
	基准站健康状况	3		8 状态
	奇偶校验	6		

对于码基 DGPS 系统来说,第 1 类和第 9 类电文最重要。对于每颗可见卫星,第 1 类电文的内容如下:

(1)比例因子。1bit,采用的伪距和距离变化率改正数的分辨率。

(2)用户差分距离误差。2bit,期望的伪距改正数据 1σ 误差的范围。

(3)卫星标识。5bit,提供表示 DGPS 改正数的卫星号。

(4)伪距改正数。16bit,对于所指示的卫星的改正数,在报头的 Z 计数所提供的时刻 $T0$ 可用。

(5)距离变化率改正数。8bit,基准站计算出的卫星的几何距离与伪距测量值之差。

(6)数据期号(IOD)。IOD 指用来产生各改正数的 GPS 导航数据的一种特别数组。GPS 卫星广播星历每 2h 播一次,前后两次广播中,来自每颗 GPS 卫星的星历数据是不一样的。GPS 导航电文用 IOD 值来标记每组星历数据,称为 IODE。IODE 是一个 8bit 的参数,SC-104 电文中的 IOD 相当于 GPS 广播电文中的 IODE。

第 9 类电文使用的格式与第 1 类相同,只不过每个电文最多包含 3 颗卫星。第 9 类电文对基准站时钟要求较高,因为所有可见星的伪距改正数在不同的时间进行广播。

第 18~21 类电文用于载波相位 DGPS。第 18 类和第 19 类电文分别传送基准站原始的载波相位和伪距测量数据，这样用户就可以进行双差计算。第20类和第21类分别传送经GPS广播星历改正后的载波相位和伪距测量数据。

在RTCM电文格式中保留了GPS电文的字长、字格式、奇偶校验规则和其他特性。两种格式的主要差别在于GPS电文中各子帧的长度是固定的，而差分GPS电文格式采用可变长度的格式。RTCM电文增强了奇偶校验规则，这样便于检测出数据中的误差，避免将错误改正数发送给用户，提高用户使用的可靠性，并且采用30bit字码与50Hz传输速率相匹配。

RTCM电文每一帧为$N+2$个字长（N为数据中的字码数），并随电文类型和内容而改变。每一帧电文的前两个字码是通用电文，使用于所有类型的电文：参考站信息、用户主帧同步用的参考时间和信息。表7-2给出了第一字码和第二字码的具体内容。表7-3给出了第一和第二字码的结构。RTCM共有21类63种电文，表7-4给出了每个类型电文内容。其中电文1是一帧最主要的电文，它能给出任何时刻的伪距改正数，包括初始时刻的伪距改正数和伪距改正数的变化率，并且包含着基准站观测到的所有卫星的数值。RTCM TYPE18电文格式见表7-5。

表7-3 第一和第二字结构

电文第一字码			
1～8	9～14	15～24	25～30
引导字	电文类型（帧识别）	基准站识别	奇偶校验
电文第二字码			
1～13	14～16	17～21	22～24	25～30
修正的Z计数	序号	帧长	基站状况	奇偶校验

表7-4 RTCM SC-104 2.3版本 电文内容

电文类型	状态	内容	电文类型	状态	内容
1	固定	DGPS改正数	17	试用	GPS星历表
2	固定	ΔDGPS改正数	18	固定	RTK未改正的载波相位值
3	固定	基准站参数	19	固定	RTK未改正的伪距值
4	试用	基准站坐标基准	20	固定	RTK载波相位改正数
5	固定	GPS卫星健康状况	21	固定	RTK高精度伪距改正数
6	固定	空帧	22	试用	扩展的基准站参数
7	固定	DGPS无线电信标历书	23	试用	天线类型定义记录
8	试用	伪卫星历书	24	试用	天线基准点（ARP）
9	固定	部分GPS卫星差分改正数	25～26	—	未定义
10	备用	P码差分改正数	27	试用	扩展的无线电信标历书
11	备用	C/A码，L1，L2Δ改正数	28～30	—	未定义
12	备用	伪卫星参数	31～36	试用	GLONASS电文
13	试用	地面发射机参数	37	试用	GLONASS系统时间偏差
14	试用	GPS周	38～58	—	未定义
15	试用	电离层延迟电文	59	固定	专用电文
16	固定	GPS专用电文	60～63	备用	多用途电文

表 7-5 RTCM TYPE18 电文格式

1～2	3～4	5～24				25～30	备注
频率组合	空格	观测时刻（3个字节）				奇偶校验	第三个字
1	2	3	4～8	9～11	12～16	17～24	25～30	
信息指示	编码选择	星座指示	卫星编号	数据质量	连续累计丢失数	载波相位数据（高位1个字节）	奇偶校验	第2N+2个
1～24						25～30	
载波相位数据（低位3个字节）						奇偶校验	第2N+3个

7.3.3 RTCM 3.1 电文

RTCM SC-104 3.0 版的开发主要基于载波相位 RTK 处理的需要。其格式与 2.3 版有本质上的区别。造成这种区别的一部分原因是为了提供一个更有效率的奇偶校验策略以防止突发错误和随机比特错误，另一个原因是为了克服 2.3 版对 RTK 的限制，以便更高效、及时地为 RTK 进行广播。

RTCM 3.1 版的结构是根据由 OSI 模型改编的分层法而设计的。OSI(Open System Interconnection)模型是由国际标准化组织制定的。该模型把网络通信的工作分为 7 层，分别是物理层、数据链路层、网络层、传输层、会话层、表现层和应用层。RTCM 3.1 版参考 OSI 模型，将通信结构分为应用层、表现层、传输层、数据链路层和物理层。其中应用层主要是定义了一些基本概念以及差分协议的应用领域；表现层则包括了数据结构、电文类型、数据类型以及数据字段的定义等；而传输层定义了差分电文的结构以及循环冗余校验的方法等；数据链路层定义了差分电文数据流在物理层上如何编码；物理层主要定义数据发播采用的介质，具体采用什么由差分服务提供者决定。

表现层是电文解码的主要依据，它规定了差分电文的类型、内容以及具体格式，表现层中对每一种电文类型和数据字段都有详细的介绍。RTCM 3.1 版中将涉及到的电文大致分为 6 组，如表 7-6 所示，分别为观测量、参考站坐标、天线描述、网络 RTK 改正、辅助操作信息以及私有电文。每个组又分为不同的子组，每个子组又通过不同的电文类型来表现，具体内容见表 7-6。

传输层定义了实际应用中接收或发送 RTCM 3.1 版差分电文的结构（表 7-7），定义传输层的目的是保证 RTCM 3.1 版差分电文在应用中能被准确地解码。RTCM 3.1 版差分电文的结构如表 7-7 所示：电文的开头是 8bit 的引导字"11010011"，这一信息是固定的，在解码时可作为搜索电文的标记；紧接着是 6bit 的保留位，默认为"000000"，保留位的作用是在将来推出新版本时对其进行说明；电文长度信息占 10bit，刚好可以表示最长的电文 1 023 字；24bit 的循环冗余检校码位于整个电文的末端，关于它的算法，在 RTCM 3.1 版差分协议中有详细的描述。

表 7-6 RTCM 3.1 版电文类型

组名	子组名	电文类型	电文名称
观测量	GPS L1	1001	GPS L1 载波相位差分观测量
		1002	扩展 GPS L1 载波相位差分观测量
	GPS L1/L2	1003	GPS L1/L2 载波相位差分观测量
		1004	扩展 GPS L1/L2 载波相位差分观测量
	GLONASS L1	1009	GLONASS L1 载波相位差分观测量
		1010	扩展 GLONASS L1 载波相位差分观测量
	GLONASS L1/L2	1011	GLONASS L1/L2 载波相位差分观测量
		1012	扩展 GLONASS L1/L2 载波相位差分观测量
参考站坐标	N/A	1005	固定的 RTK 参考站天线控制点参数
		1006	固定的 RTK 参考站天线控制点参数(含天线高)
天线描述	N/A	1007	天线描述符
		1008	天线描述符及序列号
网络 RTK 改正（主辅站）	网络辅参考站数据信息	1014	
	弥散性差分改正	1015	ICPCD
	非弥散性差分改正	1016	GCPCD
	弥散性和非弥散性联合差分改正	1017	ICPCD+GCPCD
辅助操作信息	系统参数	1013	
	卫星星历数据	1019	GPS 星历
		1020	GLONASS 星历
	编码文本字符串	1029	
私有电文		4088—4095	预留

表 7-7 RTCM 3.1 版电文结构

引导字	保留位	电文长度	电文	循环冗余检查
8bit	6bit	10bit	长度可变,整数字	24bit
11010011	缺省为 000000	字数	0~1 023 字	QualComm CRC-24Q

RTCM 3.1 版电文结构中的电文长度是指电文的字数,每个字长 8bit。电文末端的循环冗余检校码长 24bit。根据电文的内容可以得到一个信息函数 $m(x)$,$m(x)$ 是一个二进制多项式,假设电文信息为 10111,则 $m(x)=x^4+x^2+x+1$;另外再给定一个简单不可约多项式 $p(x)=x^{23}+x^{17}+x^{13}+x^{12}+x^{11}+x^9+x^8+x^7+x^5+x^3+1$。另 $g(x)=(1+x)p(x)$,$t(x)=m(x)x^{24}$,用 $g(x)$ 去除 $t(x)$ 得到的余数作为循环冗余检校码。将得到的余数和已知的 CRC

码进行比较,如果相等就证明这一段电文是有效的;如果不等,则证明电文出错。

RTCM 3.1 版的数据是二进制的,数据类型有 bit(n)、char8(n)、int、uint、intS、utf8(N),数据类型的具体描述见表 7-8。需要注意的是,在数据字段的说明中,有一项是数据分辨率(DF Resolution),差分电文中的伪距、载噪比等信息是小数数据,而解码和数据类型转换得到的结果是整数,此时将解码所得的整数与对应的数据分辨率相乘即可得到需要的数据。

表 7-8 数据类型说明

数据类型	数据描述	举例说明
bit(n)	n 位 0 或者 1	
char8(n)	8 位的字符,ISO8859-1 定义	
int(n)	n 位二进制整数。它以补码形式存储正负数,首位表示正负号,0 表示正号,1 表示负号,n-1 位为数值部分	int4 型的 1001 等于 -7
uint(n)	不含正负号的 n 位二进制整数	uint3 型的 100 等于 8
intS(n)	n 位符号-数值型整数。首位表示正负号,后面表示二进制整数的数值部分	intS5 型的 10001 等于 -1
utf8(N)	同一字符编码标准 UTF-8 码的单位	

从表 7-6 中可以看出,在 RTCM 3.1 版本中,没有包含北斗卫星信息,在 3.2 版本中包含了部分北斗卫星信息,相信包含完整北斗卫星观测信息的 RTCM 版本很快就会面世。

7.3.4 RTCM 传输电文解码

上面介绍了 RTCM 3.1 版的数据格式和数据类型。按照 RTCM 的数据结构和格式,可以编写解码程序进行解码。

在读取电文的时候,是按位读取的,首先寻找引导字"11010011"的位置,找到则确定为一条电文的开始,反之则重新读取。从引导字的第一位开始,提取字符第 14 位以后开始的 10 位信息,即读取本条电文的长度。获取电文长度后,可以根据长度信息找到电文末端的 24 循环冗余检校码,根据信息生成多项式,通过位相除,即通过异或运算进行循环冗余检校,检校通过则开始读取电文信息,不通过则寻找下一个引导字信息。确定一段完整的电文以后,就可以读取其中的信息,根据不同的电文类型,RTCM 规定了其中的数据字段,每一个字段都有相应的长度,按位读取就可以获得所有的电文内容。前文提到,数据字段的数据类型不同,因此需要根据 RTCM 3.1 版标准定义的几种数值存储方法编写不同的二进制或十进制的转换函数,如整型转换函数、无符号整型转换函数和数值整型转换函数,将转换后得到的数据与其对应的数据分辨率相乘就可以得到完整的数据信息。

7.3.5 NTRIP 网络传输协议

2003 年国际海事无线电技术委员会 RTCM 组织正式发布了 Ntrip(Networked Transport of RTCM via Internet Protocol,RTCM 互联网传输协议)协议,Ntrip 作为一种 GNSS 实时数据网络传输标准协议,定义了以超文本传输协议(HTTP)为基础的应用层基础,并定义以

Ntrip Server(服务器)、Ntrip Cast(集中交换器)和 Ntrip Client(客户端)为标志的三层结构体系,使互联网上 PC、PDA、接收机等各种硬件设备和软件通过固定的 IP 即可实现无缝高效 GNSS 实时原始或差分数据服务共享(RTCM,2003)。基于 Ntrip 技术,目前欧洲参考站网络以及 IGS 部分全球网络均实现了所谓 EuREF-IP 和 IGS-IP 新型数据服务。HTTP 是一种针对 GNSS 数据流网络传输设计的超文本传输协议。Ntrip 为固定用户或移动用户在 Internet 上发布差分改正数提供了完善的解决方案,并支持通过 GSM、GPRS、CDMA 的无线网络。

目前 Ntrip 支持各种类型的 RTCM 数据格式以及其他 RTCA,RINEX,BINEX,SP3 等数据格式。

Ntrip 是基于 HTTP 的、为全球卫星导航系统(Global Navigation Satellite System,GNSS)在 Internet 上提供数据流的应用层协议。Ntrip 为固定用户或移动用户在 Internet 上发布差分改正数及其他 GNSS 数据流而设计,允许 PC 机、膝上电脑(Laptop)、PDA 或接收机同时连接到广播主机,支持 GSM、GPRS、EDGE(电子数据采集设备)、CDMA 的无线网络。它由 3 个软件系统部分组成:客户端(Ntrip Client)、源服务器(Ntrip Server)和集中交换服务器(Ntrip Caster)。

如图 7-2,所有网络传输信息都必须经由 Ntrip Caster 进行播发。提供 RTCM 信息的 Ntrip Source 与一组 Ntrip Server 相连,并最终将数据发布到 Ntrip Caster。用户端通过向 Ntrip Caster 申请从而获得 Ntrip Source 上的 RTCM 数据流。这样,通过上述流程,所有 Ntrip Client 和 Server 只需要与唯一的 Ntrip Caster 的 IP 地址相对应,即可实现 GNSS 数据流的播发。

Ntrip 结构如图 7-2 所示,数据源(Ntrip Source)为源服务器提供连续的 GNSS 数据流(比如 RTCMSC-104 差分信息)。在系统开始向用户服务之前,与数据源对应的源服务器先在集中交换服务器上进行注册,集中交换服务器则为源服务器建立一个挂载点(Mount Point),便于为特定用户提供特定的数据服务(一个挂载点代表一种服务类型,假如系统提

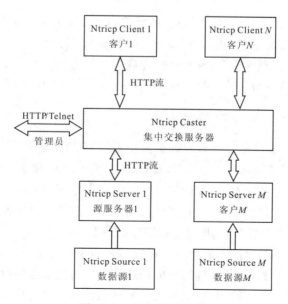

图 7-2 NTRIP 结构图

供 RTK、DGPS 和星历数据服务,则集中交换服务器就建立 3 个挂载点,分别对应特定功能的源服务器)。同时,系统将该挂载点加入到资源表(Source Table)中,该表由集中交换服务器维护,表的内容包括多个可使用数据源的信息,具体细节可参考文献(RTCM,2003;Gebhard H,2003)。客户端通过向集中交换服务器发送特定信息、实现注册后,系统向其发送资源表,客户选择表中需要的服务类型(相应的挂载点)并通知系统,系统根据客户的特定要求(RTK、DGPS 或星历服务等)将相应的源服务器与客户联系起来,然后对客户的权限信息进行验证。如果验证成功,客户端就可以获取源服务器发送的服务数据;如果失败,集中交换服务器就向客户发送验证失败信息。

集中交换服务器负责管理和协调多个客户端和多个源服务器,它建立了客户端与源服务器的数据通道,这样,客户端与源服务器间的数据通信就畅通无阻了。客户端会以一定的频率向源服务器发送状态信息(比如每 10s 一个 NMEAGGA 信息),源服务器则实时地向客户端发送 GNSS 数据流。

7.3.5.1 Ntrip Source(数据源)与 Ntrip Source Network(数据源网络)

数据源提供持续编码后的导航数据(如 RTCM-104 改正数),作为源服务器(Ntrip Servers)的数据流,并在 Ntrip 的数据源表上有唯一的挂载点标识,源数据随后被发送到 Ntrip Server 以供向用户传输。用户随后通过挂载点连接该 RTCM 数据源,虽然数据表内定义了 RTCM 数据格式以及其他多种信息,但 Ntrip Caster 将挂载点标识作为关键字段创建 RTCM 数据流。

数据源网络信息是指包含多个数据源的虚拟网络,将数据源分类成多个网络,不仅可以有利于用户迅速浏览和选择系统数据源信息,同时便于实现更安全的用户认证机制。用户根据其权限的不同可联入某个数据源、数据源网络甚至所有网络数据源。

7.3.5.2 Ntrip Server(源服务器)

Server 负责接收数据源的 RTCM 信息,然后将 Ntrip Source 信息存入集中交换服务器源配置表中,最后将数据流发送到 Ntrip Caster。按 Source 信息的不同,Caster 管理员为每个 Server 提供了挂载点以及密码信息,Server 按挂载点以及密码与 Caster 进行连接。当连接发生错误时,TCP 会自动探测此错误,并要求 Ntrip Server 进行处理,如重新连接。

7.3.5.3 Ntrip Caster(集中交换服务器)

从技术上讲,Caster 是一个支持多种数据流相关的 HTTP 请求和响应的 HTTP 服务器。在标准用户/服务器模式下,Ntrip Caster 即服务器端,而 Client 和 Server 都是服务器端,因此 Caster 永远是连接过程的被动端,即被连接设备。Caster 是 Ntrip 系统的中心,源服务器和客户端通过不同的消息格式连接其同一个端口,这样大量的不同硬件设备可同时使用相同的 TCP/IP 协议。通过查看来自对应 IP 地址和端口的数据(如 NMEA)或数据请求,集中交换服务器根据消息格式作不同的反应。源服务器可以结合到集中交换服务器中。主要完成的功能为:接受用户的连接,用户的认证,处理用户的信息请求同时把信息传给对应的 RTCM 电文编码器,发送对应的 RTCM 电文给用户,显示用户数目、状态,管理用户等。

7.3.5.4 Ntrip Client(客户端)

客户端安装在用户 GPS 接收机设备系统内,如 Pocket PC。客户端首先向集中交换服务器提交请求并下载最新的数据表,认证通过后,根据客户端选择的挂载点,集中交换服务器将其与对应的源服务器连接起来。

客户端主要实现两方面的功能:一个是从 GPS 接收机端获取 NMEA0183 信息,将其发送给服务器并分析 NMEA0183 信息显示给用户;另一个就是从服务器获取对应的 RTCM 电文,再发送给 GPS 接收机进行差分定位。

客户端程序可以分成 3 个主要模块来实现:通信模块、串口模块、用户接口模块。通信模块可以通过一个异步 Socket 通信类实现,串口模块通过写一个串口类来完成,在主调用程序中完成与用户的交互,调用基类完成工作,并响应基类事件。

客户端与集中交换服务器的连接按照 Ntrip 协议,当连接上服务器后首先要向服务器提交用户名和密码以及挂载点(来自源信息表),握手成功后,即可向服务器发送 NMEA0183 信息以返回对应的 RTCM 电文。如果挂载点错误或者不发送挂载点,服务器会向客户端发送当前服务器上所有的源信息表,让客户端连接正确的挂载点。

7.3.5.5 Source Table(数据资源表)

Ntrip Caster 内实时跟踪各种数据源信息,并生成最新的数据源表(Source Table),该表内不仅包含数据源信息,而且包含数据源网络信息以及其他广播数据元信息,并为每个数据源设定唯一的挂载点标识,且每个数据源仅能属于唯一的数据源网络。

7.4 综合误差内插法(CBI)技术

综合误差内插法(简称 CBI)基本思想是在基准站计算改正信息时,不对电离层延迟、对流层延迟等误差进行区分,也不将各基准站所得到的改正信息都发给用户,而是由监控中心统一集中所有基准站观测数据,有选择地计算和播发用户的综合误差改正信息。该技术利用卫星定位误差的相关性计算基准站上的综合误差,并内插出用户站的综合误差。在电离层变化较大的时间段和区域内,应用 CBI 技术较有优势。

采用综合误差内插法的网络 RTK 技术有以下 3 个步骤:

(1)基准站间双差模糊度的确定。基准站间双差模糊度确定分 3 步进行:①宽巷模糊度确定,即对应载波相位宽巷组合的模糊度解算;②窄巷初始模糊度确定,即对应载波相位宽巷组合的模糊度解算;③原始载波模糊度确定,即对应载波相位观测值的模糊度解算。

(2)流动站误差的计算。在基准站之间的双差模糊度确定之后,即可计算出厘米级精度的各种双差误差。根据流动站在所处的由基准站组成的三角形中的位置,即可内插出流动站的综合误差。

(3)流动站双差模糊度的确定。采用分布消元法确定流动站的双差模糊度,从而解算得到流动站的厘米级精确坐标。分步消元法首先消去坐标未知数,仅留下整周模糊度未知数。确定双差模糊度的过程是利用与各种系统误差无关的组合观测值联合宽巷观测值组成方程求解浮点解,再使用 LAMBDA 方法搜索模糊度。当宽巷模糊度确定后,再利用宽巷模糊度确定 φ_1 和 φ_2 模糊度。

分步消元法的优点在于充分利用宽巷观测值波长,电离层影响和噪声相对较小的优点,有利于快速确定整周模糊度。消去动态定位中时刻变化的坐标参数后,方程未知数大大减少,有利于解方程,采用卡尔曼滤波或者序贯最小二乘来动态确定模糊度。

在 RTK 中通常采用双差观测值。其观测方程可写为:

$$\lambda \times \Delta\nabla\varphi = \Delta\nabla\rho + \Delta\nabla d\rho - \lambda \times \Delta\nabla N - \Delta\nabla d_{\text{ion}} + \Delta\nabla d_{\text{trop}} + \Delta\nabla d_{\text{mp}}^{\varphi} + \varepsilon_{\Delta\nabla\varphi} \tag{7-1}$$

式中,$\Delta\nabla$ 为双差算子(在卫星和接收机间求双差);φ 为载波相位观测值;$\rho = \| X^s - X \|$ 为卫星至接收机间的距离,其中 X^s 为卫星星历给出的卫星位置矢量,X 为测站的位置矢量;$d\rho$ 为卫星星历误差在接收机至卫星方向上的投影;λ 为载波的波长;N 为载波相位测量中的整周模糊度;d_{ion} 为电离层延迟;d_{trop} 为对流层延迟;d_{mp}^{φ} 为载波相位测量中的多路径误差;$\varepsilon_{\Delta\nabla\varphi}$ 为载波相位观测值的测量噪声。

对基准站而言,可将式(7-1)改写为下列形式:

$$\lambda(\Delta\nabla\varphi + \Delta\nabla N) - \Delta\nabla\rho = \Delta\nabla d\rho - \Delta\nabla d_{\text{ion}} + \Delta\nabla d_{\text{trop}} + \Delta\nabla d_{\text{mp}}^{\varphi} + \varepsilon_{\Delta\nabla\varphi} \tag{7-2}$$

式中,$\lambda(\Delta\nabla\varphi + \Delta\nabla N)$ 是由两个基准站上的载波相位观测值组成的双差观测值;$\Delta\nabla\rho$ 为已知的双差距离值,可由卫星星历给出的卫星坐标与已知的基准站坐标求得。为叙述方便,我们设定

$$\lambda(\Delta\nabla\varphi + \Delta\nabla N) - \Delta\nabla\rho = \sigma_\rho \tag{7-3}$$

从式(7-3)可以看出,σ_ρ 是由 $\Delta\nabla d_{\text{mp}}^{\varphi}$,$\varepsilon_{\Delta\nabla\varphi}$ 以及求双差后仍未完全消除残余的轨道偏差 $\Delta\nabla d\rho$、残余的电离层延迟 $\Delta\nabla d_{\text{ion}}$、残余的对流层延迟项 $\Delta\nabla d_{\text{trop}}$ 组成的。其中 $\Delta\nabla d_{\text{mp}}^{\varphi}$ 和 $\varepsilon_{\Delta\nabla\varphi}$ 与两站间的距离 D 无关。但通过选择适当的站址,采用扼流圈天线,可将 $\Delta\nabla d_{\text{mp}}^{\varphi}$ 控制在较小的范围内,通过选择高质量的接收机可将 $\varepsilon_{\Delta\nabla\rho}$ 控制在很小的范围内。$\Delta\nabla d\rho$、$\Delta\nabla d_{\text{ion}}$、$\Delta\nabla d_{\text{trop}}$ 则与测站间的距离有关。当距离较短时,这 3 项误差的影响一般皆可忽略不计,因而即使只用一个历元的观测值也可获得厘米级的定位精度。但随着距离的增加,这 3 项误差的影响将越来越大,从而使定位精度迅速下降,这充分说明,在中长距离实量动态定位中与距离有关的误差占据了主导地位。为此,为了在中长距离实时定位也能获得厘米级的定位精度,需要设法消除或大幅度削弱上述 3 项误差的影响。如果近似认为 σ_ρ 是线性变化,那么就能根据基准站上求得的 σ_ρ 进行线性内插,求得流动站的 σ_ρ,然后对双差载波相位观测进行修正,消除其影响。具体方法如下:

(1)各基准站实时地将接收到的观测资料如导航电文、载波相位观测值、伪距观测值及气象数据等,通过数据传输系统送到数据处理中心。

(2)流动站进行单点定位(导航值即可),将自己的三维坐标实时传送到数据处理中心。

(3)数据处理中心根据动态用户的近似坐标(定位结果)判断流动站位于那 3 个基准站组成三角形内,并求出流动站至这 3 个基准站的距离。若流动站至某一基准站小于规定值(如 5km),则按常规 RTK 进行,否则转入下一步进行内插。

(4)设流动站位于 ABC 三基准站组成的三角形内,流动站距离基准站 A 最近,则取 A 点作为计算中的参考点。基准站 B 和 C 分别与 A 组成双差观测值。

$$\begin{aligned}\Delta\nabla\varphi_{AB}^{ij} &= \nabla\varphi_B^{ij} - \nabla\varphi_A^{ij} = \varphi_B^i - \varphi_B^j - \varphi_A^i + \varphi_A^j \\ \Delta\nabla\varphi_{AC}^{ij} &= \nabla\varphi_C^{ij} - \nabla\varphi_A^{ij} = \varphi_C^i - \varphi_C^j - \varphi_A^i + \varphi_A^j\end{aligned} \tag{7-4}$$

式中,∇ 为在卫星间求单差的算子符;i、j 为卫星号。

利用由卫星星历所给出的卫星在空间的位置及已知的基准站坐标,求得双差距离值 $\Delta\nabla\rho$ 并确定整周模糊度 $\Delta\nabla N$ 的值后,即可求得:

$$\begin{aligned}\sigma_{\rho AB}^{ij} &= \lambda(\Delta\nabla\varphi_{AB}^{ij} + \Delta\nabla N_{AB}^{ij}) - \Delta\nabla\varphi_{AB}^{ij} \\ \sigma_{\rho AC}^{ij} &= \lambda(\Delta\nabla\varphi_{AC}^{ij} + \Delta\nabla N_{AC}^{ij}) - \Delta\nabla\varphi_{AC}^{ij}\end{aligned} \tag{7-5}$$

(5)将基准站 A 作为参考点,则有:

$$\left.\begin{aligned}\sigma_{\rho AB}^{ij} &= a_1(X_B - X_A) + a_2(Y_B - Y_A) \\ \sigma_{\rho AC}^{ij} &= a_1(X_C - X_A) + a_2(Y_C - Y_A)\end{aligned}\right\} \tag{7-6}$$

解得系数 a_1 和 a_2 后,即可求得流动站在 k 处:

$$\sigma_{\rho k}^{ij} = a_1(X_k - X_A) + a_2(Y_k - Y_A) \tag{7-7}$$

(6)数据处理中心将内插值 $\sigma_{\rho Ak}$ 实时播发给动态用户后,动态用户就能利用这些 $\sigma_{\rho Ak}$ 值对双差观测值进行改正。改正后的双差改正数 $\Delta\nabla\varphi_{Ak}$ 为:

$$\Delta\nabla\varphi_{Ak} = \Delta\nabla\varphi_{Ak} + V_{\Delta\nabla\varphi} = \Delta\nabla\varphi_{Ak} - \sigma_{\rho Ak} \tag{7-8}$$

由于轨道偏差 $\Delta\nabla d\rho$、电离层延迟的残余误差 $\Delta\nabla d_{\text{ion}}$、对流层延迟的残余误差 $\Delta\nabla d_{\text{trop}}$ 等得以消除或大幅削弱,故用改正后的双差观测值 $\Delta\nabla\varphi_{Ak}$ 来进行相对定位可获得较高精度的位置。

7.5 区域改正参数(FKP)技术

区域改正参数(FKP)方法是由德国最早提出来的。该方法基于状态空间模型(State Space Model,SSM),其主要过程是数据处理中心首先计算网内电离层和几何信号的准确度影响,再把准确度影响描述成南北方向和东西方向区域参数,然后以广播的方式发播出去,最后流动站根据这些参数和自身位置计算准确度改正数。

FKP 技术的特点是估计各个参考站上的非差参数,通过参考站非差参数的空间相关误差模型计算流动站的改正数,从而实现实时精确定位。利用该技术实现 RTK 的步骤为:

(1)从连续运行参考站传输原始数据到数据 AC。

(2)AC 使用卡尔曼滤波估计所有非差状态参数(包括对流层延迟、电离层延迟、卫星星历误差、潮汐效应、多路径效应、接收机钟差、卫星钟差、相对论效应误差)。

(3)对所估非差状态参数中的对流层延迟、电离层延迟、潮汐效应和卫星星历误差进行空间相关误差建模,估计流动站上的非差空间相关误差。

(4)利用流动站上的非差空间相关误差计算区域改正数。

(5)将区域改正数发送到流动站,流动站即可进行精密定位。

FKP 技术的独立解算单元为单参考站,即只形成参考站上的非差观测方程,非差载波相位观测方程中的状态参数和状态转移模型见表 7-9。

FKP 技术使用卡尔曼滤波估计上述非差参数,当模糊度固定后(最优整数估值,不需要很高置信度),则参数估值如下:

$$\hat{x} = \begin{bmatrix} \hat{T}_k^i & \hat{I}_k^i & \hat{o}_k^i & \hat{t}_k^i & \hat{M}_{j,k}^i & \hat{dt}_k & \hat{dT}^i & \hat{r}^i \end{bmatrix}^T \tag{7-9}$$

表 7-9　FKP 技术使用的函数模型和随机模型

参数	函数模型	随机模型
卫星钟差	2 次多项式	白噪声过程
轨道误差	—	一阶高斯马尔可夫过程
电离层延迟	单层模型,每颗卫星一个参数	一阶高斯马尔可夫过程
对流层延迟	Hopfield 模型,映射函数可使用 NMF 模型	一阶高斯马尔可夫过程
多路径效应	高度角相关加权	一阶高斯马尔可夫过程
接收机钟差	—	白噪声过程
相对论效应误差	相对论效应模型	一阶高斯马尔可夫过程
潮汐效应误差	潮汐模型	一阶高斯马尔可夫过程
观测噪声	—	白噪声过程
整周模糊度	固定后为常数	—

FKP 使用重新定义的 RTCMTYPE59 格式发送上述参数,使用 TYPE3 发送参考站坐标。流动站接收到差分信息后,即可建立空间相关误差区域模型,计算本站上的非差空间相关误差:

$$\hat{\vartheta}_u^i = F_\vartheta(\hat{\vartheta}_1^i, \cdots, \hat{\vartheta}_n^i, \vec{R}_1, \cdots \vec{R}_n, \vec{R}_u) \tag{7-10}$$

式中,ϑ 为空间相关误差(包括对流层延迟、电离层延迟、轨道误差和潮汐效应);$\vec{R}$ 表示观测站位置向量;F_ϑ 为对应的空间相关误差区域(内插)模型。

则改正数可以写为:

$$fkp_{j,u}^i = \hat{T}_u^i - \hat{I}_{j,u}^i + \hat{O}_u^i + \hat{t}_u^i + \hat{M}_{j,u}^i + c \cdot d\hat{T}^i + \hat{r}^i \tag{7-11}$$

式中,I 为第 j 个频率上的电离层延迟,流动站多路径效应为各参考站多路径效应的加权平均值。

则观测方程为:

$$\lambda_j \varphi_{j,u}^i - fkp_{j,u}^i = R_u^i + \lambda_j N_{j,u}^i + c \cdot dt_u + \varepsilon \tag{7-12}$$

可以看出,流动站待估量为流动站位置、接收机钟差和模糊度,其中接收机钟差可以通过星际单差予以消除。使用多颗卫星联立即可估计流动站精确位置。FKP 技术难点在于待估参数太多,各参数函数模型和随机模型不可能得到十分准确的建立,所以估计的参数的精度较低。Geo++公司的 NRTK 软件 GNSMART™ 使用的是这种技术。

7.6　虚拟参考站技术

随着现代高科技的发展,国外在 20 世纪 90 年代提出了 GPS 网络 RKT 技术,即虚拟参考站技术(Virtual Reference Station,VRS),较好地克服了常规 RTK 技术存在的缺陷。虚拟参考站技术是通过多个基准站的大气误差来建立区域大气误差模型,可以有效地消除长距离动态定位中的大气传播误差。实现过程分为 3 步:①系统数据处理和控制中心完成所有参考站的信息融合和准确度源模型化；②流动站在作业的时候，先发送概略坐标给系统数据处理和控制中心，系统数据处理和控制中心根据概略坐标生成虚拟参考站观测值，并回传给流动站；③流动站利用虚拟参考站数据和本身的观测数据进行差分，得到高准确度定位结果。

7.6.1 VRS 的原理

虚拟参考站技术是网络 RTK 技术的一种。其原理是在用户流动站附近建立一个虚拟的参考站，并根据周围各网络内所有参考站上的实际观测值算出该虚拟参考站上的虚拟观测值。由于虚拟观测站与流动站距离较近（通常为几米），故在建立了虚拟参考站以后，动态用户采用常规 TRK 技术，可以通过与虚拟参考站进行实时相对定位获得较为精确的定位结果。从用户角度分析，上述原理相当于用户接收从一个假设的"虚拟参考站"发出的模拟参考站数据（包括参考站的载波相位观测值以及参考站的精确坐标）并进行 RTK 解算，因此把上述技术称为虚拟参考站技术。

在虚拟观测参考站技术中，需要用到动态用户的概略坐标。即动态用户需要首先根据伪距观测值和广播星历进行单点定位，将定位结果作为流动站的概略坐标实时传输给数据处理中心，数据处理中心在该概略位置建立一个虚拟参考站。限于 GPS 单点定位精度，虚拟参考站与流动站实际位置可能相距 1m 到 20m。

上述概念适用于相对静态用户或仅在小区域范围活动的用户，因为在整个 VRS 定位过程中仅给出一个流动站概略位置，即 VRS 位置保持不变。但是对于高动态用户或者活动范围较大的流动用户（如汽车和飞机）而言，随着流动站与初始 VRS 参考站间的实际距离的增大，仍然会产生系统误差相关性减少的现象，残余的误差会影响整周模糊度的解算以及流动站与 VRS 间基线的定位精度。因此不仅需要用户不断更新自己的概略位置，VRS 位置也需要更新，即沿着用户运动轨迹运动。

为了缩短虚拟参考站与流动站之间的距离，可以采用伪距差分的方法提高流动站概略坐标的精度，即利用参考站上的伪距观测值对单点定位结果进行一次差分改正。这样，如果把虚拟参考站设在差分改正后的位置，虚拟参考站与流动站之间的实际距离通常仅为几米。虚拟参考站与流动站间距离的减少有助于定位精度的提高，但是采用伪距差分法需要数据处理中心必须在每个观测历元为每个动态用户建立一个虚拟参考站，这增大了数据处理中心的计算以及数据传输负担，同时增大了系统实施的难度和复杂度，因此在流动用户较多时，虚拟参考站定位技术不易使用。目前，我国采用 VRS 技术的主要是一些大城市，如北京、天津。

7.6.2 VRS 的差分系统

控制中心、参考站可以通过互联网连接，并在各个站运行相应的数据传输软件，这样 GNSS 差分数据可以通过互联网在虚拟参考站网中进行传送，从而实现了基于网络的差分系统。其实质是利用现代计算机网络技术将分布在各地的参考站互联，由控制中心进行数据处理后发送给用户；用户在控制中心注册后，以网络终端的方式与系统服务中心联网，网络客户端以交互方式得到系统的信息服务。

参考站接收机与数据处理中心之间的连接可通过以下 3 种方式：

(1)通过调制解调器直接连到中心处理器的 RS-232 接口。

(2)通过 DSL 把 Modem 连接到路由器,路由器通过局域网连接到数据处理中心。

(3)参考站与数据处理中心可通过光缆直接连接。数据处理中心对来自参考站的数据进行分析、编辑和处理,并以 RINEX 格式存储数据,形成由基准站坐标、基准站参数、伪距改正数、载波相位改正数等信息组成的 RTCM 电文以无线方式发给用户。

7.6.3 VRS 的技术特点

(1)VRS 修正区分误差和观测值修正,分别估计电离层、对流层模型,可能与不同类型仪器流动站所使用的模型相冲突。

(2)对于连续 RTK,流动站不知道真实参考站的坐标,只知道"移动的"虚拟参考站的坐标。

(3)一般情况下,流动站需要通过 NMEA 格式把它的点位信息发送给中央控制站,如果需要借助于 GSM 等类型的双向数据通信装置,流动站个数则受到限制。

(4)误差估计基于基线解。

(5)利用距离用户最近的 3 个参考站采集的同步观测值进行差分处理,每个三角形产生一组区域改正参数。

(6)模型建立在单站的基础上,结合所在三角形的信息,在流动站点位附近生成一个"虚拟参考站"。

(7)VRS 数据能够通过正常的 RTCM 信息发送给流动站。

7.6.4 VRS 工作流程

(1)各个参考站将采集的观测数据实时传送至数据处理中心,这些数据包括导航电文、载波相位观测值、测码伪距观测值以及气象文件等。

(2)数据处理中心解算 GPS 参考站网内各条基线的载波相位整周模糊度,并利用参考站网中各个基站的观测数据计算每条基线上的各种误差,并建立各误差的相关改正模型。

(3)流动站用户将单点定位获得的概略坐标发送给数据处理中心,数据中心利用建立的误差模型并结合用户、基站和 GPS 卫星的相对几何关系,通过内插计算每一颗 GPS 卫星到用户之间不同路径上各误差源引起的误差。

(4)数据处理中心就在该位置创建一个虚拟参考站(VRS),与用户站构成短基线差分。通过内插得到该虚拟参考站上的各种误差改正数,并按差分信息模式发送给流动站;用户可以把虚拟基准站当作普通基准站使用;对于实时用户,控制中心以 RTCM 格式发送由虚拟基准站得到的差分数据给用户,对于后处理用户,虚拟基准站的数据可以按照 RINEX 格式存储。

(5)流动站与 VRS 构成短基线进行解算。流动站接收到数据中心发送的虚拟参考站差分改正信息或者虚拟参考值(虚拟基准站的观测值是由控制中心模拟的),进而进行差分解算得到自己的精确位置。

整个服务器的运行流程如图 7-3 所示。

7.6.5 VRS/RTK 中的 RTCM 差分改正信息

在多基站网中,数据中心实时接收各参考站的原始观测数据,一旦接收到由流动站发来的

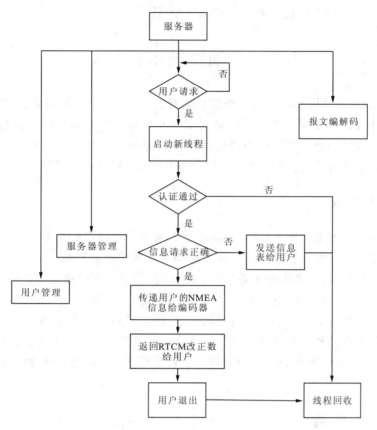

图 7-3 VRS 整个服务器的简化运行流程图

概略坐标,即在此坐标处生成一个 VRS,同时利用参考站精确已知的坐标和参考站实时观测数据来对 VRS 与各颗卫星的路径上的对流层延迟和电离层延迟建模,并生成 VRS 的虚拟观测值或者直接把 VRS 虚拟观测值改正数发送给用户站,从而实现高精度实时定位。改正数通常采用 RTCM 格式,在 RTCM 标准中,Type18/19、Type20/21 是一组用于实时高精度动态测量与定位的专用电文,Type18 提供载波相位原始观测量,Type19 提供原始伪距观测量。这两组观测量均未进行任何改正,是基准站观测的原始数据,供 RTK 应用;Type20 提供 RTK 载波相位改正数,Type21 提供 RTK 伪距改正数。这两组电文是由基准站的已知精确坐标计算出来的,供载波相位差分应用。在电文中采用适当的标志来识别 L1、L2 电离层差改正、载波相位和伪距数据,其中 L2 载波相位为全波或半波,电离层差改正是由 L1 的 CA 码或 P 码载波计算的,伪距是由 CA 码或 P 码组成的。

7.6.6 线性内插法

VRS 线性内插方法与 CBI 一样,利用基站网中的基准站组成双差观测方程(见本章第 3 节),求得改正数发给 RTK 用户。

流动站采用单点定位求出自己的概略位置并传送到数据处理中心,数据处理中心根据近似坐标判断流动点位于由哪 3 个基准站组成的三角形内。当流动站距离某一基准站的距离小于规定值时,采用常规 RTK 技术处理,否则进行内插。

7.7 主辅站技术(MAC)

主辅站技术(MAC)是由瑞士徕卡测量系统有限公司基于"主辅站概念"推出的新一代参考站网软件 SPIDER 的技术基础。主辅站技术的基本概念就是从参考站网以高度压缩的形式,将所有相关的、代表整周模糊度的观测数据,如弥散性的和非弥散性的差分改正数,作为网络的改正数据播发给流动站。它是 RTCM3.0 版网络 RTK 信息的基础。

7.7.1 基本原理

主辅站技术工作的基本原理(图 7-4)就是将网内参考站之间的相位距离归算到一个公共的整周模糊度水平。如果相对于一对参考站和某一颗观测卫星而言,参考站之间相位距离的整周模糊度已经被消去,或者被平差过(也就是站间单差整周模糊度可以确定),那么在组成双差观测方程时,整周模糊度就被消除了。这个时候,我们就称这一对参考站具有一个公共的整周模糊度水平。网络处理中心在进行主辅站定位时,其首要任务就是将网络(或子网络)中所有参考站相位距离的整周模糊度归算到一个公共的水平。在获取参考站间单差整周模糊度后,就可以为每一对参考站和观测卫星对每一个频率计算其弥散性和非弥散性的差分改正数。

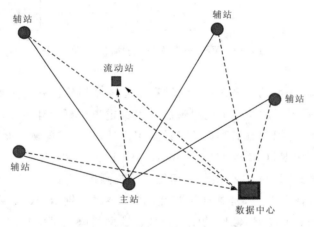

图 7-4 主辅站技术工作原理图

主辅站技术的一大特点就是降低了以往在参考站网络中发播差分改正数据的信息量,主辅站技术通常选择网络(子网)中的一个参考站作为主参考站,发送其中一个参考站作为主参考站的全部改正数及坐标信息,对于网络中的所有其他参考站,即所谓辅参考站,播发的是相对于主参考站的差分改正数及坐标差。主站与每一个辅站之间的差分信息从数量上来说要少得多,而且,能够以较少数量的比特来表达这些信息。差分改正信息可以被流动站简单地用于内插用户所在点位的准确度,或重建网络中所有参考站的完整改正数信息。因此,主辅站概念完全支持单向的数据通信,而且不会影响流动站的定位性能。播发数据所需的带宽可以进一步减少,具体方法就是把改正数分解为两个部分:弥散性的和非弥散性的。弥散性的准确度是直接相应于某载波频率的,而非弥散性的准确度则对所有的频率来说都是相同的。由于频率相关的电离层准确度是已知的,因而对所有频率(L1,L2,L5),它可以表达成完全的改正数。另外,由于我们知道对流层及轨道准确度是随时间缓慢变化的,因此非弥散性的部分不必以弥散的准确度那样高速率播发,因而可以进一步降低提供网络改正数所需要的带宽。主辅站方法为流动站用户提供了极大的灵活性,能够对网络改正数进行简单的、有效的内插,或取决于它的处理能力,进行更严格的计算。

对于用户来说,主参考站并不要求是最靠近的那个参考站,尽管那样会更好一些。因为它仅仅被用来简单地实现数据传输的目的,而且在改正数的计算中没有任何特殊的作用。如果由于某种原因,主站传来的数据不再具有有效性,或者根本无法获取主站的数据,那么,任何一个辅站都可以作为主站。在任何时候,RTCM 3.0 版主辅站网络改正数都是相对于真正的参考站的,因此也是完全可以追踪的。主辅站改正数包含主站的全部观测值,所以流动站即使无法解读网络信息,它仍然可以利用这些改正数据计算单基线解。

主辅站技术的优势在于支持单向和双向通信,克服 VRS 和 FKP 技术的缺点(如误差模拟不完善,仅仅使用 3 个最近的参考站的信息生成网络改正数据、需要双向通信、数据量大等问题),成为网络 RTK 的发展目标。该技术为流动站用户提供了极大的灵活性,能够对网络改正数进行简单的、有效的内插,对流动用户的数量也不限制,提供网络数据是相对于真实的参考站,不是虚拟的,流动站可以获取参考站网的所有有关电离层和几何形态误差的信息,并以最优化的方式利用这些信息,增强了系统和用户的安全性。

7.7.2 主辅站关键技术

从主辅站技术基本原理中可以看出,其关键技术有 3 点:一是公共的整周模糊度的确定;二是"子网"概念;三是弥散性和非弥散性的差分改正数确定。

7.7.2.1 公共整周模糊度确定

双差整周模糊度的正确解算是常规 RTK 方法获取高精度定位的关键。同样的,网络模糊度(公共整周模糊度)的成功解算也是网络 RTK 中流动站获取高精度定位的关键。假设网络解算软件已经解出所有站间基线的单差模糊度,则可以从原始的观测量中减去一个公有的模糊度值,此时就可以称网络中每条基线上两个测站对每颗观测卫星的单差整周模糊度都达到了一个公共的水平。如图 7-5 所示,假设主参考站 M 和辅助参考站 A 所连成的基线上,所有的单差整周模糊度都已求得,即是已知的,此时可以选择一颗卫星作为参考星(通常选择仰角最高、可观测时段最长的卫星),主辅站对参考星的单差整周模糊度为 ΔN_{MA}^{ref},那么其他的单差模糊度就都可以表示为与 ΔN_{MA}^{ref} 有关的值,即 $\Delta N_{MA}^{j} = \nabla \Delta N_{MA}^{ref,j} + \Delta N_{MA}^{ref}$,如图 7-5 所示,由于双差模糊度 $\nabla \Delta N_{MA}^{ref,j}$ 都是在同一条水平线上生成的,因此在主辅站概念中就把这一过程称为公共整周模糊度水平的产生。

在两个参考站的情况下,对一对卫星同一频率的观测量可能只有一个正确的双差整周模糊度,这一整周模糊度值此后就被固定下来。然而改正误差是被定义为关于两个观测站的单差值,因此参考整周模糊度的选择是任意的,但是对所有卫星来说是公共的,它可以像钟差一样在求差的过程中消掉(图 7-5)。传入一周的参考站整周模糊度将会提高公共模糊度水平

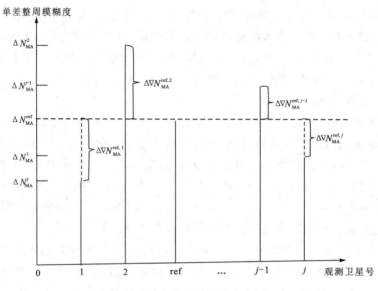

图 7-5 公共整周模糊度水平

一周。考虑到这是一个多参考站网络,如果这些模糊度相对于一个被认为是主参考站的站点可以移除,则这个网络中的所有参考站就处于一个相同的模糊度水平,而且当所有站点处于一个相同的整周模糊度水平时则认为它们处于同一个子网内。

子网形成以后,流动站的接收机就能接收所需的完整信息,并确定怎么应用这些信息。其中一种操作是从网络 RTK 模式转回常规 RTK 模式的单差方法。当流动站处理主站传来的所有观测数据以及主站和各辅站间的差分改正数据时,流动站的接收机能重建任一个参考站相对于主参考站的载波相位观测,从而利用单差的方法来计算流动站的位置。另一种操作方法是充分利用网络信息的优势,流动站的接收机将对接收到的部分或全部辅助参考站的改正进行空间内插,从而获得它自己相对于主参考站的改正,然后解算它自己和主参考站间的模糊度并计算流动站的位置。

7.7.2.2 网络与子网

引入"子网"概念是为了向用户传达这样一层意思:在网络中,并不是所有的参考站都普遍地处于一个相同的整周模糊度水平,整个网络中用户使用了一部分参考站,这一部分参考站组成的网称为"子网"。通常,一个网络被定义为可能共视同一组卫星并可能形成一个公共模糊度水平的一个参考站群。如果一个网络所表现出来的特点是站间距离太长,在此基础上可能无法解算整周模糊度,那么这个网络就应该分成两个或两个以上的子网。这里并不是把一个网络分成若干子网,而是根据解算整周模糊度实际情况进行划分。如果两个相邻参考站的模糊度不能解算,那么可以将这两个站分配到 2 个子网,每个子网有自己的 ID 号。若这两个相邻站的模糊度都能解算了,那这 2 个子网又可合成一个网,因此,子网的形成是不固定的,且与参考站的观测数据质量有关。

一个网络通常是由若干个标示着子网 ID 号的子网组成。当一个网络无法达到公共的模糊度水平时,才将这个网络分成几个子网。每一个子网通常拥有至少一个主参考站,网中其他站则为辅助参考站。通常网络和子网可以相互交叠,当网络遇到问题使其无法维持所有参考站间的公共模糊度水平,即一个均匀的整周模糊度解算崩溃了,那么这个网络就会分成两个子网。若还不能构成公共模糊度水平,则再分,直到能解算出整周模糊度,得到公共模糊度水平为止。

多个子网可能导致流动站终端的重新初始化。流动站工作时,从一个子网到另一个子网,若两个子网的公共模糊度水平不同,流动站就必须重新初始化它的进程并重设它的整周模糊度,于是就导致了定位中断。

为了能够提供一个连续的网络 RTK 服务,服务提供者不应该让网络解算软件频繁初始化,在实际应用中最好是一周初始化一次,甚至更长的时间进行一次初始化。通常网络解算观测卫星仰角都在 15°以上的网络的模糊度不会花费很长时间,会很快得到一个均匀的解算,从而在网络中构建好一个子网。此外,模糊度的成功解算与网络的大小有关,即与参考站之间的距离有关。

7.7.2.3 弥散性误差和非弥散性误差

电离层是一种弥散介质。在某种意义上,电离层误差与载波频率的平方成反比,而对流层误差和轨道误差对所有频率 L1 和 L2(包括未来的 L5)的差分改正来说是相同的。因此,可以将差分改正分成两个部分:也就是弥散性和非弥散性的部分,将它们分别命名为载波相位电离层差分改正(Ionospheric Carrier Phase Correction Difference,ICPCD)和载波相位几何差分改正(Geometric Carrier Phase Correction Difference,GCPCD)(RTCM,2004b)。

形成 ICPCD 和 GCPCD 有一个好处,这一好处是来自它们在时间方面的不同特性。Wanninger(1999)曾指出在中纬度地区弥散部分的改正能达到每分钟 1.5×10^{-6},而非弥散部分的改正只有每分钟 0.1×10^{-6}。这意味着弥散部分的变化比非弥散部分的变化更快。此外,海事无线电技术委员会成员完成的一份调查显示了对 3 种误差影响的最大容忍程度:轨道误差的影响是 120s,对流层误差的影响是 30s,电离层误差的影响是 10s。这说明了电离层误差是最需要被及时更新的。这一个差异的调查为将弥散性和非弥散性部分按不同速率传播这一想法提供了支持。因此,将差分改正分成两个部分可以提高传输带宽的利用率,非弥散部分将以较弥散部分低的速率来传播,也就是说非弥散部分不需要那么高的更新频率。

简单地说,网络 RTK 中定义的标准的差分改正数就是 ICPCD 和 GCPCD,它们不仅减小了对流动站的传输数据量,它们更是实现网络 RTK 必不可少的元素。

7.7.3 主辅站技术的特点与优势

主辅站技术是新一代网络 RTK 的基础,其差分改正的协议采用的是 RTCM 3.0 版以上格式。该技术克服了以往使用的网络 RTK 技术的缺点(如 VRS 采用最近的 3 个参考站生成差分改正信息;必须采用双向通信模式;差分改正数据量大而且不够简洁;空间相关误差模型不完善等),逐渐成为网络 RTK 技术的标准模式,而且主辅站技术可以采用单向数据通信,使客户端的应用更加便捷,且网络中流动站的数量不受限制。"主辅站概念"是徕卡公司为解决旧差分标准带来的各种问题而提出的理论,徕卡公司已将其实际应用于新一代参考站网络处理软件中。该软件功能多样,结构灵活,其设计基于模块化,可根据不同的网络需求进行网络处理软件的定制,且安全性高。"主辅站改正方案"基于最新的 MAX 专利技术,支持主参考站和流动站之间单向通信模式,其简洁高效的电文格式也可以大大减小网络中的数据传输量。与以往一些网络 RTK 技术不同,主辅站技术中的主参考站不一定是离流动站最近的站,当主参考站发生故障时,辅助参考站可以自动成为主参考站,主辅站技术不是虚拟的,而是依靠真实的参考站数据提供网络解算。除此之外,主辅站技术还具有许多优点。现将主辅站技术的优点归纳如下。

7.7.3.1 对于网络 RTK 服务提供者

(1)所需测站减少,较经济,减少投资。
(2)舒适地进行中心化的网络控制。
(3)具有数据处理冗余度,可靠性高。
(4)对 GPS 数据流和服务具有保护功能,安全性高。
(5)可升级以便扩展覆盖范围。
(6)模块化设计以便增加额外的产品服务项目。
(7)具通用性,适合多用途。
(8)全球性服务于无数量限制的用户。
(9)投资效益比高,支持投资回报,获取收益。

7.7.3.2 对于 RTK 流动站用户

(1)较经济,无需流动的野外参考站,仅需流动站接收机的投资。
(2)更快地投入作业,从而降低了生产成本。
(3)可靠的、没有间断的服务。

主辅站技术是一种非差处理算法,它基于连续运行参考站网络,支持多种卫星导航系统。徕卡公司将著名的 LAMBDA 算法以及卡尔曼滤波方法和 SmartCheck 技术结合起来应用到主辅站软件中,可以提供真正的网络解算,而不是像其他软件那样的多基线解算。主辅站技术不仅仅代表了一种新的数据格式,更重要的是,它是第二代网络 RTK 方案的核心和全部。与现有的网络 RTK 技术相比,主辅站技术不仅在性能上有所提高,而且它具有更高的可靠性和安全性,在应用中表现得更加灵活。在主辅站应用中,参考站网络观测到的所有弥散性误差和非弥散性误差的信息都可以被流动站获取,网络处理中心能够以最优化的方式为流动站选择主辅站单元。流动站用户处理网络差分改正信息的手段也更加灵活,可以真正地进行多基线定位。另外,单向通信模式也使网络中的用户数量不再受限。

流动站用户在采用主辅站技术时具有更高的可操作性,能够自由地选择网络差分改正的处理方式。对流动站而言,主参考站的位置并不需要离流动站最近,因为主参考站在差分改正数的计算中没有其他任何帮助,仅仅是用来向流动站提供数据传输。在参考站网络中,主参考站由于信号遮挡或硬件故障等原因无法完成数据传输任务时,其他的辅助参考站就会承担起主参考站的职责,维持网络中的连续服务。主辅站的差分改正中包含了主参考站的全部信息,不是虚拟观测值,是真实且可以追踪的,因此即便流动站用户无法接收网络中的服务信息,它依然可根据主参考站数据完成单基线解算。在主辅站技术的应用中,对流动站端的设备有了更高的要求,使流动站可以获取参考站网中所有弥散性误差和非弥散性误差的信息,并对这些信息进行优化处理,增强了系统和用户之间的安全性和可靠性。

7.7.4 主辅站技术的数学模型

7.7.4.1 观测方程

(1)基本观测方程。主辅站技术是网络 RTK 技术的一种,而 RTK 是基于载波相位观测值的测量技术,所以主辅站技术的基本观测方程本质上就是卫星载波相位观测方程。通常地,网络解算软件会在子网中配置一个主参考站,其他所有参考站则被认为是辅助参考站。这里我们假设有主参考站 M,辅助参考站 A,被观测卫星编号 j,卫星所用的载波有 L1 和 L2。则参考站 A 在历元 t 对卫星进行载波相位测量的观测方程为:

$$\varphi_A^j(t) = \rho_A^j(t) - d_{ion}^j(t) - d_{trop}^j(t) + d_{mp}^j(t) + c \times dt_A - c \times dt^j + \varepsilon_{\Delta\nabla\varphi} + \delta r - \delta p_{rec} + \lambda \times N_A^j \quad (7-13)$$

式中,$\varphi_A^j(t)$ 为参考站 A 在历元 t 对卫星 j 的载波相位观测量;$\rho_A^j(t)$ 为站星之间的几何距离;$c \cdot dt_A$ 为接收机钟差;$c \cdot dt^j$ 为卫星钟差;δr 为轨道误差;δp_{rec} 为天线相位中心偏差;N_A^j 为整周模糊度。

通常,连续运行参考站网中各参考站都是位置固定且坐标精确已知的。也就是说,可以假定天线相位中心偏差 P 为 0。同时,参考站接收机的安放位置都是经过仔细挑选的,以保证多路径效应的影响降到最低;此外,这些接收机的选取也有足够的质量保证,使它们的观测噪声一般都小于波长的 0.1%,所以公式(7-13)中多路径误差 m 和随机噪声 ε 也是可以被忽略的。

故公式(7-13)可简化为:

$$\varphi_A^j(t) = \rho_A^j(t) - d_{ion}^j(t) - d_{trop}^j(t) + c \times dt_A - c \times dt^j + \delta r + \lambda \times N_A^j \quad (7-14)$$

在实际应用中,控制中心的网络解算软件会构造双差观测量来估计每一对参考站和卫星之间的双差整周模糊度,这些双差模糊度则被用来求解站间单差的差分改正。

(2)站间单差观测方程。从上述观测方程中可以看出,观测量中包含了卫星定位中出现的各种误差。前文中提到,网络 RTK 的关键技术之一就是空间相关误差的建模,空间相关误差主要包括卫星轨道误差、电离层延迟、对流层延迟、多路径效应和观测噪声,消除或削弱这些误差影响的主要方法就是建立误差改正模型。但是模型通常都不是完美的,考虑到模型化时残差的影响,公式(7-14)又可以写为:

$$\varphi_A^j(t) = \rho_A^j(t) - [d_{ion,A}^j(t) + \delta d_{ion,A}^j(t)] - [d_{trop,A}^j(t) + \delta d_{trop,A}^j(t)] + c \times dt_A - c \times dt^j + \frac{\vec{r_A}}{|\vec{r_A}|} \delta \vec{r^j} + \lambda \times N_A^j \quad (7-15)$$

式中,$\delta d_{ion,A}^j(t)$ 为电离层模型残差;$\delta d_{trop,A}^j(t)$ 为对流层模型残差;$\vec{r_A}$ 为站星向量;$\delta \vec{r^j}$ 为广播轨道误差。

由公式(7-15)可得主参考站 M 的观测方程为:

$$\varphi_M^j(t) = \rho_M^j(t) - [d_{ion,M}^j(t) + \delta d_{ion,M}^j(t)] - [d_{trop,M}^j(t) + \delta d_{trop,M}^j(t)] + c \times dt_M - c \times dt^j + \frac{\vec{r_A}}{|\vec{r_A}|} \delta \vec{r^j} + \lambda \times N_M^j \quad (7-16)$$

将式(7-15)和式(7-16)相减就可以获得单差载波相位观测方程：

$$\Delta\varphi_{\text{MA}}^j(t) = \Delta\rho_{\text{MA}}^j(t) + c \times dt_{\text{MA}} - [d_{\text{ion,MA}}^j(t) + \delta d_{\text{ion,MA}}^j(t)] -$$
$$[d_{\text{trop,MA}}^j(t) + \delta d_{\text{trop,MA}}^j(t)] + \delta r_{\text{MA}}^j + \lambda \times \Delta N_{\text{MA}}^j \quad (7-17)$$

为了使差分改正部分更加直观，式(7-17)可写成：

$$\Delta\rho_{\text{MA}}^j(t) - \Delta\varphi_{\text{MA}}^j(t) + c \times dt_{\text{MA}} + \lambda \times \Delta N_{\text{MA}}^j = d_{\text{ion,MA}}^j(t) + \delta d_{\text{ion,MA}}^j(t) + d_{\text{trop,MA}}^j(t) +$$
$$\delta d_{\text{trop,MA}}^j(t) - \delta r_{\text{MA}}^j \quad (7-18)$$

我们所求的差分改正实际上就是站间单差观测量与站星几何距离、接收机钟差、整周模糊度的差值，即将公式(7-18)中等号右边的部分作为差分改正数传送给流动站，其中包含完整的单差电离层误差、单差对流层误差以及单差轨道误差。很明显，由于误差改正模型不够精确，残差也被传送给了流动站，这需要通过误差模型的精化来改善。

7.7.4.2 公共整周模糊度水平的产生

在实际情况中，整周模糊度通常是通过双差的方法来解算，考虑到公式(7-18)中需要的是单差整周模糊度，这里引入非差整周模糊度与单差、双差整周模糊度的关系式。

$$N_A^j = N_M^j + \Delta N_{\text{MA}}^j = N_M^j + \Delta N_{\text{MA}}^{\text{ref}} + \nabla\Delta N_{\text{MA}}^{\text{ref},j} \quad (7-19)$$

式中，M、A 为主参考站和辅助参考站编号；Δ 和 $\nabla\Delta$ 分别为单差、双差算子；N 为整周模糊度；j 为观测卫星编号；ref 为参考卫星编号。此时对应的双差观测方程为：

$$\nabla\Delta\varphi_{\text{MA},1}^{\text{ref},j}(t) = [\rho_A^j(t) - \rho_M^j(t)] - [\rho_A^{\text{ref}}(t) - \rho_M^{\text{ref}}(t)] + \lambda_1 \times \nabla\Delta N_{\text{MA},1}^{\text{ref},j} \quad (7-20)$$

将双差观测方程线性化后可得

$$\nabla\Delta\varphi_{\text{MA},1}^{\text{ref},j}(t) = [\rho_{A0}^j(t) - \rho_M^j(t)] - [\rho_{A0}^{\text{ref}}(t) - \rho_M^{\text{ref}}(t)] -$$
$$\begin{bmatrix} k_A^{\text{ref},j}(t) & I_A^{\text{ref},j}(t) & m_A^{\text{ref},j}(t) \end{bmatrix} \begin{bmatrix} \delta X_A \\ \delta Y_A \\ \delta Z_A \end{bmatrix} + \lambda_1 \times \nabla\Delta N_{\text{MA},1}^{\text{ref},j} \quad (7-21)$$

式中，ρ_{A0} 为辅助参考站概略位置与卫星间的距离；ρ_m 为主参考站精确位置与卫星之间的距离；$[k_A^{\text{ref},j}(t) \ I_A^{\text{ref},j}(t) \ m_A^{\text{ref},j}(t)]$ 为方向余弦差，且：

$$\begin{bmatrix} k_A^{\text{ref},j}(t) \\ I_A^{\text{ref},j}(t) \\ m_A^{\text{ref},j}(t) \end{bmatrix} = \begin{bmatrix} k_A^j(t) - k_A^{\text{ref}}(t) \\ I_A^j(t) - I_A^{\text{ref}}(t) \\ m_A^j(t) - m_A^{\text{ref}}(t) \end{bmatrix}$$

$$k_A^j(t) = \frac{X^j(t) - X_{A0}}{\rho_{A0}^j(t)}, I_A^j(t) = \frac{Y^j(t) - Y_{A0}}{\rho_{A0}^j(t)}, m_A^j(t) = \frac{Z^j(t) - Z_{A0}}{\rho_{A0}^j(t)}$$

式中，X_{A0}, Y_{A0}, Z_{A0} 为辅助参考站概略坐标，同理可求得 $k_A^{\text{ref}}(t), I_A^{\text{ref}}(t), m_A^{\text{ref}}(t)$

$$\nabla\Delta\varphi_{\text{MZ},1}^{\text{ref},j} = \Delta\varphi_{\text{MA},1}^j - \Delta\varphi_{\text{MZ},1}^{\text{ref},j}$$
$$\nabla\Delta N_{\text{MZ},1}^{\text{ref},j} = \Delta N_{\text{MA},1}^j - \Delta N_{\text{MZ},1}^{\text{ref},j}$$

令：

$$v^j(t) = \begin{bmatrix} k_A^{\text{ref},j}(t) & I_A^{\text{ref},j}(t) & m_A^{\text{ref},j}(t) \end{bmatrix} \begin{bmatrix} \delta X_A \\ \delta Y_A \\ \delta Z_A \end{bmatrix} + \frac{c}{f_1} \times \nabla\Delta N_{\text{MA},1}^{\text{ref},j} + \nabla\Delta u^{\text{ref},j}(t) \quad (7-22)$$

主辅站对同一组卫星在不同历元进行观测，根据式(7-22)，就可以建立相应的误差方程组，从而求解双差模糊度。通常解得的模糊度并不为整数，此时从最小二乘解的角度讲，模糊度参数已被正确确定;但从模糊度参数理论上讲应为整数,而从现在解得的却是非整数这一角度讲,模糊度尚未被正确确定,通常还需要通过取整法、置信区间法等方法来确定模糊度的整数解。

由式(7-18)可知,要获得单差模糊度 ΔN_{MA}^j,除了确定双差模糊度 $\Delta N_{MA}^{\text{ref},j}$ 以外,还需要确定单差模糊度 $\Delta N_{MA}^{\text{ref}}$,即主站和辅站在同一时刻对参考星 ref 进行观测,参考星通常选择仰角最高、观测时段最长的卫星。将得到观测方程做差,获得的是单差载波相位观测方程中的单差整周模糊度。由于 $\Delta N_{MA}^{\text{ref}}$ 对其他卫星而言是一个公共的参考值,如果错误地估计 $\Delta N_{MA}^{\text{ref}}$ 的影响,会导致这一对参考站间所有的单差模糊度中都引入了一个固定的偏差(假设为 X)。但由于这一偏差是公共的,通过平差计算所估计出来的 ΔN_{MA}^j 自然会比原有值小 X,以保证 $\nabla \Delta N_{MA}^{\text{ref},j} = \Delta N_{MA,1}^j - \Delta N_{MA}^{\text{ref}}$ 的值不变,因此这一偏差不会对流动站端的定位结果产生影响。

相对于主参考站和参考卫星而言,辅助参考站观测值可由主参考站观测值及其差分观测量确定。式(7-19)中,$\nabla \Delta N_{MA}^{\text{ref},j}$ 就是整周模糊度水平,更确切地说,是一组处于同一水平的双差整周模糊度。在网络平差或者组成双差计算模型时,只有参考站整周模糊度水平信息被保留,参考站网络内所有相关的、代表整周模糊度水平的观测数据才可改化为相应的网络改正数据播发给流动用户(Keenan,2002;RTCM,2004)。

7.7.4.3 差分改正数

无论是常规 RTK 还是网络 RTK,求取差分改正数都是必不可少的步骤,而生成及传送什么样的改正数则是由 RTCM SC-104 差分协议决定的。在差分协议先前的版本中,将参考站载波相位观测的差分改正定义为:

$$\delta \varphi_A^j = S_A^j(t) - \varphi_A^j(t) + c \times dt_A - c \times dt^j \tag{7-23}$$

式中,$S_A^j(t)$ 为接收机天线位置与广播卫星位置的几何距离。

从式(7-23)可以看出,该差分改正实际上就是除了钟差以外的各项误差总和。结合式(7-14),式(7-23)可以写为:

$$\delta \varphi_A^j = \rho_A^j(t) - \varphi_A^j(t) + c \times dt_A - c \times dt^j + \lambda \times N_A^j \tag{7-24}$$

假设式中 A 为辅助参考站编号,同理可知主参考站 M 的差分改正为:

$$\delta \varphi_M^j = \rho_M^j(t) - \varphi_M^j(t) + c \times dt_M - c \times dt^j + \lambda \times N_M^j \tag{7-25}$$

按照差分协议第二版的要求,控制中心需要为每一个参考站生成并发送一组整周模糊度水平,考虑到网络传输的吞吐量问题,同时为了使传输的电文更加简洁高效,差分协议第三版只要求电文传输主辅站之间的差值及主站的完整信息。假设主辅站通过载波 L1 进行测量,则差分改正为:

$$\delta \Delta \varphi_{MA,1}^j = \Delta \rho_{MA}^j(t) - \Delta \varphi_{MA,1}^j(t) + \Delta c \times dt_{MA,1} - c + \lambda_1 \times N_{MA,1}^j \tag{7-26}$$

式中,下标"1"为 L1 载波的标识,同样地可以求得关于载波 L2 的差分改正 $\delta \Delta \varphi_{MA,2}^j$。

根据差分协议的定义,将差分改正分成弥散性和非弥散性两个部分,由 L1 和 L2 的自由几何组合以及消电离层延迟的线性组合可以求得:

弥散性差分改正(载波相位电离层差分改正 ICPCD)

$$\delta \Delta \varphi_{MA,1}^{j,\text{L1L2-disp}} = \frac{f_2^2}{f_2^2 - f_1^2} \delta \Delta \varphi_{MA,1}^j - \frac{f_2^2}{f_2^2 - f_1^2} \delta \Delta \varphi_{MA,2}^j \tag{7-27}$$

非弥散性差分改正(载波相位几何差分改正 GCPCD)

$$\delta\Delta\varphi_{\mathrm{MA},1}^{j,\mathrm{L1L2-non-disp}} = \frac{f_2^2}{f_2^2-f_1^2}\delta\Delta\varphi_{\mathrm{MA},1}^{j} - \frac{f_2^2}{f_2^2-f_1^2}\delta\Delta\varphi_{\mathrm{MA},2}^{j} \tag{7-28}$$

弥散性差分改正和非弥散性差分改正的变化特性具有较大差别。弥散项是由于电离层的变化引起的，随时间变化较快，尤其是在电离层活跃的时间和地区；非弥散项变化主要由于天顶对流层、卫星高度角和接收机钟差残差引起的，随时间变化非常缓慢。为最大限度地利用通信带宽和减少传输数据量，应采用较高的频率(指单位时间发送次数)发送弥散项，用较低的频率发送非弥散项。在弥散性差分改正 ICPCD 和非弥散性差分改正 GCPCD 生成以后，就可以通过内插的方法直接求得流动站处的差分改正。(关于内插方法的讨论详见第 5 章。)

7.7.4.4 差分改正数在流动站的应用

从上一节我们可以得到各辅助参考站相对于主参考站的差分改正数，则流动站相对于主参考站的差分改正可通过内插算法得到。下面以最简单的加权平均法为例：当流动站接收到主辅站的网络 RTK 信息时，假设网络中有 n 个参考站，1 号站 M 为主参考站，2~n 号参考站为辅助参考站。则流动站相对主参考站的差分改正数可由公式(7-29)内插得到：

$$\delta\Delta\varphi_{\mathrm{MR}}^{j} = \frac{\sum_{j=2}^{n}\delta\Delta\varphi_{\mathrm{M}i}^{j}/S_i}{\sum_{i=1}^{n}1/S_i} \tag{7-29}$$

式中，S_i 为各个参考站与流动站之间的距离；$\delta\Delta\varphi_{\mathrm{M}i}^{j}$ 为各辅助参考站相对于主参考站的差分改正(弥散性或非弥散性)；$\delta\Delta\varphi_{\mathrm{MR}}^{j}$ 为流动站相对于主参考站的差分改正(弥散性或非弥散性)。

由(7-26)式可知，

$$\delta\Delta\varphi_{\mathrm{MR},1}^{j} = \Delta\rho_{\mathrm{MR}}^{j}(t) - \Delta\varphi_{\mathrm{MR},1}^{j}(t) + \Delta c \times dt_{\mathrm{MR},1} - c + \lambda_1 \times N_{\mathrm{MR},1}^{j} \tag{7-30}$$

可以写出流动站与主参考站的单差载波相位观测方程如下(以 L1 为例)：

$$\Delta\varphi_{\mathrm{MR},1}^{j} = \Delta\rho_{\mathrm{MR}}^{j}(t) + \Delta c \times dt_{\mathrm{MR},1} + \frac{c}{f_1} \times \Delta N_{\mathrm{MR},1}^{j} - \delta\Delta\varphi_{\mathrm{MR},1}^{j} \tag{7-31}$$

取流动站 R 待定坐标的近似值向量为 $R_0 = (X_0 \quad Y_0 \quad Z_0)^T$，其改正数量为 $\delta R = (\delta X_R \quad \delta Y_R \quad \delta Z_R)^T$，则流动站 R 到所测卫星 S^j 的距离按泰勒级数展开并取至一阶项，得：

$$\rho_{\mathrm{R}}^{j}(t) = \rho_0^{j}(t) - \begin{bmatrix} k_{\mathrm{R}}^{j}(t) & l_{\mathrm{R}}^{j}(t) & m_{\mathrm{R}}^{j}(t) \end{bmatrix} \begin{bmatrix} \delta X_R \\ \delta Y_R \\ \delta Z_R \end{bmatrix} \tag{7-32}$$

式中：$[k_{\mathrm{R}}^{j}(t) \quad l_{\mathrm{R}}^{j}(t) \quad m_{\mathrm{R}}^{j}(t)]$ 为方向余弦，其表达式为：

$$k_{\mathrm{R}}^{j}(t) = \frac{X^j(t)-X_0}{\rho_0^j(t)}, I_{\mathrm{R}}^{j}(t) = \frac{Y^j(t)-Y_0}{\rho_0^j(t)}, m_{\mathrm{R}}^{j}(t) = \frac{Z^j(t)-Z_0}{\rho_0^j(t)} \tag{7-33}$$

$$\rho_0^j(t) = \sqrt{[X^j(t)-X_0]^2+[Y^j(t)-Y_0]^2+[Z^j(t)-Z_0]^2} \tag{7-34}$$

其中，$X^j(t), Y^j(t), Z^j(t)$ 为卫星在历元 t 的瞬时坐标。

由于主参考站的坐标可认为是精确已知的，式(7-31)可以写成：

$$\Delta\varphi_{\mathrm{MR},1}^{j}(t) = \rho_0^j(t) - \rho_{\mathrm{M}}^j(t) - \begin{bmatrix} k_{\mathrm{R}}^{j}(t) & l_{\mathrm{R}}^{j}(t) & m_{\mathrm{R}}^{j}(t) \end{bmatrix} \begin{bmatrix} \delta X_R \\ \delta Y_R \\ \delta Z_R \end{bmatrix} +$$

$$\Delta c \times dt_{\mathrm{MR},1} + \frac{c}{f_1} \times \Delta N_{\mathrm{MR},1}^{j} - \delta\Delta\varphi_{\mathrm{MR},1}^{j} \tag{7-35}$$

式中,$\rho_M^j(t)$ 为主参考站 M 到所测卫星 S^j 的距离。于是相应的误差方程可写为:

$$\Delta v^j(t) = \begin{bmatrix} k_R^j(t) & I_R^j(t) & m_R^j(t) \end{bmatrix} \begin{bmatrix} \delta X_R \\ \delta Y_R \\ \delta Z_R \end{bmatrix} +$$

$$\frac{c}{f_1} \times \Delta N_{MR,1}^j + \Delta c \times dt_{MR,1} + \Delta u^j(t) \tag{7-36}$$

式中:

$$\Delta u^j(t) = \Delta \varphi_{MR,1}^j(t) - [\rho_0^j(t) - \rho_M^j(t)] + \delta \Delta \varphi_{MR,1}^j \tag{7-37}$$

此时,在假设主参考站和流动站同步观测的卫星数为 n_s 的情况下,可得相应的误差方程组为:

$$\begin{bmatrix} \Delta u^1(t) \\ \Delta u^2(t) \\ \vdots \\ \Delta u^n(t) \end{bmatrix} = \begin{bmatrix} k_R^1(t) & I_R^1(t) & m_R^1(t) \\ k_R^2(t) & I_R^2(t) & m_R^2(t) \\ \vdots & \vdots & \vdots \\ k_R^n(t) & I_R^n(t) & m_R^n(t) \end{bmatrix} \begin{bmatrix} \delta X_R \\ \delta Y_R \\ \delta Z_R \end{bmatrix} +$$

$$\frac{c}{f_1} \begin{bmatrix} \Delta N_{MR,1}^1 \\ \Delta N_{MR,1}^2 \\ \vdots \\ \Delta N_{MR,1}^n \end{bmatrix} + c \times \begin{bmatrix} 1 \\ 1 \\ \vdots \\ 1 \end{bmatrix} dt_{MR,1} + \begin{bmatrix} \Delta u^1(t) \\ \Delta u^2(t) \\ \vdots \\ \Delta u^n(t) \end{bmatrix} \tag{7-38}$$

取符号:

$$\underset{(n_s \times 1)}{v(t)} = \begin{bmatrix} \Delta v^1(t) & \Delta v^2(t) & \cdots & \Delta v^{n_s}(t) \end{bmatrix}^T$$

$$\underset{(n_s \times 3)}{a(t)} = \begin{bmatrix} k_R^1(t) & I_R^1(t) & m_R^1(t) \\ k_R^2(t) & I_R^2(t) & m_R^2(t) \\ \vdots & \vdots & \vdots \\ k_R^n(t) & I_R^n(t) & m_R^n(t) \end{bmatrix}$$

$$\underset{(n_s \times n_s)}{b(t)} = \begin{bmatrix} \lambda_1 & 0 & \cdots & 0 \\ 0 & \lambda_1 & \cdots & 0 \\ \vdots & \vdots & \ddots & \vdots \\ 0 & 0 & \cdots & \lambda_1 \end{bmatrix}$$

$$\underset{(n_s \times 1)}{c(t)} = \begin{bmatrix} c \\ c \\ \vdots \\ c \end{bmatrix}$$

$$\underset{(n_s \times 1)}{\bar{u}(t)} = \begin{bmatrix} \Delta u^1(t) & \Delta u^2(t) & \cdots & \Delta u^n(t) \end{bmatrix}^T$$

$$\underset{(3 \times 1)}{\delta R} = \begin{bmatrix} \delta X_R & \delta Y_R & \delta Z_R \end{bmatrix}^T$$

$$\underset{(n_s \times 1)}{\Delta N} = \begin{bmatrix} \Delta N_{MR,1}^1 & \Delta N_{MR,1}^2 & \cdots & \Delta N_{MR,1}^n \end{bmatrix}^T$$

则式(7-38)可改写为:

$$v(t) = a(t)\delta R + b(t)\Delta N + v(t)dt_{MR,1} + \bar{u}(t) \tag{7-39}$$

进一步假设:同步观测同一组卫星的历元数为 n_t,则相应的误差方程组可写为:

$$v = A\delta R + B\Delta N + C\Delta t + L \tag{7-40}$$

或

$$v = \begin{bmatrix} A & B & C \end{bmatrix} \begin{bmatrix} \delta R \\ \Delta N \\ \Delta t \end{bmatrix} + L \tag{7-41}$$

其中:

$$\underset{(n_s \cdot n_t \times 1)}{V} = \begin{bmatrix} v(t_1) & v(t_2) & \cdots & v(t_{n_t}) \end{bmatrix}^T$$

$$\underset{(n_s \cdot n_t \times 3)}{A} = \begin{bmatrix} a(t_1) & a(t_2) & \cdots & a(t_{n_t}) \end{bmatrix}^T$$

$$\underset{(n_s \cdot n_t \times n_s)}{B} = \begin{bmatrix} b(t_1) & b(t_2) & \cdots & b(t_{n_t}) \end{bmatrix}^T$$

$$\underset{(n_s \cdot n_t \times n_t)}{C} = \begin{bmatrix} c & 0 & \cdots & 0 \\ 0 & c & \cdots & 0 \\ \vdots & \vdots & \ddots & \vdots \\ 0 & 0 & \cdots & c \end{bmatrix}$$

$$\underset{(n_t \times 1)}{\Delta t} = \begin{bmatrix} dt_{\text{MR},1}(t_1) & dt_{\text{MR},1}(t_2) & \cdots & dt_{\text{MR},1}(t_{n_t}) \end{bmatrix}^T$$

$$\underset{(n_s \cdot n_t \times 1)}{L} = \begin{bmatrix} \bar{u}(t_1) & \bar{u}(t_2) & \cdots & \bar{u}(t_{n_t}) \end{bmatrix}^T$$

根据间接平差原理,可得相应的法方程式及其解

$$\begin{cases} N\Delta Y + U = 0 \\ \Delta Y = -N^{-1}U \end{cases} \tag{7-42}$$

其中:

$$\Delta Y = \begin{bmatrix} \delta R & \Delta N & \Delta t \end{bmatrix}^T$$
$$N = (A \quad B \quad C)^T p (A \quad B \quad C)$$
$$U = (A \quad B \quad C)^T P L$$

式中,P 为单差观测量的权矩阵。

求解出 ΔY 以后,就可以获得流动站坐标的改正向量 δR,将其用于修正流动站的导航解,从而实现流动站的精确定位。

7.7.5 用户应用

流动站用户需要接收到差分改正信息后才能对其定位精度进行提高。目前,流动站和网络处理中心之间的通信模式一般分为两种:第一种是广播模式,也就是单向数据通信模式;第二种是自动模式,即双向数据通信模式。在单向数据通信模式下,全网统一发播误差改正数,流动站的误差在流动站处计算,用户只接收数据,不发播信息,对用户数量不做限制。而在双向数据通信模式下,用户需要向网络处理中心发播自己的概略位置。网络处理中心根据用户的概略位置选择最优的参考站,计算相应的误差改正数,然后回发给用户。用户根据网络处理中心发回的误差改正数进行计算修正。在这种模式下,用户的数量是受到限制的。

主辅站对流动站的改正分为两种:一种是普通的主辅站改正 MAX,这种改正的通信方式既可以是广播模式也可以是自动模式;另一种叫针对性主辅站改正 i-MAX,这种改正主要是

针对一些老型号的接收机。这些接收机不能解码最新的 RTCM 3.0 版格式的电文,差分改正还是以 RTCM 2.3 版的格式发播。这一种改正必须采用自动模式,也就是流动站和网络处理中心之间需要双向通信。

7.7.5.1 主辅站改正(MAX)

在采用 MAX 的过程中,首先是参考站传输原始观测数据至网络处理中心,中心通过数据处理软件对全网基线进行处理,并估算整周模糊度,从而生成改正数。此时流动站可以选择与网络处理中心的通信方式。

采用广播模式时,主参考站和辅助参考站都是由人工预先选定的,主辅站概念中称这样选定的一组主辅站为一个单元。通常一个子网中可以配置多个单元,流动站用户可以连接到与它们地理位置最相适应的单元,获取该单元的改正服务。单元的多少取决于网络的大小,多个单元有利于优化数据的发播,降低包含改正信息的参考站数量。

采用自动模式时,网络处理中心将自动地为所用的单元选择最有利的参考站,以便为每一个流动站生成主辅站改正数。这种改正服务可以称作自动主辅站改正。依靠选择最合适的单元配置,自动 MAX 改正使得播发改正数所需的带宽达到最小化。自动模式下,主参考站总是选择最靠近流动站的那个参考站,而辅助参考站则选择周边的台站以便尽可能为流动站所在位置提供最好的一组改正数。借助于自动 MAX,大型的参考站网能够以单一通信频道提供完全的服务。

MAX 改正数包括了来自所选单元的全部信息,因此,为流动站用户提供了最高的精度和可靠性水平。借助于 MAX,网络的操作员同时具有单向广播和双向通信的技术能力。

7.7.5.2 针对性主辅站改正(i-MAX)

由于一些型号较早的流动站接收机无法解读 RTCM 3.0 版网络 RTK 信息,为了使它们能够继续工作,网络处理软件生成了一组有针对性的主辅站改正数,称之为 i-MAX。这些 i-MAX 改正数需要双向通信,并可以按 RTCM 2.3 版及 RTCM 3.0 版两种格式播发。i-MAX 采用的是真正的参考站作为网络改正数的信息源,因此流动站接收到的改正数具有兼容性和可追踪性。网络处理中心对 i-MAX 改正数进行插值时的操作与最新的流动站接收机在利用主辅站改正数进行定位时所用的内插方法完全一样。

无论在主辅站技术的实现过程中采用哪一种模式,发送给流动站的差分改正都是以 RTCM 格式进行压缩和发播的,因此当流动站接收到差分改正电文时,需要对 RTCM 格式的电文进行解码。

7.8 广播式网络 RTK 技术

广播式网络 RTK 技术由西安测绘研究所唐颖哲高级工程师提出。该技术是 VRS 与 FKP 的结合体,将 CORS 网所覆盖的区域分成不同距离的网格,每个网格的节点就是一个虚拟参考站,差分改正信息以广播形式进行播发,用户终端自动判断选择最近的节点,进行差分计算。该方法解决了 VRS 技术上行问题和用户数量受限问题。

现有的北斗地基增强系统是基于移动互联网通信,由于移动互联网覆盖范围有限(由于在森林、沙漠、海洋等无线通信基站架设困难,目前我国80%以上的陆地面积、95%以上的海洋面积无网络覆盖),其应用范围受到限制。由于北斗地基增强系统的应用规模取决于移动互联网络的带宽和数据中心的计算能力,用户数量不能无限制地增加,因此限制了用户的大量使用。

广播式网络RTK技术的主要原理和基本定位算法仍然沿用了VRS的差分定位数据处理方法,并且不改变现有的GNSS连续运行基准站功能。

广播式网络RTK技术与现有网络RTK不同的是,数据中心把基准站覆盖区域划分成格网状,把每个格网点当作一个VRS站,数据中心接收GNSS基准站原始观测数据进行常规解算后,为每一个格网点生成差分改正信息,然后按照一定的发布时序通过无线数字广播的方式把所有格网点的差分信息发送给移动站用户,移动站用户从广播的差分信息中提取其最近格网点的差分数据,并通过用户接收机内部计算生成该格网点的VRS差分信息,进而实现RTK定位。该技术在保证移动站定位精度(厘米级)的情况下,移动站不需要向数据中心发送概略坐标信息,只接收数据中心发送的网络RTK信息,实现了单向通信,其原理如图7-6所示。

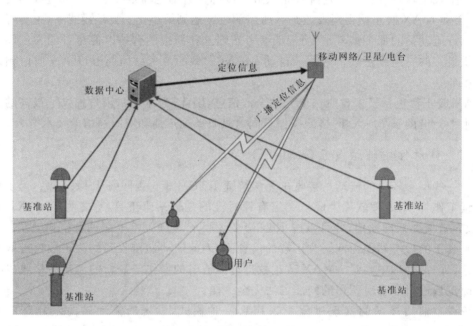

图7-6 广播式网络RTK原理

广播式网络RTK拥有网络RTK具备的所有优点,其与网络RTK的最大不同是通信方式。广播式网络RTK是数据中心通过无线数字广播的方式向移动站用户发送网络RTK信息,移动用户只接收数据中心发送的广播式网络RTK差分信息,然后在用户接收机端重新构建VRS差分改正信息,进行高精度定位,属于被动式定位,避免了每个用户每次定位必须先向数据中心发送定位请求(发送概略位置坐标)的步骤。广播式网络RTK除可以采用移动互联网外,还可以使用卫星通信或无线电广播等通信手段发播RTK差分信息,尤其是后两种方式,可以使实时在线定位用户的数量不受限制。由于使用被动式定位,对军事用户来说没有无线电和位置信息泄露的风险,没有保密问题,可以安全使用。

7.9 CORS 系统建设

由本章第 2 节我们知道，CORS 系统由数据处理中心子系统、参考站子系统、通信子系统和用户子系统四大部分组成。建设过程由项目设计、施工、测试和检查验收等步骤组成(图 7-7)。

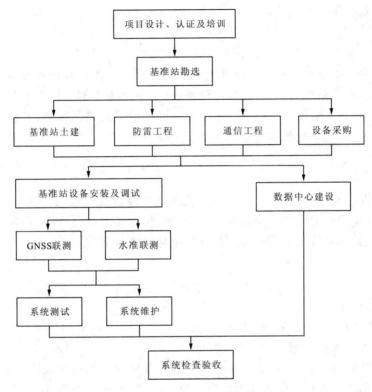

图 7-7 CORS 系统建设流程示意图

7.9.1 CORS 站建设

7.9.1.1 图上设计

CORS 站在建设之前首先进行的工作就是图上设计，其目的：一是使参考站的分布能覆盖所需要的范围；二是保证精度。在做到以上两点的同时还要考虑用最少的站控制最大范围，也就是在保障精度的同时投资最少。

CORS 站是网络 RTK(NRTK)的数据平台。其布设直接影响到 NRTK 的模糊度解算效率和参数估计精度。

CORS 站分布，即 CORS 站布设的空间均匀性(包括平面方向和高程方向)，均匀地布设 CORS 站，相邻站点形成等边三角形，可以提高空间相关误差内插的精度。但在地形起伏较大的地区，布设 CORS 站时，应考虑在高程方向对内插精度的影响。

CORS 站间距离。CORS 站间距离越长,则使用相同数量参考站构成的网络控制范围就越大,使用相同的成本实现 NRTK 的效率也越高,但与此同时,空间相关误差相关性越小,内插精度越低,导致 NRTK 初始化时间可能很长甚至不能初始化,影响可用性。

CORS 站间距离的最佳大小,实际取决于当地大气状况,特别是与电离层情况密切相关。电离层活跃,变化剧烈,导致较大范围的空间相关性降低,造成流动站的模糊度难以在短时间固定,从而影响 NRTK 的作业效率和精度。因此站间距离应结合当地情况,以能准确、快速确定站间模糊度的最大距离为最佳。

7.9.1.2 实地勘选

因参考站接收卫星信号时易受周围环境、电磁干扰、通信等外界因素影响,选择站址时要遵循一定的原则。选址要求可参照《全球定位系统(GPS)测量规范》中 A、B 级点的选点原则。同时,对于所选点进行 24h 的 GNSS 测量,以分析站点周围的电磁影响、数据完好性、多路径效应、卫星周跳、信噪比、观测数据有效率等情况。

7.9.1.3 施工建设

CORS 站建设的土建部分可分为观测墩、观测室和避雷设施建设。观测墩分为基岩观测墩、土层观测墩和屋顶观测墩。土建的规格和要求从相应规程可查到,这里不再多讲。只强调一点,屋顶观测墩的测量数据不易参加高精度的坐标基准计算,这与房屋本身的沉降、倾斜变化有关。

7.9.1.4 设备安装

参考站的设备由 GNSS 接收机、天线、气象设备、UPS 电源、电池组、路由器、交换机、网络终端、防雷设施、太阳能等构成(图 7-8)。

设备安装完毕后逐一进行调试。接收机、天线和气象仪器是否能正常接收卫星信号和气象数据,UPS、太阳能和电池组能否正常供电,通信设备能否与数据处理中心连接,数据能否传输等。

测试。调试完成后需要对整个参考站系统进行测试,测试内容有电池组持续供电时间测试、UPS 功能测试、防雷设施测试等。

在网络不能联通的地区(如岛礁、无人区),参考站通信可采用卫星通信方式,参考站需要安装卫星通信设备。

7.9.1.5 太阳能

采用太阳能电源供电(图 7-9),在设备最大功耗 150W 的要求下,提供连续 6 天不间断的供电能力,必须配置相应功率的太阳能电源。

太阳能电源设备指标如下。

(1)免维护蓄电池:150W 负载,连续 6 天供电配置,寿命 3 年。

(2)太阳能电池组件:满足蓄电池充电配置。

(3)充电控制器:充电保护,输入输出保护。

(4)交流 220W 输出。

7 网络RTK(CORS)系统

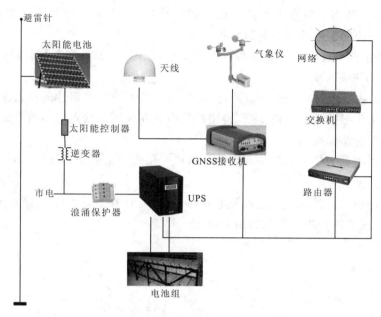

图7-8 参考站设备构成示意图

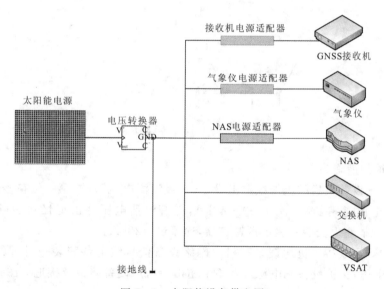

图7-9 太阳能设备供电图

(5)电池电压过低保护。
(6)过载保护和短路保护。
(7)防雷击保护。

7.9.1.6 雷电防护设施施工

基准站GNSS天线通常架设在建筑物顶部或空旷处几米高的观测墩顶部,易受到雷电的袭击,因此,基准站在建设时必须考虑防雷问题。设施建设主要依据《建筑物防雷设计规范》

(GB 50057—94)。防雷分为直击雷防护和感应雷防护,直击雷通过避雷针或避雷网进行防护,感应雷通过相应的防电涌设备进行防护。

直击雷防护主要是保护 GNSS 天线不受雷电损害(图 7-10),是防雷体系的第一部分,直击雷防护注意以下要求:

(1)GNSS 天线旁边安装一根避雷针,并确保 GNSS 天线在避雷针的有效保护范围内。

(2)避雷针采用提前放电式避雷针,避雷针的引线要采用双接点与防雷带或建筑物的主筋焊接,焊接点要做好防锈措施。

(3)接地地网原则上使用观测墩所在的楼房或气象观测站的防雷地网,新建的防雷地网对地电阻必须小于 4Ω。

(4)避雷针的引线若是在建筑物的外墙新布设的,要在靠近地面处做好安全保护;避雷针的高度和安放位置要符合防雷规范的相关规定。

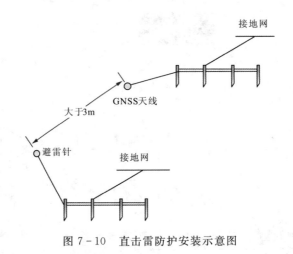

图 7-10 直击雷防护安装示意图

感应雷防护的措施为:

(1)在 GNSS 设备机房的电源线路上设 2~3 级浪涌电压防护,第一级在楼层的电源盒处安装一台三相电源避雷器,通流量 30~40kA,应有浪涌电压冲击记忆功能;第二级在机房 UPS 电源开关或插座上安装一级电源避雷器,通流量≥20kA。

(2)在 GNSS 天线接入机房馈线和机房网络设备信号线上各安装一级过压保护器,短路隔离雷电浪涌电压,保护设备和电源装置不遭雷击。机房设备防雷及接地见图 7-11。

7.9.1.7 基准站设备的调试

基准站设备调试的主要内容包括:

(1)基准站内部网络的调试。主要确定接收机与交换机、UPS 与交换机之间线路通畅。

(2)基准站 UPS 设备调试。人为切断市电输入,确定 UPS 能够实现自动切换,保证其他设备的正常工作,能够在控制中心远程访问。

(3)基准站 GNSS 设备调试。按照分配 IP 地址进行设备地址的更改,能够在数据中心远程访问,并作相应参数的设置更改。

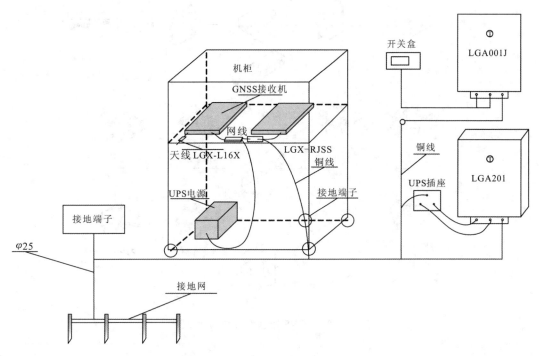

图 7-11 机房设备防雷及接地图

7.9.2 数据中心建设

系统控制与数据处理中心是 CORS 的大脑,它是系统稳定运行的关键,为系统的连续定位服务提供了保证。该部分主要由服务器、数据记录设备、网络传输设备以及相应数据处理软件和数据库软件等构成(图 7-12),用于控制、监控、下载、处理和发布各个参考站的数据,并利用网络 RTK 技术(如主辅站技术、VRS 技术等)形成差分改正,生成各种格式的实时数据为用户提供信息服务。

数据中心机房的建设(略),按国家机房建设规范要求进行。相关设备要求如下。

7.9.2.1 网络设备

网络防火墙、路由器和交换机。参考站数据通过网线经防火墙和路由器后进入交换机,通过交换机进入服务器。

(1)防火墙。它由软件和硬件设备组合而成,是在内部网和外部网之间、专用网和公共网之间构成的一个保护屏障,是 CORS 数据中心的安全保障。其主要性能:①存取控制。指定 IP 地址、用户认证控制。②防止攻击。检测、防止各种网络攻击,过滤路由访问,动态过滤访问,支持用户认证。③网络地址转换 NAT(Network Address Translation)。隐藏内部地址,节约 IP 资源。④网络隔离。物理上隔开内外网段。⑤负载平衡。按规则合理分配流量至相应服务器。⑥虚拟专网 VPN(Virtual Private Network)。符合 IPsec 标准,节约专线费用。⑦流量控制和实时监控。用户带宽最大量限制,用户带宽最小量保障,高级用户优先设置,合

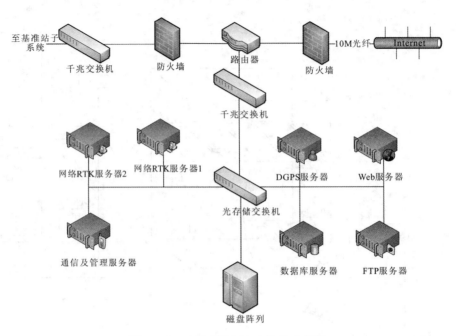

图 7-12 CORS 数据中心结构示意图

理分配带宽。⑧硬件参数。指设备使用的处理器类型或芯片及主频,内存容量,闪存容量,网络接口、存储容量类型等数据。

(2)路由器。路由器是 CORS 数据中心必不可少的网络设备之一。选择路由器要充分考虑整个网络需要。

(3)交换机。是一种在通信系统中具有完成信息交换功能的设备。CORS 交换机用来实现数据中心各种设备的数据交换,并能构建 CORS 数据中心的内部网络。其主要性能:①吞吐量。吞吐量的高低决定了交换机在没有丢帧的情况下发送和接收帧的最大速率。②帧丢失率。是指交换机在持续负载状态下应转发而无法转发的帧的百分比。它反映了交换机在过载时的性能状况。③延迟。是指从收到帧的第一位达到输入端口开始至发出帧的第一位达到输出端口结束的时间间隔,它决定了数据包通过交换机的时间。④错误帧过滤。反映了交换机能否正确过滤某些错误类型的帧。⑤背压。是指交换机能否在阻止将外来数据帧发送到拥塞端口时避免丢包。一些交换机当发送或接收缓冲区开始溢出时,通过将阻塞信号发送回源地址实现背压。⑥线端阻塞。反映了拥塞的端口如何影响非拥塞端口的转发速率(测试收到的帧数、碰撞帧数和丢帧率)。⑦全网状。反映了交换机在所有自己的端口都接收数据时所能处理的总帧数。交换机的每个端口在以特定速度接收来自其他端口数据的同时,还以均匀分布的循环的方式向所有其他端口发送帧。⑧部分网状。反映了在更严格的环境下交换机最大的承受能力,通过从多个发送端口向多个接收端口以网状形式发送帧进行测试。

7.9.2.2 服务器

专用数据处理软件(如 Gamit/Globk,Bernese 等)、差分解算软件、存储器(磁盘阵列)、工作站、数据下载服务器等组成,服务器机柜集成见图 7-13。

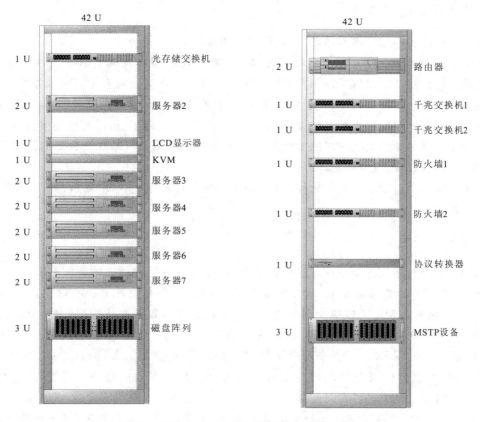

图 7-13 机柜设备集成示意图

(1)服务器配置：①通信及管理服务器。将因特网域名转换为因特网 IP 的服务器；管理 UPS 电源以及控制核心路由器、防火墙配置。②数据库服务器。按照用户的规则存储以及管理静态数据、气象数据、用户信息、系统日志文件。③FTP 服务器。支持匿名和使用密码两种方式登录。④Web 服务器。网络多媒体数据信息服务器，支持 POP3/SMTP 邮件协议，负责电子邮件传递。⑤网络管理专用计算机：对网络监视、运行及管理(包括计费)。

(2)服务器功能：①专用数据处理软件。用来处理长期观测的静态测量数据，根据需要与 IGS 站或具有 CGCS 2000 坐标的基准站联测，从而获得高精度 CORS 站的 ITRF 坐标或 CGCS 2000 坐标和 CORS 网络的速度场。②差分解算软件。利用 CORS 站观测数据、CORS 站高精度坐标解算 CORS 网的差分改正数、电离层、对流层模型改正、坐标转换参数等，形成 RTCM 信息并能发送。③工作站。由 2 台以上计算机组成：一是用于数据处理；二是数据管理。④FTP 数据下载服务器。FTP(File Transfer Protocal)是文件传输协议的简称，用于在 Internet 上控制文件的传输。同时，它也是一个应用程序。用户可以通过它把计算机与世界各地所有运行 FTP 协议的服务相连，访问服务器上的大量信息。FTP 数据下载通过 FTP Server 服务器软件实现(操作系统中必须安装 FTP 协议)。目前主流的 FTP Server 软件有 Ser-U，Home FTP Server，U-FTP Server 等。⑤磁盘阵列。为 CORS 数据中心数据存储设备。选择该设备时可以从以下几点考虑：(a)最大存储量；(b)传输速率；(c)硬盘转速；(d)平均无故障时间；(e)高速缓存；(f)RAID 协议支持。

7.9.2.3 远程控制系统

一是远程控制和监控参考站；二是直接监控和操作服务器。

Windows 操作系统中自带有远程监视和控制功能，方法是"我的电脑→属性项→系统属性→远程→远程协助（远程桌面）"，控制中心可以通过局域网实现对参考站和服务器的远程监控，一般只支持一个用户。若应用于多个用户，只有使用一些专用远程控制软件，如 VNC。

参考站控制。启动远程控制软件后，输入参考接收机 IP 地址，可以直接连接接收机，对接收机进行操作。如参考站接收机的参数设置、GNSS 观测数据及气象观测数据的传输、接收机检测、网络检测和电源设备检测等。

服务器控制。启动专用控制软件，输入被控服务器的 IP 地址和密码后，就可以直接进行监控或操作服务。

7.9.2.4 数据中心功能

（1）数据处理：①从各个基准站进行数据采集，并对实时传输过来的观测数据进行质量分析和评价。②根据用户概略位置，根据模型采用残差内插等方法计算改正数据，经编码后以 RTCM SC-104 或 CMR 方式提交用户使用。③对各基准站数据进行数据综合、分流、模型化处理，形成统一的单站 RTK、RTD 差分改正数据以及 VRS 差分改正数据；经编码后以 RTCM SC-104 或 CMR 方式提交用户使用。④对采集的静态数据进行必要的预处理，并按一定方式上网，对事后精密定位用户提供数据服务。⑤在适当地区建立 5 个固定监测站，对 CORS 的实时定位性能进行实时监测。

（2）系统监控：对各基准站运行中的设备安全、正常性进行监测管理，可远程监控基准站 GNSS 定位设备的工作参数、检测工作状态、发出必要的指令、改变各基准站运行状态。控制中心要求能够对 GNSS 基准站网子系统进行实时、动态的管理。①对基准站的设备进行远程管理。②对基准站的接收机设备和 UPS 设备进行完好性监测。③网络安全管理，禁止各种未授权的非法访问。④对流动站作业位置进行监控。⑤对区域电离层变化、基准站坐标位置进行中短期监测，当电离层活动异常、基准站坐标发生较大变化等情况发生时，提示系统管理员。⑥网络故障的诊断与恢复等。

（3）信息服务：对各类用户提供导航定位数据服务，地理信息中有关坐标系、高程系（结合似大地水准面）的转换服务，有关控制测量和工程测量的软件服务和计算服务。控制中心向服务区域播发数据，目前主要通信方式如下。①RTCM V2.1/V2.3 伪距差分改正数据：服务于米级定位导航的用户。②RTCM V2.1/V2.3/V3.X 相位差分改正数据：服务于厘米级、分米级定位的用户。③CMR/CMR＋相位差分改正数据：服务于厘米级、分米级定位的用户。④VRS（虚拟基准站）网络差分改正数据：服务于网络 RTK 用户。⑤RINEX V2.X 原始观测数据：服务于事后精密定位的用户。⑥RAIM 系统完备性监测信息：服务于全体用户，提供系统完备性指标。⑦公众网络：如 GSM/GPRS/CDMA/3G，用于向大范围内的用户提供数据服务。

（4）网络管理：整个控制中心系由局域网（LAN）、广域网（WAN）和因特网（Internet）连接形成，主要职能如下。①DNS 服务器：将因特网域名转换为因特网 IP 的服务器。②MAIL 服务器：支持 POP3/SMTP 邮件协议，负责电子邮件传递。③FTP 服务器：支持匿名和使用密码两种方式登录。④WWW 服务器:网络多媒体数据信息服务器。向全球及国内省内用户发播各种信息。⑤网络管理专用计算机:对网络监视、运行及管理(包括计费)。

(5)用户管理:对所服务的各类授权用户进行管理,包括:①用户收费管理。系统管理员将根据用户使用的时间、时段、次数和通信方式生成表格,以方便管理部门按照一定的标准和制度进行管理。②用户登记、注册、撤消、查询、权限管理。系统管理员可方便地增减用户,设置相应的权限,查询统计某用户的使用情况。

7.9.3 通信系统建设

数据通信子系统用于连接各个子系统,它包括了网络处理中心的网内通信系统、参考站网与处理中心之间的通信系统以及处理中心和流动站的通信系统,提供了数据交换的物理平台。

数据中心网络与各参考站的联系是通过路由器和各台接收机的 IP 地址实现的。可以说整个 CORS 系统是一个局域网。

CORS 通过计算机对外通信的数据传输端口实现外网服务功能。如通过计算机 TCP/IP 和 UDP 端口实现 FTP 数据下载服务、Web 服务等。但 CORS 差分数据播发和数据返回端口需要专门指定,一般采用注册端口作为 CORS 差分数据发送端口,通常情况下指定(9000~12 000)之间的端口作为 CORS 数据发送和接收服务端口,同时也可指定其他端口作为其他服务的选项。

对于局域网,不需要对端口进行专门的端口配置,如建立 FTP 下载空间,可以直接指定一台计算机为 FTP 下载服务器,系统可以自动打开端口,用户可以直接访问服务器实现 FTP 下载。但内网与外网之间不能直接通过端口访问,必须通过端口路由器访问。

CORS 的通信系统分为 3 部分:参考站—数据中心通信、数据中心—用户通信、参考站—用户通信。

7.9.3.1 参考站—数据中心通信

参考站到数据中心是双向通信,主要功能:一是参考站向控制中心传输 GNSS 观测数据、气象观测数据、参考站运行状态;二是数据中心对参考站进行操控,对参考站发出设置命令和控制命令。目前通信方式有 3 种:一是专线通信;二是卫星通信;三是 3G 通信。

(1)专线通信。即通信专用线路,是相对于某个区域公用线路而言。专线是公用线路外专门服务某项或点到点之间的通信线路。专线通信有以下几种方式:

SDH 专线。是一种将复接、线路传输及交换功能融为一体,并由统一网管系统操作的综合信息传送网络,是同步光网络(SONET)。

DDN 专线。DDN 数字数据网(Digital Data Network),是利用光纤、微波、卫星等数字传输通道和数字交叉复用节点组成的数据传输网。

广域 VPN 专线。虚拟专用网(Virtual Privavte Network),是通过 Internet 构建的专用网络技术。

ADSL 线路。是一种通过现有普通电话为家庭、办公室提供宽带数据传输服务的技术。

(2)卫星通信。卫星通信是以人造通信卫星作为中继的一种微波通信方式。通信卫星分类如下(图 7-14、图 7-15)。

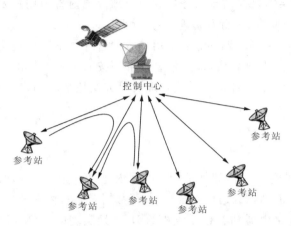
图7-14 控制中心与参考站卫星通信示意图

图7-15 控制中心天线

按轨道高度可分为:低轨道卫星、中轨道卫星、高轨道卫星。

按轨道倾角可分为:赤道轨道卫星、极地轨道卫星、倾斜轨道卫星。

按照业务划分:固定卫星业务(Fixed Satellite Service,FSS)、广播卫星业务(Broadcasting Satellite Service,BSS)、移动卫星业务(Mobile Satellite Service,MSS)。

通信卫星使用的频段:C波段(4~6GHz)(商用),Ku波段(12~14GHz)(商用),Ka波段(20~30GHz)(商用)。

常用频率。C波段:上行(发射)5.925~6.425GHz,下行(接收)3.700~4.200GHz,卫星本振频率2 225MHz,转发器带宽36MHz或72MHz;Ku波段:上行(发射)14.0~14.5GHz,下行(接收)10.45~11.95GHz,卫星本振频率1 800MHz、1 748MHz、1 750MHz,转发器带宽54MHz。

卫通时延。由于卫星通信传输距离很长,使信号传输的时延较大,其单程距离(地面站A→卫星转发→地面站B)长达80 000km,需要时间约270ms;双向通信往返约160 000km,延时约540ms。

卫星转发器的3个主要参数:G/T为接收系统的品质因数,SFD为饱和功率通量密度,EIRP为等效全向辐射功率。

G/T和SFD反映卫星接收系统在其服务区内的性能,它们与卫星接收天线的增益分布线性相关。EIRP反映转发器的下行功率,它与卫星发送天线的增益分布线性相关。其中G为接收天线增益,T表示接收系统噪声性能的等效噪声。G/T值越大,说明接收系统的性能越好。

下面简要介绍亚洲四号卫星的情况。

亚洲卫星公司是一家亚洲地区卫星通信服务提供商。亚洲四号卫星于2003年4月发射,在轨运行寿命大于16年,目前剩余8年,运行稳定,放大功率大,覆盖范围广。

长期固定租用卫星转发器:Ku波段(K8H)和C波段(C6H)。

卫星本振频率:Ku波段为1 750MHz,C波段为2 225MHz。

Ku波段租用7MHz带宽。

Ku 波段频率。上行:14 474~14 475MHz、14 493~14 499MHz,下行:12 724~12 725MHz、12 743~12 749MHz。

C 波段租用 1.5MHz 带宽。

C 波段频率。上行:5 863.5~5 865MHz,下行:3 638.5~3 640MHz。

亚洲四号卫星的转发器,采用的是水平(正)、垂直(反)极化方式。

租用的 Ku 波段和 C 波段转发器发射都是垂直(反)极化,接收时都是水平(正)极化。其信标值见表 7-10。

常用调制解调器和网管服务器设备见图 7-16、图 7-17。

表 7-10　Ku 波段和 C 波段的信标值(MHz)

极化	Ku 波段		C 波段	
	射频	中频	射频	中频
水平	12 254	954	4 199.25	950.75
垂直	12 253	953	4 198.25	951.75

图 7-16　调制解调器 CDM-570L

图 7-17　网管服务器

(3)3G 通信。在具有 3G 信号覆盖地区才能使用。3G 模块一般安装在路由器内部(图 7-18、图 7-19)。使用时,3G 模块自动拨号连接互联网,一般情况下需要等待 3~5min 完成拨号连接。

 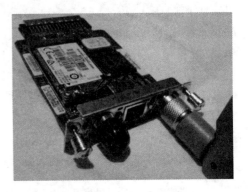

图 7-18　3G 与路由器连接图　　　　图 7-19　3G 模块

7.9.3.2　数据中心—用户通信

数据中心到用户通信依靠无线通信方式(如 GSM,GPRS,CDMA 等)实现,数据中心播发 RTCM 信息到用户。

7.9.3.3　参考站—用户通信

参考站到用户通信采用无线通信方式,用户通过通信网络向数据中心发送请求信息、用户位置信息、观测数据及其他信息。数据中心将 RTCM 信息发送到参考站,参考站依靠无线通信方式(如 GSM,GPRS,CDMA 等),实现数据中心以 RTCM 格式播发差分信息、解算数据、定制服务数据及其他数据到用户。

CDMA(Code Division Multiple Access)通信,即码分多址技术,是在数字技术的分支——扩频通信技术上发展起来的一种崭新而成熟的无线通信技术。CDMA 技术的原理是基于扩频技术,即将需传送的具有一定信号带宽信息数据,用一个带宽远大于信号带宽的高速伪随机码进行调制,使原数据信号的带宽被扩展,再经载波调制并发送出去。接收端使用完全相同的伪随机码,与接收的带宽信号作相关处理,把宽带信号换成原信息数据的窄带信号即解扩,以实现信息通信。

GPRS(General Packet Radio Service)通信,即通用分组无线业务,是一种以全球移动通信系统(GSM)为基础的数据传输技术。是以封包(Packet)方式来传输,不需要占用整个频道,多个用户可以高效共享同一频道,提高了资源利用率。

7.9.3.4　CORSNRTK 与 NMEA

由于涉及到复杂的 CORS 网络改正数的编码与传输,因此,网络分析中心(Analysis Center,AC)和用户接收机之间、AC 和参考站之间都必须建立一种双方可识别的数据协议(数据格式),以方便信息的交互,使双方能够准确无误地处理对方发送的数据(单向传输方式也必须有数据协议)。鉴于当前 GPS 网络差分的协议类型众多,不同的 CORSNRTK 技术中,流动站处理差分信息的内容和方式都有差异,因此,介绍常用的 CORSNRTK 通信链路和通信协议是很有必要的。

(1)CORSNRTK 通信链路。在 CORSNRTK 中所使用的通信链路可以分为有线链路和无线链路。通常,参考站与 AC 间的数据通信使用有线链路,流动站和 AC 间的数据通信使用无线链路。

在 CORS 与 AC 间使用有线链路,可以快速、稳定、可靠地把实时观测数据传到 AC。目前,适合参考站到 AC 的有线链路包括数字数据网(Digital Data Network,DDN)、帧中继(Frame Relay,FR)和分组交换公用数据网(Packett Switched Public Data Network,PSPDN)。当用户的信息量突发性较小,业务量较大,对延迟较敏感时,可采用 DDN 方式;当用户信息量突发性大,对延迟要求较高,速率较高,可采用 FR 方式;当用户的信息量突发性较大且速率较低,业务量不大且对延迟要求不是很高时,可采用 PSPDN 方式。CORS 与 AC 间数据传输的特点是:①多对一;②波特率远小于 9 600bits/s;③时延要求很高。因此,采用 DDN 和 FR 方式是比较合适的。

AC 与实时用户之间的通信链路是无线链路。在 SRTK 中,通常在参考站配备 UHF 电台播发差分信号,传输距离十分有限;另一方面,SRTK 的数据均是单向传输,流动站是不具备数据发送能力的。在 NRTK 中,由于网络覆盖范围很广,流动站和 AC 间距离往往很大;同时,某些 CORSNRTK 技术(如 VRS)需要流动站和 AC 间进行双向数据传输,因此,常规的 UHF 无线电台发送差分信号是无法满足要求的。由于移动通信网络的迅速发展并逐步趋向成熟,现已覆盖到很多偏远地区,所以,可以通过基于 Internet 的移动通信建立用户和 AC 间的通信链路。适用于 CORSNRTK 的常用的移动数据通信业务有码分多址业务(CDMA)和通用分组无线业务(GPRS)。CDMA 业务具有频率利用率高、终端设备功耗低、传输稳定、时延小等优点,被认为是第 3 代移动通信业务的首选;GPRS 业务是一种新的分组数据承载业务,其特点是永远在线,按流量收费,但相对 CDMA 而言,时延较大。

(2)NMEA0183 是美国国家海洋电子协会(National Marine Electronics Association,NMEA,2002)为 GPS 电子设备信息交互制定的格式标准(表 7 - 11),已成为 GPS 接受机的标准数据接口,在国际上广泛使用。它定义了电子信号请求、数据传输协议和时间信息,以 AS-Cll 码字符串(称为语句)方式输出导航数据信息,语句类型达数十种,所有语句以"$"标识符开头,以回车符<CR>和换行符<LF>结束。一条语句为一帧,由帧头、数据及帧尾组成,帧头为 6 个字符。对于 GPS 数据而言,帧头前 3 个字符都为"$GP",后 3 个字符表明该帧的信息类型,比如"GGA"表示 GPS 定位信息,"GSV"表示可见卫星信息。帧内数据以分隔符","隔开,帧尾以"*"开头,以回车符<CR>和换行符<LF>结束。帧尾内容包含从帧头第四个字符开始到帧内数据结束的所有字符(包括分隔符)的校验和,以十六进制数表示。

7.9.4 应用子系统

应用子系统是指系统的最终用户。它由 GNSS 接收机、天线和通信模块组成。用户通过 GNSS 接收机天线接收 GNSS 卫星数据。GNSS 接收机对接收的数据进行存储和处理,通过通信模块将数据发送到数据中心,同时接收数据中心播发的差分信息,并将差分信息和 GNSS 卫星数据进行处理,从而获得用户的位置信息。

用户子系统按照应用的精度不同,分为厘米级用户系统、分米级用户系统、米级用户系统等;按照用户的不同应用,分为测绘与工程用户(厘米级、分米级)、车辆导航与定位用户(米级)、高精度用户(事后处理)等几类。各类用户分别使用不同差分信息,满足各用户群落的需求(表 7 - 12)。

表 7-11 标准格式

数据		名称	描述（取值范围）
帧头	$GP	GPS 数据	/
	GGA	GPS 定位信息	/
内容	(1)	UTC 定位时间	hhmmss.ss;000000.00～235959.99
	(2)	纬度	ddmm.mmmm;000.00000～8959.9999
	(3)	南北半球	"北纬 N"或"南纬 S"
	(4)	经度	dddmm.mmmm;000.00000～17959.9999
	(5)	东经或西经	"E"或"W"
	(6)	定位质量标志	0＝未定位;1＝单点固定解;2＝差分定位;4＝RTK 固定解;5＝RTK 浮点解;6＝估计值;7＝手工模式;8＝模拟模式
	(7)	应用解算卫星数	00～12
	(8)	HDOP	0.5～99.00(大于 6 不可用)
	(9)	正常高	距离平均海平面的高程(－9 999.0～9 999.9)
	(10)	高程异常	WGS84 椭球与平均海平面高度之差(－9 999.0～9 999.9)
	(11)	参考站 ID	差分参考站 ID(0～1 023),空则为未知 ID
	"*"	校验和标识符	/
帧尾	hh	校验和	从帧头第二个字符到帧内数据结束的所有字符(包括分隔符)的校验和(十六进制)
	\<CR\>	回车符	/
	\<LF\>	换行符	/

表 7-12 用户需求

应用领域	主要用途	精度需求(m)	可用性需求	实时性需求
测绘工程	测图、施工控制	±0.01～±0.1	24h/365d	准实时或事后
形变监测	地表及建筑物安全监测	±0.001～±0.005	24h/365d	准实时或事后
工程施工	施工、放样、管理	±0.01～±0.1	24h/365d	准实时
地理信息更新	城市规划、管理	±0.1～±5.0	24h/365d	准实时
线路施工及测绘	通信、电力、石油、化工、沟渠施工及竣工测绘	±0.1～±5.0（取决于比例尺）	24h/365d	准实时
地面交通监控	车、船管理、自主导航	±1～±10	24h/365d	延时≤3s
空中交通监控	飞机起飞与着陆	±0.5～±6	24h/365d	延时≤1s
公共安全	特种车辆监控、事态应急	±1～±10	24h/365d	延时≤3s
农业管理	精细农业、土地平整	±0.1～±0.3	24h/365d	延时≤5s
气象预报	可降水气预报	±0.01～±0.05	24h/365d	准实时
防灾、减灾	水利、地震等灾害防范	±0.001～±0.01	24h/365d	准实时
海、空港管理	船只、车辆、飞机调度	±0.05～±1	24h/365d	延时≤3s

7.9.5 服务系统

用户服务中心的组成包括用户服务器、交换机以及网站服务器等设备,其主要功能是提供连续运行参考站的下行链路。数据由参考站网络采集并经系统控制与数据处理中心处理以后,就会被发送到已注册的用户端。用户服务中心的功能可分为事后静态数据服务和实时动态数据服务。静态数据服务通过互联网向用户提供数据并支持在线计算,动态数据服务通常依靠无线通信方式(如 GSM,GPRS,CDMA 等)实现。对主辅站技术的实现过程而言,用户服务中心提供的是实时动态数据服务。

7.9.6 系统测试

CORS 系统建设完成后投入试运行前需要对整个系统进行测试,以评定系统建设是否达到设计要求。测试内容主要有如下几种。

7.9.6.1 系统稳定性测试

稳定性测试。利用系统每天自动生成的运行报告,对在运行期间系统运行状况、系统运行产生的各项数据进行分析评估。

可靠性测试。包括系统报警情况,在市电断电时持续供电时间、主服务器出现故障时备用报务自动启用情况,系统通信时数据的丢包率和传输速率、数据存储完整情况,差分数据从服务器到用户端数据流的稳定性、用户数据下载的稳定性等的测试。

7.9.6.2 系统定位精度测试

外部检核法。在系统覆盖的范围内选择具有三坐标的高精度控制点,将 RTK 设备获得的坐标与已知坐标进行比较。

7.9.6.3 服务范围测试

系统服务范围可认为是能得到网络 RTK 固定解的区域。测试可用车载 RTK,记录其轨迹,分析其定位结果,从而得到服务范围。

7.9.6.4 其他测试

可对系统的监视功能、容错性、智能化、自动化等其他功能进行测试。当服务器距离用户较远时,还需进行时延测试。

电磁波在真空中传播速率是光速,即 3.0×10^5 km/s。在铜缆中的传播速率约为 2.3×10^5 km/s;在光纤中的传播速率为 2.0×10^5 km/s。

7.10 移动 CORS 系统

从国内布设 CORS 站的现状可以看出,我国 CORS 建设没有进行整体设计,CORS 站由各部委、各省市根据需要自己建设,CORS 站在全国分布不均衡。形成了重点地区、发达地区、大城市布有 CORS 站,而非发达地区、农村没有;其结果是东部密、西部疏、南部多、北部少,大城市有,小城市及农村没有的现象。若是在全国相对均匀布设 CORS 站,一是投入大,建站多并且需要长期维护;二是许多地区目前不需要或不是长期需要。

在未建设 CORS 站地区(如农村、西部地区),由于特殊情况,如自然灾害发生后重建、武器试验等,需要测量控制点,采用常规测量或 GNSS 测量,时间长,不能满足应急需要,这里笔者提出"移动网络 RTK 系统"这一概念,利用"移动网络 RTK 系统"达到 CORS 的效果。移动网络 RTK 系统是目前 CORS 系统的补充,是应急测绘与导航的保障。

移动网络 RTK 系统由 3 个以上可移动的基准站组成,构成网络。每个移动基准站由数据处理系统、通信系统、GNSS 接收机组成,现场进行数据处理、现场发播差分信息,从而达到快速提供 RTK 测量服务的目的。

从上面 CORS 数据处理中心构成可看到,建立一个数据处理中心其投入是很大的,而移动网络 RTK 系统,不仅基准站是可移动的,其数据处理中心也是可移动的,每一个移动基准站既是移动 CORS 站,也是数据处理中心。

7.10.1 移动 CORS 组成

移动网络 RTK 系统由 3 台以上移动 CORS 站组成(图 7-20),在所需要地区布设成相邻间距不大于 60km 的三角形或四边形。

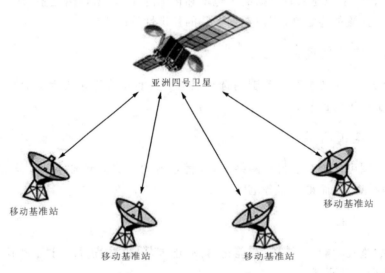

图 7-20 移动网络 RTK 系统组成示意图

每套移动 CORS 组成部件由汽车、发电机(或接市电)、卫星通信设备、GNSS 接收机、UPS、电池组、便携计算机、气象仪、路由器、交换机、电台(发播差分信息)等组成(图 7-21)。

软件有:GNSS 静态数据处理软件(GAMIT 或 LGO 等)、差分信息计算软件、基准站(IGS)数据库等。

基准站(IGS)数据库。将联网的基准站资料建立数据库,其中包含各基准站的准确坐标、速率、天线高及所用仪器参数。移动基准站可以随时访问这些站点,并下载其观测数据。移动

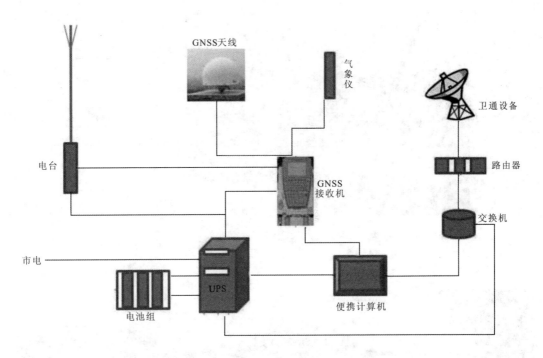

图 7-21 移动 CORS 站构成示意图

基准站根据其导航位置,选择周围若干基准站(一般 3~5 个),与移动基准站一起进行数据处理,获取移动基准站的坐标。

GNSS 静态数据处理软件(GAMIT 或 LGO 等)用于处理移动基准站和其周围基准站观测数据,以获得移动基准站的准确坐标。

差分信息计算软件将组网的基准站数据进行处理,获取差分信息,并向用户进行播发。

7.10.2 通信系统

通信系统包括有线通信设备、3G 设备和卫星通信设备。主要有 Cisco1841 路由器 1 台、Cisco CP7942 IP 电话 1 部、Cisco 无线 AP1 台、Cisco 3G 传输模块 1 套、卫星传输设备 1 套。下面主要介绍卫星通信设备(图 7-22、图 7-23)。

本设备采用的通信卫星为亚洲四号卫星。亚洲四号卫星 2003 年 4 月发射,在轨运行寿命大于 16 年。其特点是运行稳定,放大功率大,覆盖范围广。

卫星通信设备由卫星通信解调器、卫星通信天线及连接电缆组成。

7.10.3 系统实现

7.10.3.1 移动 CORS 站坐标值确定

(1)移动 CORS 站架设。到达测区后,按基准站选址要求,选择移动 CORS 站的位置,架设移动 CORS 站,要求如下:①站址的选择,站址周围无电磁干扰,周围 10°以上无遮挡;②站

图7-22 通信设备组成

图7-23 卫星通信设备组成

与站构成等边三角形为佳,相邻距离不易超过60km;③架设BGSS仪器和卫星通信设备,利用导航值确定本站位置;④搜索周围固定基准站位置,计算本站到周围固定基准站的距离;⑤设置GNSS观测参数,根据精度需求和到基准站的距离确定观测时段长度;⑥3台以上移动CORS站采用同样参数进行同步观测。

(2)数据下载。根据本站位置(导航值)在基准站数据库中搜索周围基准站(图7-24),一般以150km半径搜索,当搜索到基准站少于4个或分布不理想时可扩大搜索半径,然后选择分布较好的4个基准站作为本站(本测区)控制点(图7-25)。

观测3h后(移动CORS站距周围基准站较远时,适当增加观测时间),下载本站观测数据。

利用通信设备连接Internet,下载IGS快速精密星历(IGU)(精密星历网址:ftp://igscb.jpl.nasa.gov,ftp://igscb.jpl.nasa.gov/pub/product)。

利用通信设备访问其他移动CORS站,下载其他移动CORS站同步观测数据(图7-26)。

利用通信设备访问台网中心,下载选择好的周围基准站的同步观测数据、坐标、速率等相关信息。

(3)数据处理。①将以上下载数据进行检查,并整理到一个文件夹;②利用LGO、TGO或DBC进行基线解(距离固定基准站大于300km时,采用Gamit或Bernese软件);③对同步观

7 网络 RTK(CORS)系统

图 7-24 搜索周围 GNSS 基准站

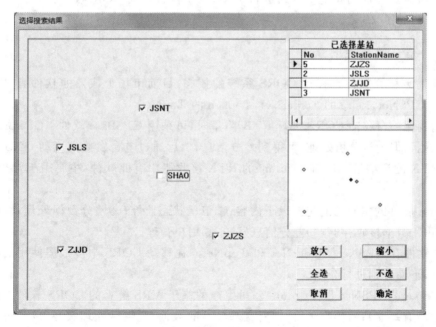

图 7-25 选择测区周围基准站

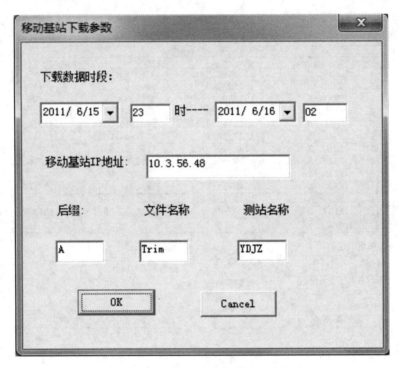

图 7-26 移动 CORS 站数据下载

测的移动 CORS 站和周围固定基准站进行网平差,获得各移动 CORS 站坐标值;④将计算结果发送到各移动 CORS 站。

7.10.3.2 差分改正数计算

差分改正数解算软件是移动 CORS 系统的核心,目前市场上成熟的软件有 Trimble 的 GPSBase 和 GPSNet,Leica 的 SpiderNet,Topcon 的 TopNet。

当我们利用一台移动 CORS 进行 RTK 测量时,可采用 GPSBase 软件。GPSBase 对单个基准站的观测数据进行分析处理,可得到差分信息,然后通过电台发播到流动 GNSS 接收机,从而获得 RTK 测量结果。目前 Trimble 的 RTK 接收机中有此软件,主要用于常规 RTK 测量。

GPSBase 软件的主要功能包括以下内容:①卫星状态监控;②差分数据处理;③电离层和对流层分析;④数据接收存储;⑤差分信息发送;⑥用户管理。

CORS 软件有 GPSNet、SpiderNet 和 TopNet。在移动 CORS 中可根据使用的接收机选择其中之一,下面分别进行介绍。

(1)GPSNet。GPSNet 是 Trimble 公司生产的基于 VRS 解算的 CORS 软件。可以全面控制网络中所有基准站的接收机,处理所有基准站的数据,提供后处理服务,以及逐个历元生成 RTCM/CMR 格式的改正数据流,提供给用户。其采用可选的 RTKNet 模块,可生成网络改正数据,并向流动站提供虚拟参考站模式的数据流,与流动站观测数据进行差分,从而获取 RTK 结果。

(2)SpiderNet。SpiderNet 是徕卡测量系统公司研发的 CORS 系统软件,已应用于各种品牌的接收机,前提是能输出 RTCM2.3 格式的信息。SpiderNet 采用的是主辅站技术(MAC),对多个 CORS 站数据进行解算和平差,确定轨道误差、电离层延迟和对流层延迟,并且可以校正的天线改正天线相位偏差。

SpiderNet 软件具备完整的系统运行状况显示功能,其包含以下内容:①卫星运行状况。卫星数目、编号、PDOP、高度角、水平角、卫星运行平面图及位置等信息。②传感器上的电源及记忆卡使用情况。③数据文件存储情况。如存放的位置、文件编号、长度及内存使用情况。④可显示气象仪所测量的数据,包括温度、湿度和气压。⑤RTK 改正数的格式、通信方法和发送情况。⑥可显示参考站实时定位结果。⑦可显示用户状态。

(3)TopNet。TopNet 是 Topcon 公司开发的一款 CORS 系统软件,该软件在我国 CORS 系统中应用较少。其主要特点有:①采用模块化、分布式的系统结构,可实现灵活多样的 CORS 网;②软件采用不同模块组合,可满足用户不同层次的需求;③软件不同模块之间,通过 IP 地址及端口、用户名、密码进行授权访问,保障了系统的安全性;④软件既能提供非模型化的单站 RTK 差分数据输出,也能提供模型化的多基站组网的 RTK 差分数据输出;⑤以 RTCM2.X 以下格式播发差分数据,能对 RTCM2.X 和 RTCM3.X 进行兼容性设置。

7.11 应用服务

7.11.1 测绘基准的建立与维持

测绘基准是一切地理位置的起算数据,要保持测绘成果能客观、真实地反映地理位置及有关信息,测绘数据必须具有唯一性和可靠性。要达到上述目的,所有的测绘成果必须要有统一的起算数据,也就是统一的测绘基准、统一的测绘系统和统一的技术标准。测绘基准的现势性维持是测绘基准正确性和可用性的重要指标,同测绘基准的建立同等重要。

常规的测绘基准都是依靠以静态测量构成的测量控制网来建立和维持,以此作为城市建设的基础设施。随着经济的快速发展,国内大多数城市建立的控制网点在 5 年后 40% 左右都会遭到破坏,常规控制网维持的测绘基准已经远远不能适应现代城市发展的要求。这是一种"建设—破坏—重建"的恶性循环方式,是投资和资源的严重浪费。如果采用 CORS 作为测绘基准,就可以通过对 GPS 连续观测数据的处理,采用 ITRF 框架及数据瞬时历元求算 CORS 站点的精密地心坐标,维护站点坐标的正确性;另一方面,通过 CORS 多年的连续数据解算,确定点位变化速率、速率的变化等参数,建立周期性定期复测机制,维护大地坐标框架的现势性。

7.11.2 高精度实时定位

随着卫星定位技术的快速发展,人们对快速高精度位置信息的需求也日益强烈,以 GNSS 静态测量的控制点作为区域建设的基础设施,已远远不能适应现代经济建设发展的需求。目前最为常用的实时高精度定位技术就是基于 CORS 的网络 RTK 技术,这也是现今区域 CORS 提供的最基本、最广泛的服务。正常情况下,任意一台可接收网络差分信号的 GNSS 接收机,几十秒之内便可获得厘米级的精密定位结果。该技术的出现极大地提高了测绘效率,改变了测绘的作业方法。

7.11.3 数据后处理服务

除了实时高精度差分定位服务以外,CORS 系统还可实现事后精密数据处理服务,有面向用户的数据处理服务和系统维护所需的数据处理服务。面向用户的数据处理服务大体上可分为两类:自主计算服务和在线计算服务。

自主计算服务是指用户通过网络下载原始观测数据、导航数据、精密星历数据、精密钟差数据和基准站已知坐标信息等,由用户自主完成事后精密定位计算工作。在线计算服务主要指利用 CORS 观测数据和外部支持性数据完成用户设定的计算任务,并将计算结果和相关处理报告通过网络服务形式向外部用户提供。

在线计算的具体内容为:①在线定位计算服务。从定位模式看,可支持精密差分定位、精密单点定位等。用户选择接收机所在区域并提供用户接收机观测数据文件,输入天线类型和天线高,设置必要的定制选项,选择定位方式,由服务系统在线完成事后定位计算,将结果发送给用户,完成定位计算。②测绘基准转换服务。具体包括不同坐标系间转换参数求解、不同坐标系间坐标转换、同一坐标系不同坐标形式转换、高斯平面投影计算、利用区域坐标格网模型进行不同坐标系间转换、利用似大地水准面模型进行水准高程拟合计算等。用户提交点位数据列表,设置计算选项,可实时获得计算结果。

7.11.4 GPS 气象学应用

CORS 在地基 GPS 气象学中的应用近年来发展非常迅速,已逐步从理论技术研究阶段转向业务化应用阶段。CORS 网的建立大大地改善了区域天气预报资料匮乏的局面。利用 CORS 系统进行气象服务主要有以下几方面。

7.11.4.1 区域暴雨的监测和预报

对于强对流天气和短时雷暴雨,由于常规气象观测手段的时空分辨率比较低,准确地预报这类天气比较困难。而结合 CORS 系统可以连续 24h 监测大气中的可降水量,能够提前 1～2h 得到短时降雨的 GPS/PWV 峰值,这反映了 GPS/PWV 具有很好的短期预报特性,与一天两次的常规探空资料相比具有实时、准确等优势。所以利用 CORS 网来进行短期雷暴雨和台风等灾害性天气的实时预报具有非常大的潜力和可行性。

7.11.4.2 检验中尺度数值模式预报质量,提高数值预报准确性

CORS 系统能够全天候、连续地监测大气中水汽的变化,诸多学者对 GPS 气象资料与探空资料的比较验证了其可靠性。可以利用 CORS 计算获得时空分辨率较高的 GPS/PWV 资料来优化数值预报的初始场,提高数值预报的准确性。

7.11.5 地形变监测

CORS 可以精确提供有关地表及地壳运动的连续不间断四维信息,其不仅在监测区域性

地表形变、板块运动和板块内的地壳变形方面具有广阔的应用前景,而且在监测全球性的板块运动方面,也可与其他空间定位技术相媲美。对于区域 CORS 而言,利用其进行地表形变监测的可行性已经得到业内的认可,并逐渐成为一个研究热点。该项应用已逐步在国内各省市的 CORS 中展开,取得了一定的成果。利用 CORS 进行地表形变监测,主要内容是利用 CORS 获取站点的时间序列,通过对时间序列周期性和噪声特征的分析,估计站点的形变位移及其速度场。此外,还有学者提出联合 CORS、水准、INSAR 等成果进行地表形变监测的方法,综合各种手段的优势,得到更加客观的地表形变信息。

7.11.6 地震监测与预报

GPS 技术已成为世界主要国家和地区开展火山、构造地震、全球板块运动监测,特别是板块边界区域监测的重要监测手段。GPS 监测手段能够获得非常精确的地壳运动信息,为地震的预报和监测提供实时的、可靠的数据信息,包括监测全球板块间的相对运动和板块边缘及内部的构造变形,确定不同尺度构造块体运动方式、规模和运动速率,确定区域位移场、速率场和应变场等。同时,利用 CORS 也可以进行地震同震和震后形变的监测。

7.11.7 大型建筑物精密监测

大型建筑物精密监测是对其关键部位进行连续实时监测,为评估结构物的稳定性、耐久性和可靠性提供有价值的信息。在台风、温度变化、载荷变化及地震等因素的影响下,许多大型结构建筑物会产生震动和发生位移,甚至会有倒塌事故的发生。因此,对大型结构物进行动态监测,不仅可以检测潜在的危险和采取相应的维修措施,避免灾难性事故,也为结构损伤检测、结构残余寿命的评估提供重要的依据。

目前,大型建筑物精密监测的手段有加速度仪、倾斜仪、位移传感器、全站仪、GPS、遥感以及特殊仪器,但既能满足精度要求、快速响应、便于操作,又能实现自动化监测与预报功能的唯有利用 GPS 实施精密动态监测的方法。该方法与网络集成可实现远程监控与控制,在危险源等人员不便长久滞留的区域优点更为突出。

7.11.8 车辆精确导航与交通管理

现有的车辆导航定位大都基于 GPS 单点定位来完成,成本较低,已经在普通大众中得到普及。但其缺陷也比较明显,如定位精度不高,无法满足车辆精确导航和交通管理的要求。CORS 系统的建立,将为车辆导航定位提供高精度的差分数据,大大提高现有的定位精度,满足车道级的导航需求,能够满足一些特殊车辆(如消防、押运、物流)对高精度定位的迫切要求。

7.11.9 地理信息产业经济监测

CORS 在地理信息产业经济监测中的应用是一项比较特殊的应用,其基本思想是基于 CORS 定位用户的使用情况,从侧面来监测一个区域的地理信息产业的发展情况。从实时定位海量历史记录数据中筛选反映经济发展的有用信息,为政府基础建设规划、经济规划等政府决策提供依据。

8 北斗设备及测试

北斗设备的研制与北斗技术的发展是同步进行的,1994年,中国正式开始北斗卫星导航试验系统("北斗一号")的研制,与此同时"北斗一号"接收机也随之进行研制。2000年"北斗一号"正式运行,与之对应的北斗设备有导航型接收机与授时型接收机;导航型接收机分为指挥型、车载型和手持型,类别分为单频和双频,主要应用于军事和车辆、船只导航。2012年底"北斗二号"投入运行,北斗设备的种类增多、精度提高,不仅有成熟的导航、授时接收机,测量型接收机也开始研制。"北斗二号"导航接收机逐渐替代"北斗一号"接收机。目前,基准站型接收机已经应用于CORS系统,与之对应的RTK接收机也开始应用。

8.1 北斗导航接收机构成

卫星导航接收机接收卫星信号,由无线电信号测定用户至卫星的距离,或多普勒频移等观测量;由卫星信号解调出导航电文,依据导航电文计算所观测时刻的卫星的位置和速度,解算出用户的位置和速度。

8.1.1 导航接收机基本功能

北斗卫星导航定位接收机的主要功能是接收卫星信号,获取必要的观测量,经数据处理、定位解算后得到用户的位置、速度等。根据对用户接收机功能分析,可以将其分为以下几个模块:射频模块、基带信号处理模块、数据处理和定位解算模块。数据处理模块在用户接收机中起到承上启下的作用。其基本功能结构见图8-1。

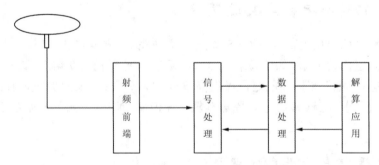

图8-1 用户接收机基本功能结构图

射频前端是用户接收机工作的基础。主要是完成信号的下变频,它将接收到的卫星信号经过混频、滤波,变成低频信号。

信号处理模块是用户接收机的核心部分。主要完成载波提取、载波锁定指示,进行PN码快速同步、解扩以及信号判决等。它从多址信号中识别出卫星信号,并对其进行解扩,在恢复信噪比的基础上解调载波,消除多普勒频移的影响,恢复基带信号,同时将解扩与解调处理的历元时刻所对应的伪码状态、载波相位状态的原始观测量和原始导航二进制电文送给数据处理模块。

数据处理模块是用户机中承上启下的部分。它从信号处理模块中接收包含原始观测量、原始导航电文以及控制信息的二进制数据流,按照协议规定的格式进行卫星导航电文的提取、处理、存储,并完成接收机内部初始化信息、命令、报告等的接收、发送、处理等。

定位解算模块是卫星接收机中面向终端用户的部分。它根据数据处理模块传来的各种具有物理意义的数据进行实时解算,并得出定位结果,按照用户要求提供用户接收机的时间、位置、速度等信息。

8.1.2 导航接收机硬件构成

导航接收机由硬件和软件组成。用户接收机硬件结构一般由微处理器、存储器、电源模块、信号变频、信号通道等组成,如图 8-2 所示。

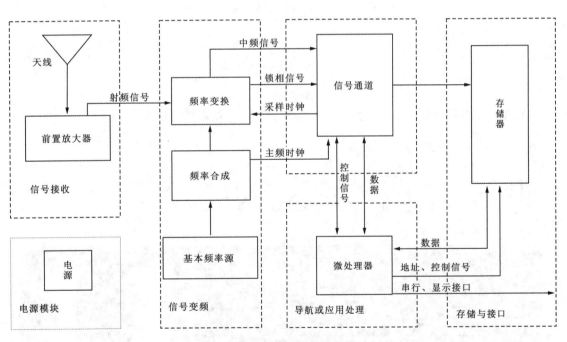

图 8-2 导航接收机整体结构图

8.1.3 导航接收机软件构成

典型的卫星导航系统接收机软件系统采用的是嵌入式操作系统。用户机需要随时监测外部的变换,例如可视卫星的数目、星图的变换、方位角的变化等,并及时做出反应,以按照用户的要求给出实时的服务。

用户接收机启动后,首先进行硬件、软件的初始化,然后由主程序发起几个独立并行的不停循环运行的任务:数据读取任务、数据处理任务、定位解算任务。三者之间并无先后顺序,可用并行的进行,见图8-3。

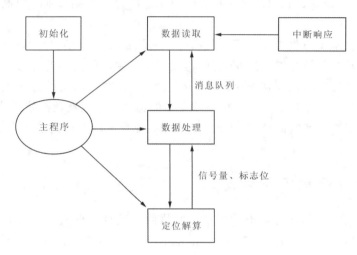

图8-3 用户接收机软件结构任务图

8.2 导航设备

北斗导航设备根据其用途不同分为手持型、车载型、指挥型等机型。

8.2.1 手持型导航接收机

手持型导航接收机指单人手持机,其功能主要用于导航和收发电文。目前随"北斗二号"的正式运行,其机型也由"北斗一号"机发展到"北斗二号"机(图8-4、图8-5)。

图8-4 "北斗一号"手持导航仪

图 8-5 "北斗二号"手持导航仪

"北斗二号"手持用户机可同时接收北斗 B1 频点和 GPS 的 L1 频点,用户可根据实际需求采用单独或组合模式进行定位导航。"北斗二号"手持用户机具有可靠的三防设计,可有效防雨淋、沙尘及防摔。该设备体积小巧,方便携带,可以在各种恶劣环境中正常工作(图 8-6)。

其产品特点:①整机结构为一体化设计,内置式天线;②显示单元采用 2.8 英寸的 OLED 显示屏,亮度高,视角宽,强光环境下可视性能佳;③可接收北斗 B1 频点和 GPS L1 频点卫星信号,实现实时导航、定位、测速等功能;④可使用双系统进行组合导航、定位、测速功能;⑤采用拼音、笔画和手写输入法;⑥支持多种电子地图数据;并可通过 USB 完成电子地图的下载;⑦环境适应能力满足野外环境使用要求。

图 8-6 "北斗一号"导航用户机

8.2.2 车载型导航接收机

北斗车辆导航仪采用模块化设计,具有体积小、外形美观、人机操控性强等特性(图 8-7)。导航仪可接收 RNSS 体制下的北斗导航信号,具有实时导航、定位和测速等功能。导航仪一般采用 Android 操作系统,操作方式与主流智能手机相似,方便用户使用。

其产品特点:①整机安装时无需对车辆进行任何改动;②采用 5 英寸彩色显示屏,亮度高,视角宽,强光环境下可视性能佳,人机操控性强;③操作系统采用 Android 操作系统,方便用户使用;④可接收北斗/GPS 频点卫星信号,实现实时导航、定位、测速等功能。

图 8-7 车载型导航仪

8.2.3 指挥型导航接收机

北斗指挥型用户机是北斗卫星导航定位系统的指挥所应用终端设备,具备接收北斗系统 RDSS 和 RNSS 信号,可实现基于北斗系统的连续实时导航、定位、测速、授时以及短报文通信和位置报告等功能(图 8-8)。具有北斗/GPS 双频定位和组合定位能力,同时具有监视指挥调度等功能,能实时将定位及导航信息在数字地图上进行标绘与监控,支持历史信息查询、维

图 8-8 "北斗一号"指挥机

护及导出等功能,可实现对下属 100 个用户的指挥调度和多级分组组网功能(增强型指挥机可指挥更多的用户机),提供丰富的战术组合,为指挥部门提供效果真实、直观的监控信息,支持军标矢量和像素地图(图 8-9、图 8-10)。

图 8-9　终端式装甲车载多模式北斗指挥/用户机组成图

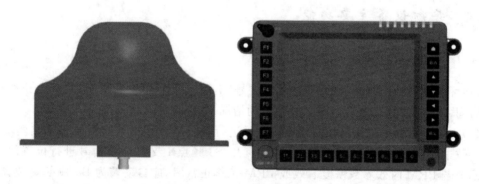

图 8-10　终端式装甲车载低成本北斗指挥/用户机组成图

8.2.3.1　主要功能

定位:提供准确的三维坐标,可实现高斯、麦卡托、空间和大地坐标的相互转换。

导航:具有地图、文字和罗盘 3 种导航方式,具备偏航报警功能,标识点、线、面及航线的编辑管理功能,多用户轨迹回放功能。

通信:支持汉字、代码和混合 3 种编码方式,采用收件箱、发件箱、草稿箱和地址簿等方式进行灵活管理。

指挥调度:对下辖用户灵活分组,利用统播、分组或点对点等方式进行指挥调度。

监收功能:实现多达 100 个子用户的定位和通信信息的监收管理,并在地图上进行动态标识跟踪。

校时:利用北斗卫星发布的时间信息对本机时间进行同步,校时误差小于 1s。

地图功能:支持各种比例尺的军标格式的矢量地图和像素地图,具有地图放大、缩小、无缝漫游、地图选择、地理信息查询、距离量算、面积量算、鹰眼显示、图层控制及多视图浏览等功能。

扩展功能:位置上报、发射信号静默、预置电文、声光提示、状态设定和整机监测功能、信源保密功能、遥闭功能、自毁功能。

8.2.3.2 主要指标

(1)定位精度:优于 20m(1σ,有标校站地区),优于 100m(1σ,无标校站地区)。
(2)灵敏度:≤－127.6dBm。
(3)首捕时间:≤7s。
(4)重捕时间:≤1s。
(5)动态性能:≤300km/h。
(6)待机功耗:10W。
(7)待机时间:6h。
(8)EIRP 值:12～19dBW。
(9)电源性能:直流供电 9～32V,交流供电 220V,50Hz。
(10)环境适应性:工作温度－20～＋55℃,存储温度－55～＋70℃,湿度相对湿度 95%(45℃)。

8.2.4 导航设备主要功能

8.2.4.1 RNSS 业务功能

(1)可捕获跟踪所有有效的可视"北斗二号"卫星 RNSS 导航信号(B3 频点),进行位置、速度和时间(PVT)解算。在有广域差分信息的情况下,应优先利用广域差分信息。

(2)应优先利用 B3 频点 Q 支路导航信号进行位置解算。当精密测距码生成模块(PRM)时效参数过期或 PRM 出现故障时,可转为利用 B3 频点 I 支路导航信号进行位置解算,并给出提示。若 PRM 时效参数恢复有效或 PRM 工作正常时,应自动转为 B3 频点 Q 支路导航信号进行位置解算。

(3)具有精密测距码(P 码)引导捕获和直接捕获功能。用户机应按下列次序捕获、跟踪和重新捕获北斗卫星导航信号:P 码引导捕获;P 码直接捕获,I 支路战时关闭或被干扰时。

(4)接收机自主完好性监测。用户机应利用冗余的卫星观测数据,实现接收机自主完好性监测(RAIM),当监测到故障星,或当 RAIM 算法无法剔除异常卫星信号参与定位解算时,应给出提示。

8.2.4.2 RDSS 业务功能

(1)定位申请功能。用户可设置定位信息类别,定位申请受注册的服务频度限制。
(2)通信申请。用户可设置通信信息类别,用户一次入站通信电文长度受通信等级限制。
(3)位置报告。用户可选择"位置报告 1"和"位置报告 2"两种方式进行位置报告申请,并可设定位置报告频度。
(4)PRM 时效参数申请。可发送时效参数申请,根据接收的信息自动完成 PRM 参数的更新。

(5)抑制。接收中心控制系统发出的"抑制"指令后,则不再发射任何入站申请(通信回执除外),直至对本机的"抑制"指令解除。

(6)口令识别。接收到"口令识别",判别无误后即自动完成一次定位申请,并根据"询问口令"要求确定是否发送"应答口令"。当需要发送应答口令时,在相应的通信电文中回答约定的"口令"。

8.2.4.3 导航

(1)支持时间最优、距离最优搜索条件进行路径规划。
(2)支持当前位置至目的地路径规划和导航。
(3)支持起始点至目的地路径规划和导航。
(4)支持起始点、规避点、经由地至目的地路径规划和导航。
(5)支持偏航后自动计算新的路径。
(6)支持设定航线导航,并实时给出偏航告警。
(7)支持重要目标实时标定、保存和管理。
(8)路径引导过程中,应以适合方法提示用户。

8.2.4.4 报文通信

(1)电文传输方式。用户机应具备汉字、代码以及汉字代码混合传输3种电文传输方式,缺省为混合传输方式。

(2)通信等级控制。用户一次入站通信电文长度受通信等级限制,对超通信等级的入站申请,用户机应有相应的提示。

(3)电文编辑。电文编辑时应给出可输入电文长度,并应提示用户输入电文是否符合所选电文传输方式。汉字具有多种输入方式,包括T9拼音、T9笔画和手写输入法,缺省为T9拼音输入法。汉字库(含符号)为国标GB 2312—80中二级汉字。

(4)通信信息接收及显示。用户机接收到通信信息时,应根据用户设定给出提示,并显示通信信息内容(包括发信方地址、发信时间、电文内容)。

(5)通信信息存储。用户机自动存储接收的通信信息,并按接收时间顺序保存,保存内容包括通信时间、发信方地址和通信电文。用户机通信信息存储容量不少于200条,超过存储容量时,应提示用户删除部分或全部已保存的通信信息。

(6)通信信息调阅。对已接收和保存的通信信息,用户可按保存顺序、时间、发信地址等方式进行调阅。

(7)预置通信电文。具有不少于20条待发送的通信电文的存储、编辑、调阅功能。

(8)通信查询。用户机可向中心控制系统申请查询本机电子信箱内的通信信息。通信查询包括电文查询和回执查询。

(9)通信地址簿管理。

8.2.5 "北斗二号"用户终端导航软件

"北斗二号"用户终端导航软件可实现智能化路径规划、全程语音/图示导航、多功能信息检索等功能,是实现"北斗二号"系统导航定位等应用服务的应用系统软件。

8.2.5.1 技术要求

(1)地图数据接口要求:①支持《军用车载导航电子地图产品数据要求》;②支持《军用矢量数字地图数据模型及格式》包括1:25万,1:5万等比例尺地图;③支持大范围的导航定位应用,地图数据文件的数据量不小于600MB;④地图输入方式:通过USB接口可对多种地图数据载体进行转存加注,需有鉴权认证功能。

(2)通信接口要求:支持《北斗二号用户设备数据接口要求(2.1版)》。

8.2.5.2 功能要求

在显控流程统一的规范条件下,具备以下功能:

(1)地图显示。能够完成数字地图(或导航图)的输入、直观显示、缩放、漫游等一系列操作,为可视化的导航定位等应用提供背景地图。①自动读取存储的数字地图文件,进行符号化显示;②导航时,支持自动调整显示比例,保证视窗中有足够信息量的地图要素,以满足导航定位的需要;③从一种比例尺地图切换到另一种比例尺地图时,能够自动改变显示比例,保证视窗中有足够信息量的地图要素,以满足导航定位的需要;④按一定比例尺进行地图放大与缩小;⑤支持自动漫游和手动漫游;⑥支持白昼/黑夜显示效果;⑦支持地图正北、地图随车辆行进方向旋转等显示效果;⑧支持动态注记和注记避让;⑨支持特定目标的闪烁显示或高亮显示;⑩支持图层配置。

(2)信息查询。提供多种从数字地图(或导航图)数据中查找感兴趣目标信息的工具,查询结果能够合理地展示给用户。①支持输入关键字进行索引查询;②支持名称检索;③拼音首字母查询;④支持周边查询;⑤支持输入坐标进行查询;⑥支持分类查询;⑦支持地址簿查询。

(3)路径及行程时间规划。①支持时间最优、距离最优等搜索条件进行路径规划;②支持当前位置至目的地路径规划;③支持起始点至目的地路径规划;④支持起始点、多个规避点、多个经由地至目的地路径规划;⑤计算返航路径;⑥偏航后自动计算新的路径;⑦提供路径计算结果的详情预览;⑧路径计算结果的显示、存储和再利用。

(4)路径引导。①支持实时语音和图形两种路径引导方式;②支持目标位置的实时显示;③行进过程中能显示当前位置周边标志性信息;④支持当前道路名称、前方路口名称、距前方路口的距离、车速、所在地区名称等行驶信息报告及显示;⑤支持路径规划结果的模拟路径引导;⑥路径引导时,可选择支持"行程进度条"指示;⑦提供引导环节:初始引导、路口转向、判别偏航、到达报告、特定目标(例如危险区域等)告警。

(5)参数与状态设置。①系统工作参数设置;②轨迹信号与道路强制匹配设置;③地图正北、图随车转等可视化模式设置;④地图可视化画面昼夜模式设置;⑤路径搜索条件设置;⑥行驶轨迹可视化模式设置;⑦语音服务设置;⑧地图图层、兴趣点(POI)分类等显示设置;⑨报文通信及定位参数设置;⑩告警参数设置。

8.2.5.3 系统管理

(1)地址簿:用户感兴趣地点操作,为快速查询、定位、路径计算点选择提供操作平台。①支持新建、查询、删除、编辑、导入、导出等地址簿操作;②支持地址簿中的地址在地图上进行比例尺适当选择并快速定位;③为路径计算提供条件点的类别选择。

(2)航迹管理:对用户导航定位和查询分析过程中的路径查询结果和实际行驶轨迹进行有效合理的管理。①支持新建、查询、删除、编辑、导入、导出等航迹文件操作;②提供多种航迹记录方式;③提供航迹的实时显示和显示控制;④支持航迹详情调阅;⑤支持多个航迹在地图上的区别显示;⑥支持航迹回放;⑦支持指定航迹的模拟导航和实际导航。

(3)报文管理:建立报文信息的收件箱、发件箱、草稿箱、垃圾箱和通信地址簿,为用户提供快捷、简约、方便的报文信息管理。

(4)报文通信:①提供报文接收、编辑和发送功能,实现常规报文的收发以及超长报文发送功能;②支持报文的回复和转发;③允许用户使用事先设置好的快捷报文进行发送、回复与转发;④支持收到报文语音和图标提示功能,语音提示可设置;⑤以特定的图标和语音提示用户接收到新报文;⑥支持使用语音或图形提示用户命令发送操作是否成功;⑦提供多种报文排序方式。

(5)其他:①设定路线引导。用户可事先在地图上标定行进路线,用户设备正常接收信号并定位后,按设定路线进行引导,并具有偏航报警与提示。②军标标绘。提供简单的军标库,可完成基本标绘。③特定目标标定。提供在地图上进行危险区域、污染区域、水源等特定目标标定、保存、下载功能。④目标点精确定位。对重要目标采用特定算法进行精确定位,并在地图上标定、保存、下载。⑤行进路线叠加。可将用户临时开辟的道路、急造路和图上没有的道路添加到图上,并与原地图显示风格融为一体,且可与其他用户交互使用。⑥位置报告。用户可将自身位置信息通过报文通信或定位申请方式报告给其他用户。⑦目标位置的接收。用户可接收其他用户发送的位置信息,并在地图上显示。⑧距离量算。⑨面积量算。⑩卫星状态监控。通过图形化界面实时显示当前卫星和接收机状态,为用户提供可用的卫星参数等状态。⑪用户设备工作状态参数信息显示。⑫系统帮助。

8.2.5.4 性能要求

(1)放大、缩小和场景切换响应时间小于0.5s,实现平滑漫游。

(2)信息查询时间:≤3s。

(3)路径计算时间:≤2s(城市内),≤5s(城市间)。

(4)报文管理的查询响应时间:≤1s。

(5)航迹管理的查询响应时间:≤1s。

8.2.5.5 安全性要求

(1)通过特定的内部软件格式对地图数据进行保护。

(2)可响应设备信息销毁指令。

(3)用户使用权限设置。

(4)系统有自锁装置,能自动封锁部分控制功能。

8.2.5.6 其他要求

(1)界面应体现适用性、易用性,富于美感,富有吸引力,适度设计。

(2)界面颜色应清晰、柔和、易辨,并能适应不同的光照条件。

(3)语音输出语句应短小,清晰,频度适当。
(4)操作控制方式应简单灵敏,符合正常使用习惯。
(5)误操作不应引起系统及设备损坏。

8.2.6 导航设备检验

导航设备检验在用户应用前进行,主要检查设备的功能和精度是否达到出厂标称的要求。检查项目主要有:

在 RNSS 模式下的位置、速度、时间解算功能,P 码定位功能,P 码捕获策略,接收机自主完好性监测功能等。

在 RDSS 模式下的定位申请功能、通信功能、位置报告功能、PRM 实效参数申请功能、抑制功能、口令识别功能等。

导航功能,即路径规划功能、路径提示功能、偏航告警功能、目标管理功能等。

对于指挥型导航机需检查指挥功能:下属用户监控、位置监控及通播、下属用户管理、辅助导航、信息查询、信息管理等。

8.3 北斗定时型接收机

8.3.1 "北斗一号"授时型用户机

"北斗一号"授时型用户机是利用北斗导航卫星实现物体定位、时钟授时与同步数据采集的用户机(图 8-11)。其功能特性:具有北斗授时和 GPS 授时功能;用户可通过控制接口灵活切换工作模式;可通过信息的解读恢复出精度在 100ns 以内的时间基准点;设备根据工作模式通过串口和 LNA 输出当前工作模式下的 UTC 时间信息和标准的秒脉冲。北斗授时有单向授时和双向授时两种方式(见第 2 章第 3 节),其基本原理见图 8-12。

定位授时终端(授时型用户机)是根据行业用户需求订制的用户机,主要功能有 RDSS 通信、RNSS 定位授时、高精度守时、1PPS/IRIG B 码授时、NTP 网络授时、时区修正和显示等功能。

功能特性。RDSS 功能,能够进行北斗短报文通信;RNSS 功能,能够接收 RNSS B1 频点信号,实现授时、定位功能;具有时区锁定和自主时区修正 2 种模式;具有时区和时间显示功能,每秒更新 1 次;卫星信号不可用时设备具有守时功能;通过串口输出授时、定位信息。

图 8-11 "北斗一号"授时型用户机

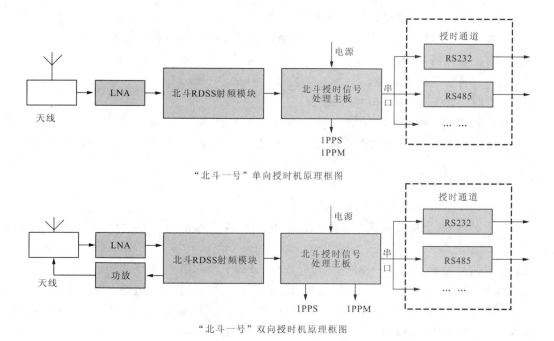

图 8-12 "北斗一号"授时基本原理图

8.3.2 "北斗二号"定时型用户机

"北斗二号"定时型用户机(图 8-13)由高精度授时型 RNSS OEM 和高精度授时型 RDSS OEM 组成,可根据用户需求分别提供 RNSS 定时和 RDSS 双向定时服务。它具有授时精度范围可选、移植拓展性好等特点。

8.3.2.1 接收机功能

(1)可捕获跟踪所有有效的可视"北斗二号"卫星 RNSS 导航信号(B3 频点)进行位置、速度和时间(PVT)解算。在有广域差分信息的情况下,应优先利用广域差分信息。

(2)应优先利用 B3 频点 Q 支路导航信号进行 PVT 解算。当精密测距码生成模块(PRM)时效参数过期或 PRM 出现故障时,可转为利用 B3 频点 I 支路导航信号进行位置解算,并给出提示。若 PRM 时效参数恢复有效或 PRM 工作正常时,应自动转为 B3 频点 Q 支路导航信号进行位置解算。

(3)接收机自主完好性监测。用户机应利用冗余的卫星观测数据,实现接收机自主完好性监测(RAIM),当监测到故障星,或当

图 8-13 "北斗二号"定时型用户机

RAIM 算法无法剔除异常卫星信号参与 PVT 解算时,应给出提示。

(4)具有在已知坐标点位(可输入)和未知坐标点位(自主定位)实现定时功能。

(5)具有位置保持功能。

(6)具有设备时延补偿功能。

(7)具有时间标准信号(1pps)输出接口。

(8)具有军用标准时间输出功能。

(9)具有串行接口,可进行参数配置以及授权用户信息和精密测距码时效参数在线加注。

8.3.2.2 技术指标

(1)接收频率:1 268.52MHz(B3)。

(2)接收灵敏度:当接收机天线(天线增益 0dB)接收输入信号功率为 -133dBm 时,接收误码率 $\leqslant 10^{-6}$。

(3)接收信号功率范围。$-133 \sim -118$dBm,$-110 \sim 125$dBm(功率增强)。

(4)伪距测量精度:$\leqslant 0.3$m(1σ,10.23MHz 码速率,单支路信号功率为 -133dBm)。

(5)首次定位时间。温启动:$\leqslant 120$s(95%,有概略位置,时间不确定度 ± 1s);热启动:$\leqslant 15$s(95%,星历可用,有概略位置和时间,时间不确定度 ± 1ms)。

(6)信号重捕时间:$\leqslant 5$s(95%,卫星信号中断 30s)。

(7)定位精度。水平误差:$\leqslant 10$m(95%,HDOP$\leqslant 4$,重点区域),高程误差:$\leqslant 10$m(95%,VDOP$\leqslant 4$,重点区域)。

(8)定时精度:1pps 输出误差 $\leqslant 50$ns(95%,相对于军用标准时间)。

(9)动态性能。速度:300m/s,加速度:4g。

(10)时延标称值:0.5ms(20 ± 5℃)。

(11)时延标定误差:$\leqslant 3$ns。

(12)时延稳定性:时延变化$\leqslant 5$ns/a(20 ± 5℃)。

(13)数据更新率:1Hz。

(14)工作电压:5 ± 0.5VDC。

(15)平均功耗:$\leqslant 3$W(正常工作时)。

8.3.2.3 功能模块特性

整机至少应包括以下功能模块。

(1)串口输出模块。①报文格式:支持《北斗二号用户设备数据接口要求(2.1 版)》中的 ZDA 语句格式和自定义格式;②报文帧头与秒脉冲(1pps)的前沿对齐,偏差小于 1μs;③接口形式:DB9 Female,RS232,波特率可设;④输出路数:用户可定制。

(2)秒脉冲输出模块。①定时准确度(绝对值)$\leqslant 50$ns(95%,相对于军用标准时间,北斗卫星锁定);②脉冲宽度:1ms± 200ns;③前沿宽度:$\leqslant 20$ns;④前沿抖动:$\leqslant 1$ns;⑤幅度:LVTTL 3.3V;⑥极性:正极性,前沿为准时沿;⑦阻抗:50Ω;⑧接口形式:BNC;⑨输出路数:用户可定制。

(3)B 码输出模块。①IRIG-B(DC)时码。输出为 RS485 差分接口,准时沿为上升沿,同步误差小于 200ns,接口形式:BNC。②IRIG-B(AC)时码。输出幅度 0.5~10V 连续可调;调制比(2∶1)～(6∶1)连续可调;负载600Ω,平衡输出;同步误差小于10μs;接口形式:BNC。

(4)NTP输出模块。①准确度。小型局域网(1～20台):优于10ms;典型楼宇网络(20～100台):优于20ms;大型多路由网络(100台以上):优于100ms。②接口形式:RJ45。

(5)守时模块。①守时模块选用恒温晶振;②准确度:优于1×10^{-12}(跟踪卫星时);③稳定度:优于5×10^{-11}/d;④守时能力:10μs(24h)。

(6)电源要求:交流工作电压:180～240VAC,50～60Hz。

(7)平均功耗:≤20W。

(8)重量:≤10kg。

(9)可靠性:平均无故障时间(MTBF)≥5 000h。

(10)维修性:平均维修时间(MTTR)≤0.5h,现场级功能板更换维修。

(11)环境适应性。①工作温度:-20～+55℃;②存储温度:-50～+70℃;③湿度:95%,无冷凝;④湿热:应能承受GJB 150.9A—2009规定的湿热试验;⑤冲击、振动分别满足《时统设备通用规范》(GJB 2242—94)3.8.5和3.8.6的规定。

8.3.3 定时机测试

定时机测试采用专用软件进行,是对定时机在RDSS和RNSS模式下进行各种功能的测试,包括本机工作状态、参数设置、定位和定时申请等。

8.3.3.1 软件的安装及启动

在包装箱中取出随机光盘,将光盘插入PC机的光盘驱动器中,将光盘中"运行软件"文件解压后,将"运行软件"文件夹中的内容拷贝到电脑中,然后双击文件夹中的"'北斗二号'定时型用户机测试软件"图标,软件就会自动运行。运行时的界面如图8-14所示。

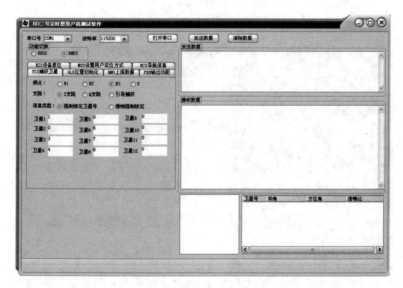

图8-14 "北斗二号"定时型用户机测试软件界面

8.3.3.2 软件操作

(1)串口/波特率设置。点击软件上"串口号"选项框右侧的下拉箭头,可设置串口号。串口号由终端所连接的 PC 机的串口编号来确定。例如,终端与 PC 机的 COM1 相连,则在下拉菜单中,找到 COM1 后,点击即可。点击"波特率"选项框右侧的下拉箭头,可设置波特率。本终端采用的波特率可调,默认为 115 200bps。如图 8-15 所示。

(2)选择 RDSS 模式。软件上功能切换组合框中有两个单选按钮,标题分别是 RDSS 和 RNSS,通过单击这两个按钮来达到模式转换的目的。当然在进行模式转换的同时,也别忘了换一下电脑串口上对应每个模式的连接线。现在可以先单击选择 RDSS 模式。如图 8-16 所示。

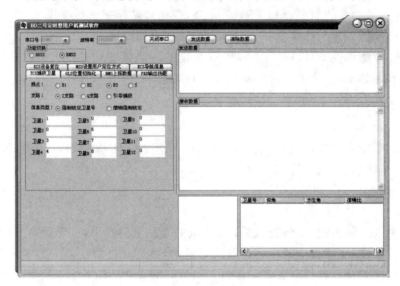

图 8-15 波特率设置

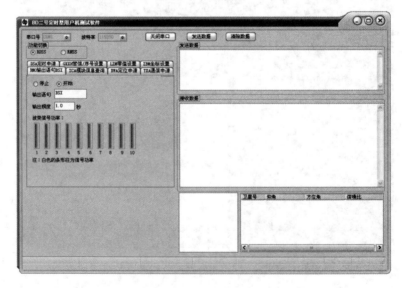

图 8-16 RDSS 模式选择

①波束状况。打开用户机上的电源开关,并选择 RDSS 模式后,用户机会自动吐出 BDBSS 语句,界面上白色条形柱的高度代表 1~10 号波束功率的大小,如图 8-17 所示。

②本机工作状态。若查询用户机工作状态,则点击"ICA 模块信息查询"标签项,然后点击"发送数据"按钮,用户机会返回 BDICI 语句,本机卡的相关信息都会显示在软件界面上,如图 8-18 所示。

③定位申请。若对用户机的定位信息进行查询,则点击"DWA 定位申请"标签项,然后点击"发送数据"按钮,用户机会返回 BDDWR 语句,定位时刻以及经纬度、高程和高程异常都会显示在软件的状态栏上,精度指示、紧急定位指示、多值解指示和高程类型指示也会显示在软件的对应编辑框中。如图 8-19 所示。

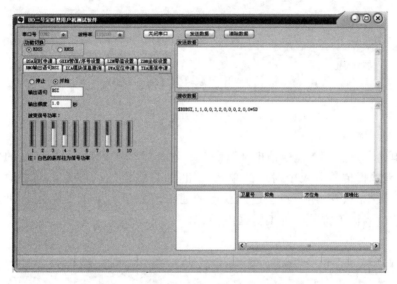

图 8-17 波束状况

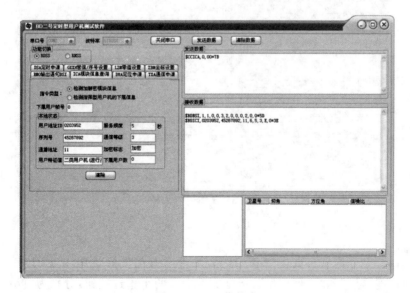

图 8-18 工作状态

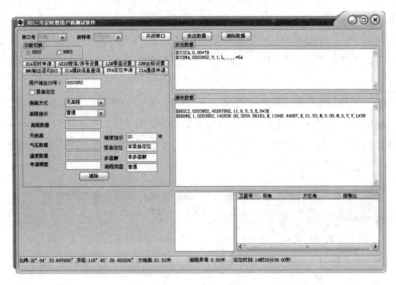

图 8-19 定位申请

④通信申请。点击"TXA 通信申请"标签项,选择通信类别后,根据所发的电文内容是汉字还是代码,来选择传输方式中对应的单选按钮,然后在电文内容编辑框中输入要发送的内容,点击"发送数据"按钮,用户机会返回获得的通信信息语句 BDTXR,用户机收到的电文内容会显示在软件界面下方的小的编辑框中,如图 8-20 所示。

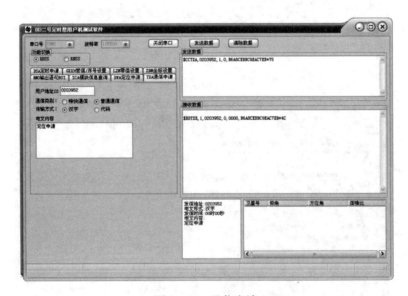

图 8-20 通信申请

⑤管信信息/序号信息。点击"GXXH 管信/序号设置"标签项,界面上有两个单选按钮标题分别是"管理信息"和"序号信息",指令类型中有两个单选按钮,分别为"设置设备管信/序号"和"读取设备管信/序号"。如果选中"管理信息",表示目前操作的是管理信息;若选中的是

"序号信息",表示目前操作的是序号信息。如果选中"设置"单选按钮,则必须要在管理信息编辑框或者序列号编辑框中输入要重新设置的内容,其中管理信息由 32 个十六进制的 ASCII 码符号组成,序号是一个整数。设置完毕后点击"发送数据",这时会跳出一个消息提示对话框,提示内容"您确定要重新设置管信或者序号吗?",如图 8-21 所示。如果选中"是",则管理信息或者序号信息更改成功;若选"不是",则返回;如果选中"读取"单选按钮,则管理信息编辑框或者序列号编辑框中会显示用户机当前的管理信息或者序号信息,如图 8-22 所示。

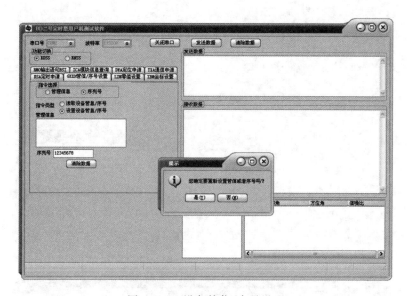

图 8-21　设备管信/序号设置

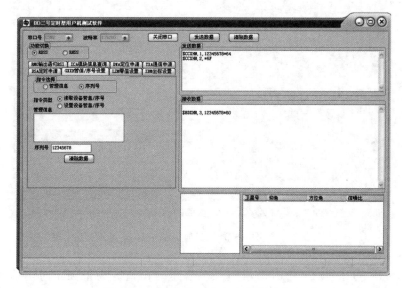

图 8-22　当前管理信息或者序号信息

⑥零值设置。点击"LZM 零值设置"标签项,管理类型中有两个单选按钮分别为"设置零值"和"读取零值"。如果选中"设置零值"单选按钮,则必须要在编辑框中输入要重新设置的零

值,然后点击"发送数据",这时会跳出一个消息提示对话框,提示内容"您确定要重新设置零值吗?",如图8-23所示。如果点击"是",则零值信息更改成功,若选"不是",则返回。如果选中"读取零值"单选按钮,则编辑框中会显示用户机当前的零值信息,如图8-24所示。

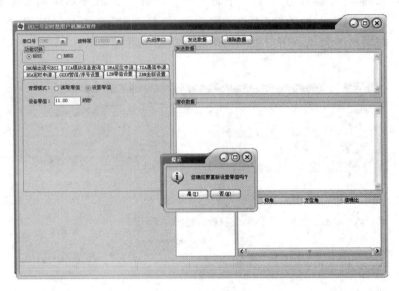

图 8-23 零值设置

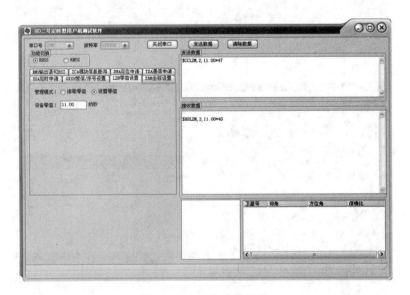

图 8-24 当前零值信息

⑦定时申请。点击"DSA 定时申请"标签项,定时申请分为单项定时申请和双向定时申请,通过单击定时方式组合框中两个单选按钮来确定定时方式。如果已知天线位置的经纬度,则在经纬度编辑框中输入经纬度的值,然后选中"有无位置信息提示"复选框,否则不选。设置完毕后点击"发送数据"按钮,用户机会返回时间语句 BDZDA,时间以及日期信息会显示在软件下方状态栏的最后一栏中,如图 8-25 所示。

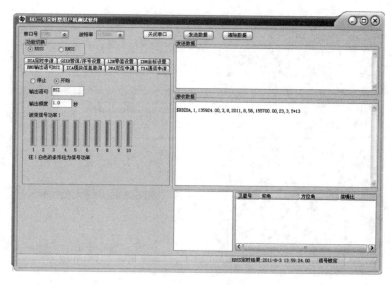

图 8-25　定时结果

⑧坐标设置。点击"ZBM 坐标系设置"标签项,界面上有两个单选按钮分别为"BD"和"GPS"。在"设置坐标系"单选按钮,如果这时选中"BD",则是将用户机当前的坐标系修改为 BD 坐标系;如果选中"GPS",则是将用户机当前的坐标系修改为 GPS 坐标系。如果想修改设备的坐标系,则选中"设置坐标"单选按钮,点击"发送数据"时,会跳出一个消息提示对话框,提示内容"您确定要重新设置系统的坐标系吗?",如图 8-26 所示。如果点击"是",则坐标系更改成功,若选"不是",则返回。若要读取系统当前的坐标系,则选中"读取坐标"单选按钮,然后点击"发送数据"按钮即可,这时用户机会返回 BDZBM 语句,静态文本框中则显示"用户机当前的坐标系为:xxx",如图 8-27 所示。

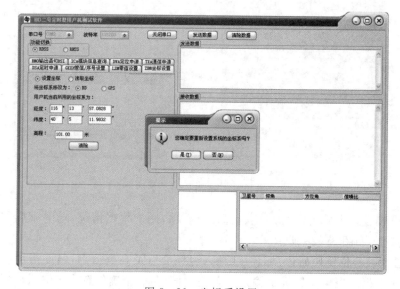

图 8-26　坐标系设置

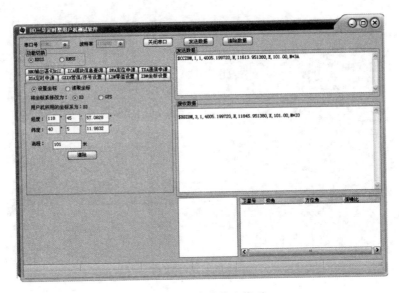

图 8-27 当前的坐标系

(3)选择 RNSS 模式。若要选择 RNSS 模式,则点击软件界面上的功能切换组合框中的 RNSS 单选按钮。如图 8-28 所示。

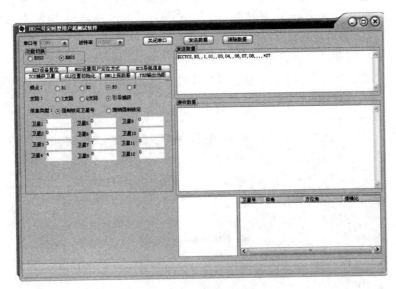

图 8-28 参数设置(一)

①参数设置。首先单击"TCS 捕获卫星"标签项,用户根据情况,选中频点和支路后,点击"发送数据"按钮,如图 8-28 所示。

然后单击"GLS 位置初始化"标签项,输入经纬度以及高程信息,精度指示有概略位置、精确位置和已知高程。概略位置表示输入位置是大概位置,精确位置表示输入位置是精确位置,然后点击"发送数据"按钮。如图 8-29 所示。

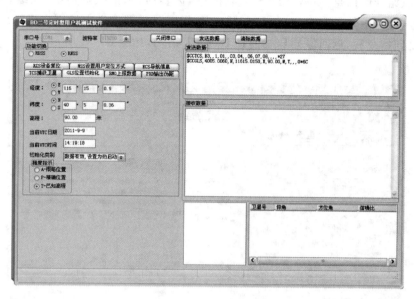

图 8-29 参数设置(二)

②输出语句。点击"RMO 上报数据"标签项,软件上有 4 个复选框,标题分别是"＄BDG-GA""＄BDGSV""＄BDZDA"和"＄BDPRO",并且每个复选框后面都有两个单选按钮标题分别是"停止"和"开始"。如果选中"开始"单选按钮,那么用户机将输出该语句,若选中"停止"单选按钮,则用户机将停止输出该语句。BDGGA 语句是描述用户机的定位语句,经纬度、高程以及高程异常都会显示在软件的状态栏中;BDGSV 语句描述可视卫星的信息,包括卫星号、仰角、方位角和信噪比信息都会显示在视图列表框中;BDZDA 语句描述时间信息,具体的时刻日期会显示在状态栏中;BDPRO 语句描述卫星的伪距和载波相位数据,如图 8-30 所示。

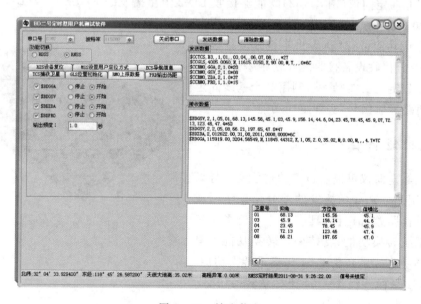

图 8-30 输出信息

③输出原始导航信息。单击"ECS 导航信息"标签项,用户根据情况,在编辑框中输入波束号/频点号,并选中频点和支路后,点击"发送数据"按钮,即发送申请用户机输出原始导航信息,用户机收到指令后,返回原始导航信息 BDECT 语句,如图 8-31 所示。

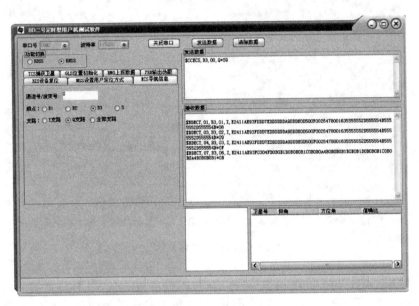

图 8-31　原始导航信息

8.4　车载北斗定向仪

车载型北斗定向仪(图 8-32)既能够接收 BD-2 卫星播发的 RNSS 信号(B1、B3),又能接收 GPS 卫星播发的导航信息(L1),实现北斗和 GPS 兼容定位功能;同时具备北斗差分信息接收功能,通过差分接收设备接收北斗伪距差分信息,实现北斗差分定位功能;另外,利用 2 个基线固定天线接收两路导航信号,实现定向功能。

8.4.1　功能特性

车载北斗定向仪可提供自主的定位定向导航信息;可利用差分基准站播发的差分信息实时或准实时进行伪距差分定位;具有真北方位系统和坐标方位系统转换功能;支持坐标转换功能。具有 CGCS2000 坐标系到北京 54 坐标系转换功能;具有 WGS84 坐标系到北京 54 坐标系转换功能。

图 8-32　车载定向仪

8.4.2 组成与应用

车载型北斗定向仪由2个天线和1个主机组成(图8-33)。2个天线接收到的卫星信号同时传入接收机,机内有处理芯片,可对卫星信号进行实时处理,获得实时定向结果。在有CORS系统的区域,可接收差分改正信息,实时获得定位和定向结果。

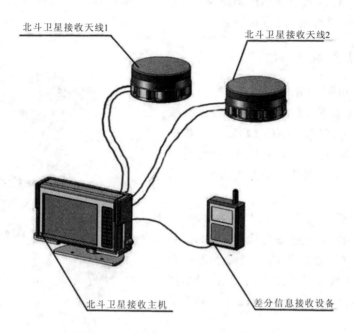

图8-33 车载型北斗定向仪组成示意图

车载型北斗定向仪主要用于自行火炮、防空武器、雷达、侦察车等车辆,提供导航定位定向服务。

定向仪使用时,将2个天线安装在需定向的基线两端(如自行火炮、火箭车的相关位置),基线长度一般在3~12m,接收机安装在车内。定向方式有2种,即动态和静态方式。动态方式下一般3min后可获得1个密位的定向精度;静态方式下定向3min,精度优于0.5个密位。

8.4.3 定向仪检验

定向仪检验主要检查定向仪在规定时间内的定位和定向精度。检查可采用静态方式在标准检定场进行。

8.5 北斗测量设备

北斗测量设备按测量模式分为静态测量型与动态测量型。静态测量模式是后处理模式。作业分两步:首先在两个(或两个以上)测站上安置测量型接收机(其中一个测站的坐标已知),进行长时间同步观测、采集并记录数据;然后利用高精度静态数据后处理软件,进行静态基线解算,获得测站相对于已知站的相对坐标差值,进而获得高精度点位结果。动态模式即实时动态测量,是将一台接收机架设在基准站上进行静态观测,而另一测站接收机则进行动态观测。与静态测量不同的是,实时动态测量利用无线数据链路,将基准站数据实时发送到流动站,流动站接收到数据后,在流动站接收机内进行实时动态数据处理,从而实时得到流动站的高精度位置。目前北斗测量设备已定型的有基准站型和流动站型 2 种设备。基准站型接收机可用于静态测量和 CORS 站,基准站型和流动站型组合可进行实时动态(RTK)测量,在 CORS 系统下流动站型接收机可进行网络 RTK 测量。

8.5.1 基准站型接收机

基准站型接收机采用分体式设计,按物理构成可以分为:外置式多模多频大地测量型天线(接收北斗 B1、B2、B3,GPS L1、L2C/L2P、L5),基准站多模多频测量型接收机,外置式输出电台,蓄电池(选配),三脚架。主要部件连接方式如图 8-34 所示。

基准站型接收机可用于实时动态测量模式,还可用作静态测量模式。静态测量时,其观测数据保存在设备中,供后处理使用。实时动态测量模式时,基准站将观测数据通过数据传输系统,实时地发送给流动站。一个基准站可以支持多个流动站。

8.5.2 流动站型接收机

流动站型接收机将接收天线等部件都集成在接收机腔体内。

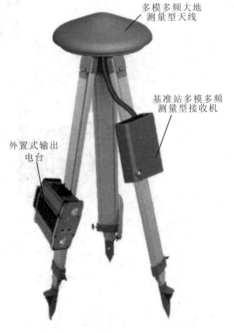

图 8-34 基准站型接收机示意图

接收机腔体由天线罩、底板、前面板和电池盖板组成,接收机由内置天线、射频模块、GPRS 模块、基带信号处理板(含基带信号处理模块、数传模块、导航信息处理功能、PRM 芯片、IC 卡模块、蓝牙模块)、电池和各种输入/输出接口组成(图 8-35)。

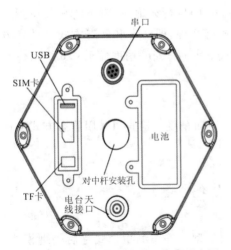

图 8-35 流动站型接收机接口示意图

流动站型接收机分系统具有静态测量、快速静态测量、动态测量、实时动态测量 RTK 等模式。静态测量、快速静态测量、动态测量时,接收机记录数据,供后处理软件处理。实时动态 RTK 测量时,流动站接收机观测采集多频数据,同时通过数据链路接收基准站数据,由内置 RTK 解算软件实时获得高精度测站坐标。还可根据任务需要,由电子手簿计算应用软件完成已知点位置放样、距离、方位、面积、体积、高差计算等测量工作。

8.5.3 北斗 RTK 设备

北斗 RTK 设备由基准站、流动站、数据传输系统、手簿和电池等部件组成(图 8-36)。

进行 RTK 测量时(图 8-37),需要数据传输系统来实时地发送给移动站。数据传输系统是实现实时动态测量的关键设备。数据传输系统,支持数传电台、GPRS/CDMA 等公共通信网络。

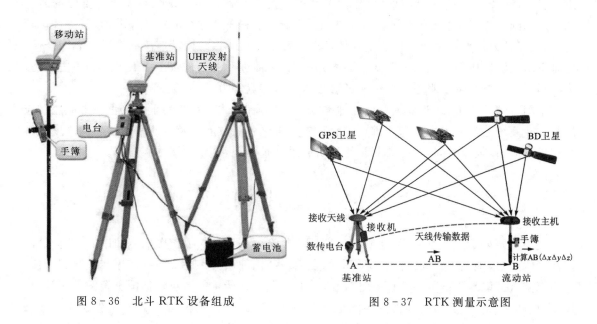

图 8-36　北斗 RTK 设备组成　　　　图 8-37　RTK 测量示意图

电子手簿向接收机发送指令,控制接收机的工作模式及状态;接收来自基准站接收机的数据,显示定位结果、状态信息;以项目为单位分类管理数据;实现常用的工程应用程序,如面积体积计算、工程放样等。

8.5.4 北斗测量型设备检验

北斗测量型设备检验在标准检定场进行,检验项目与 GPS 接收机检验项目相同。

9 北斗技术应用

我国自主建设的北斗卫星导航系统已于2012年12月27日正式向亚太大部分地区提供定位、导航和授时服务,并将于2020年向全球用户提供服务。北斗系统作为我国重要的时空和信息基础设施,是我国经济安全、国防安全、国土安全和公共安全的重要保障,是服务经济社会发展、提升人民大众生活质量的重要技术支撑系统。北斗系统以其广泛的渗透性和融合性,将时空信息资源应用到我国经济社会的方方面面,为促进经济结构转型提供了新的历史机遇,为我国卫星导航与位置服务产业注入了核心推动力和竞争力。

中国科学院院士、北斗系统总设计师孙家栋一再强调"北斗系统的重中之重在于应用",应用是北斗系统建设的出发点和落脚点。北斗应用得到各级政府以及科研和产业界的高度重视与积极响应,在较短时间内,有关北斗的科研成果大量涌现,应用领域不断扩展。

9.1 灾害监测

我国主要处于东亚季风区,地质和地理环境复杂,气候条件时空差异大,加之人类活动的广泛影响,导致地质灾害和山洪灾害等频繁发生。我国地质灾害主要包括崩塌、滑坡、泥石流、地面塌陷、沉降、地裂缝等,具有分布广泛、活动频繁、危害严重的特点。据国土资源部统计,崩塌、滑坡和泥石流的分布范围占国土陆地面积的44.8%,灾害不仅对基础设施造成毁灭性破坏,而且对我国人民生命财产及国民经济造成了极大的威胁。

在灾害发生区域开展位移监测是对灾害早发现、早预警的重要手段。与全站仪、位移传感器和激光测距仪等传统位移监测仪器相比,基于卫星导航系统的位移监测技术具有全天候、自动化、高精度、无人值守等明显优势,成为当前被广泛采用的位移监测新方法、新技术,并日益成为地壳形变、地质灾害监测等领域的主要监测手段之一。随着我国北斗导航系统正式对亚太地区提供定位、导航和授时服务,可用卫星数量进一步增加,北斗兼容性监测终端在精度、可用性、连续性和完好性等方面都比单独采用GPS有了明显提升,利用北斗进行灾害监测的技术得到了广泛应用。

综合运用北斗导航定位技术、短报文技术、物联网技术、云计算技术,对防洪减灾监测系统的智能化改造提出了科学合理的解决方案,将水文监测、大坝变形监测、滑坡监测进行有效融合,构建统一的监控平台,实现防洪减灾的实时一体化智能监控管理。

9.1.1 地质灾害监测

针对常见的地面沉降、滑坡等地质灾害,建立基于北斗卫星导航系统的地质灾害实时监测系统,能够满足地质灾害实时监测需求,有效管理各类地质监测信息,实现监测数据的自动采集、实时传输与存储、快速分析与处理,同时能够管理各类地质灾害监测数据与信息。

地质灾害实时监测系统一般分为3层：底层是野外地质灾害监测点，负责自动采集该地的地质灾害监测数据，并将数据通过北斗用户终端发送给所属的地区级分中心；中间层是地区级地质灾害监测分中心，负责监测管辖范围内的地质灾害，并对数据进行分析和处理；顶层是国家级地质灾害监测总中心，利用北斗民用管理平台直接监控各分中心以及各监测点的运行状态，同时获取该系统内各监测点的数据。

北斗卫星系统拥有良好的覆盖性以及监控功能，为地质灾害监测系统提供了通信链路，可以实现对感兴趣区域内地质灾害的监控和管理。

以北斗卫星滑坡自动化远程监测系统为例，该系统由野外信息采集监测站、数字化滑坡自动监测点、北斗导航卫星通信系统和地质灾害监测分析中心四大部分组成。由野外监测站采集地下水位、降雨量、水温、地表位移、深部变形等地质环境特征数据，根据需要定时操控或由远程遥控，利用北斗卫星导航系统将数据直接发送至地质灾害监测中心，由监测中心对数据进行分析处理，同时可通过北斗系统向野外系统发送反馈信息和控制指令。

基于北斗卫星的滑坡实时监测系统是一套实时、远程控制的自动化监控系统。该系统可以在传统通信手段使用不便的地区，利用北斗卫星系统及时、准确、方便地获取各个滑坡危险地区实时监测数据，对今后滑坡灾害的调查分析和预报具有重要的意义。此外，北斗卫星导航系统还可以应用于青藏高原地区地应力的实时监测。

9.1.2 山洪灾害监测

山洪灾害监测预警系统由监测总中心、位于不同地区的地区级监测分中心和位于监测现场的野外信息监测站组成。

监测总中心是所有地区级监测中心以及各野外信息监测站的总控制管理中心，负责所有辖区内监测数据的采集、存储、分析和处理。总中心装备北斗指挥型用户终端，可以同时管理数千个下属用户。

监测分中心是其所辖区域内各野外信息监测站的控制管理中心，负责所辖区域内监测数据的采集、存储、分析和处理。它还负责向监测总中心转发该区域内系统的监测数据，上报分析结果和处理建议，同时接受并执行总中心下发的监测指令。分中心也装备了北斗指挥型用户终端，具备监收和通信广播功能。

野外监测站装备各种传感器和信息集成器，前者用于采集各种变化数据，后者用于对传感器获得的数据进行处理、存储和自动编码打包，发送给北斗通信型用户终端。打包的监测数据经由北斗卫星信道传输至监测分中心，监测分中心通过直接发送指令来控制野外监测站的北斗通信型用户终端工作。

由于山洪灾害监测中野外监测点多处于山区，无人值守，可以直接通过北斗卫星通信信道传输监测数据，不受地面通信设施的影响。因此，北斗系统使得山洪灾害预警系统对恶劣环境有更强的适应能力。

9.1.3 应急救援

基于北斗调度指挥系统，将北斗盒子产品应用于登山、户外运动相关赛事、救援活动等过程中的应急通信，以完善与日俱增的户外通信需求。

景区地貌复杂多样,拥有许多壮丽景致,是户外驴友们向往的去处。但户外活动难以避免意外发生,在没有信号的地区,驴友们无法对外发送求救信息以及所在位置。有了北斗设备,山地救援组织可以在户外救援中广泛使用,解决无信号地区的救援难题,实现救援队的实时位置上报以及调度指挥。

同时,当持有北斗盒子的驴友在户外呼救的时候,山地救援人员就可以直接通过北斗盒子与求救驴友互通消息,通过北斗调度指挥系统获知其精准位置,实施高效精准的救援行动,更大限度地保障驴友的生命安全。

近年来,自驾游、个人游不断兴起。相比于跟团游,这种形式更自由随性,但也带来了管理分散,享受住宿、餐饮等服务不方便,耗费时间精力的情况。于是,以北斗导航系统为依托的物联网便应运而生,能把身处乡村度假的游客、餐厅、酒店、公共设施及管理者联系起来。

比如精准的定位,能够测算出游客和景区工作人员之间、游客和游客之间的距离。这样能够让游客更好地获得救助和服务。同时,对游客数量和位置移动的动态监测也能让景区精准了解哪些区域游客更感兴趣,哪些时段游客多,方便做好精准管理。

9.1.4 在地震灾害应急救援中的应用

2008年5月12日,四川发生了世人瞩目的汶川地震。在抗震救灾中,北斗卫星导航系统在救灾和地震监测中发挥了重要作用。在地震造成通信中断、无法与外界联系的情况下,正是救灾部队使用北斗导航装备及时地不断发回各种灾情和救援信息,才使灾区与外界建立了联络渠道,让外界了解灾情。同时利用北斗指挥管理功能还快速解决了抢险救灾部队的指挥调度控制问题。

北斗卫星定位导航技术在地震灾害应急救援中的作用如下。

9.1.4.1 地震现场灾情快速获取与灾区区域确定

地震现场灾情信息是指地震后现场的各种灾害损失信息,包括描述灾区破坏情况的图片、视频和文档等。目前地震现场灾情信息主要通过地震现场灾情调查、灾情上报以及高分辨率卫星影像、航拍等空间技术获得。据近年来国际强震巨灾救援实例分析,震后1～5天是地震救援的关键时期,尤其是震后两天,被压埋人员的生还和存活率高,是救援的黄金时期。因此,快速获取地震现场灾情信息,判断重灾区域和位置,快速决策并派出救援队伍实施快速救援成为地震救援的关键。

利用北斗卫星定位导航技术,可以对灾区建筑物破坏的地点进行位置定位,实现现场调查人员与救援指挥中心的双向简短数字报文通信。通过与数字地形图或高分辨率卫星影像的定位匹配,使图像的坐标配准和拼接,完成对调查区域实现定位,对回传的灾情图像进行坐标配准,并对反映区域震灾情况的图像进行无缝拼接,快速确定灾区的范围和不同程度的受灾区域,形成具有定位信息的救灾指挥图件,从而有效地进行救援力量的布局。

9.1.4.2 地震救援力量布局与指挥调度

地震巨灾往往导致正常的通信中断,使救援行动的整体指挥调度遭受影响。2004年印度洋地震海啸等地震巨灾对人类社会的惨痛教训是灾时通信系统中断,由于受灾国和地区多达二十几个,造成救援队伍和救援行动协同作战的困难;2005年南亚地震造成山区滑坡严重,重灾区难于快速到达，造成救援调度极其困难。如何协调各支队伍的行动，促进队伍间的合作，需要统一的指挥、灵活的调度和有效的沟通。因此，建设一个基于自主研发的定位导航技术基础上的灾害应急救援调度技术系统，对于我国的应急救援将起到重要的作用。

利用北斗卫星定位导航系统的自主导航应用模式，结合我国地震灾害突发性强、受灾和破坏区域大以及地震应急救援实效性强等特点，研发一个地震救援力量布局与指挥调度技术系统，从而实现以下功能。

(1)灾情监控：能实时监控到受控车辆、飞机、人员的位置、速度、方向以及行进状态，了解灾情调查人员行进动态，及时反馈灾情信息（灾情程度和位置）。

(2)灾情信息实时回传：空中和地面的调查分队，在终端可向调度中心回传各种实时灾情信息（包括文字、图片和视频等），快速形成灾情分布图件。

(3)应急救援调度与指挥：指挥人员可根据地面调查人员、车辆、飞机所处地域及状态、途经路线的路况、回传的灾情信息等，对车辆、飞机、人员进行实时调配，从而实现应急人员及时响应和救援队伍的及时行动和合理布局。

9.1.4.3 地震现场幸存者搜救行动

在城市地震中尤其是大震中，大片建筑物损毁或倒塌，救援队到达现场后，首先要制定搜索策略，即根据场地或建筑物的功能、倒塌类型、倒塌时段、外部环境影响等因素，确定各区域或建筑物的搜索优先级，部署搜索兵力，指派搜索任务，形成生命搜索网。利用卫星定位导航技术，给出各搜索目标的位置，制订搜索策略和计划，实现搜索行进路线导航，对各分队实施动态调配，以达到资源的合理配置、搜索兵力的优化分布，提高整体搜索效率。

卫星定位导航技术不仅可以用于搜索计划的制订和实施，在具体的搜索和救援任务中也能发挥辅助定位的作用。目前，我国需发展具有自主定位导航功能的各种幸存者搜索和营救设备，并利用卫星定位技术，对搜索地点进行辅助定位；由能够进入有限空间的搜救犬或搜救机器人等携带定位设备，或利用幸存者灾前配备的卫星定位终端，以实现对幸存者的快速和准确定位，并记录接近路线，从而节省营救时间。

9.1.4.4 地震应急救援中的物资配送

根据用途可以将震后向灾区调集的救援物资分为2类：一类是保障灾民基本生活需求的生活物资；另一类是开展救援行动所必需的医疗救护、装备、物料和后勤保障物资。无论哪类物资，都要求在有限的时间内，在不过度浪费成本的情况下，高效地运用不同的运输方式将所需的各种物资从供应端配送到需求端。

地震灾害的成灾面积大，且常常使得交通设施受到破坏甚至完全毁坏，造成救灾物资需求面大、需求分散等。因此，要实现地震应急救援物资快速、准确的配送，关键在于供需信息流和物流的集成和优化，而兼有通信功能的卫星定位导航技术将在其中发挥巨大的作用。首先，对物资的供应和需求进行地域预测和统计，利用卫星定位技术对这些数据进行定位，是进行配送网络优化的基础；其次，卫星定位导航技术将为物资的定点空投和地面配送提供有力的支持。应急救灾物流往往需要配合道路抢修，通过动态变化的地面交通系统进行配送，这就意味着必须利用卫星导航系统进行实时导航，才能实现高效的应急物流调拨与配送。

9.1.4.5 救援人员与公众自救互救协同救灾网建设

为社区配备先进的地震应急自救互救装备,有助于震后社区居民在第一时间里开展自救互救,减少生命损失;同时,配备卫星定位系统、无线通信设备的移动个人终端将构成覆盖区域广大的灾情信息收集网络。

利用社会与公众力量,将社会与公众已有的定位和导航技术系统,通过北斗卫星定位和导航技术系统的协调,形成救灾时救援人员与公众自救互救协同救灾网。通过该协调网不仅可协同指挥整个灾区的救援力量,也为灾区救援力量的布局提供了决策依据。

北斗卫星定位导航技术在地震应急搜救的信息快速获取、应急响应、救援决策、指挥、搜索与营救等救援行动的整个过程中,将发挥其强大的功能,从而为地震应急搜救提供坚实的技术支持。

9.2 交通运输与特殊车辆管理

9.2.1 高效物流

现代物流业与传统物流的最大区别是增加了信息流的概念,北斗系统所提供的位置数据恰恰是信息流中至关重要的环节。在交通运输行业加强北斗应用,有助于提高物流效率,实现"货畅其流"。

通过在物流车辆上安装北斗终端,车主和货主可以很方便地查看自己的车辆当前所处的位置,对运输过程进行监控;同时,通过分析车辆的北斗定位信息,监测车辆平均行驶速度、违章信息,从而分析驾驶员的驾驶习惯,并对车辆和驾驶员进行评分,以选择驾驶技能更好、驾驶习惯更规范的人员来负责运输,提高运输质量和安全的保障。在此基础上,车主和货主可以结合车辆油耗、运输路线等信息进行综合分析,选择效益最高的路线进行运输,节省成本。

而在物流场站、园区和港口的运行方面,北斗高精度定位技术还有助于准确进行集装箱吊装、对园区内货物的堆放进行准确管理,并可以引导运输车辆准确寻找到对应的货物,提升货物装配效率。

9.2.2 警车调度

警方可通过指挥中心每天对路面巡逻警车和执勤民警进行定期网上检查和适时定位,解决路面执勤点多、线长、面广,现场巡查"跑不到、督不全"的问题,提高巡查效率,并且也可提高路面见警率和执勤民警管事率;同时通过警车北斗定位平台,指挥中心可以迅速、准确、畅通地对路面巡逻警车和巡逻警察进行指挥调度,在接处警、路面疏导保畅、警卫任务、应对突发事件等紧急工作中,做到了快速处警、就近派警,实现提高效率、保障安全的目的。

此外,通过警车北斗定位平台的应用,督察部门还能够对民警执勤执法、路面巡逻等情况进行实时动态督察,电子围栏规范巡逻路线,视频系统规范执法行为,定位管理强化工作纪律。而将警车定位管理与绩效考核有机结合起来,一方面可促进执法行为规范和警车管理规范,提高队伍建设管理水平;另一方面在处置妨碍执行公务、侵害民警等突发事件中,做到及时发现、迅速指挥处置和固定相关证据,也便于保护民警的合法权益。

在高速公路上,有些老司机熟悉路段的测速点,在没有测速的地方就超速,在没有抓拍摄像头的地方违规占用应急车道。往往就是这些行为诱发了交通事故。高速公路巡逻车在改装后,其本身就是一个移动的执法站,可以完成一系列的取证、记录等程序,只要高速交警在路上不间断巡逻,交通违法行为将会被大大遏制。

9.2.3 公务车管理

公务用车信息管理平台通过采用北斗系统,融合车联网、大数据、移动互联网以及云计算等方面技术,构建由北斗车载智能终端、手机移动终端、云服务平台组成的3层联网式综合管理服务平台,提供车辆预约、审核、结算、监管等"一站式"服务,实现技术与管理保障服务的有效融合。产品已在湖北、广西、贵州、青海、上海等多个省(区、市)得到推广应用。

平台包括公务用车监督管理平台、保留车辆服务平台、综合执法车辆服务平台、社会化租赁车辆服务平台,提供各类保留车辆、社会化租赁车辆管理与服务。

9.2.4 渣土车管理

渣土车存在超速、闯红灯、超载、撒漏、扬尘、交通事故多发等问题,长期困扰着市民,经常成为城市管理的黑点。在新型渣土运输车上装载北斗卫星导航系统,可以将渣土车的管理智能化。新型渣土运输车有以下六大特点:一是司机从驾驶室的屏幕可实时监控渣土装载情况;二是车辆必须平盖运输方可出场,一旦超高超载,车辆只能原地停留,不可驶出工地;三是渣土运输车一旦偏离预先设定的运输路线,只能怠速行驶,以此减少"野鸡"车偷排、偷倒建筑垃圾的乱象;四是车载北斗定位管理终端能与发动机内置芯片互动并实现与管理指挥平台的对接;五是驾驶员上车后首先进行指纹信息核实,才能启动车辆上路行驶;六是采用"U"形货箱,内外光滑不积土。

采用北斗定位技术,对渣土车全部安装智能监控设施,实现重量、高度、密闭、车速、线路、车净"六控制",有效改变了渣土运输沿路抛洒现象。

北斗、互联网、大数据、云计算等技术的发展,正以前所未有的速度对传统生产、生活方式进行颠覆性变革,这一场社会变革带来了产业更新换代、城市提档升级的大好机遇。

9.3 精准化农业

9.3.1 精准农业的发展

9.3.1.1 精准农业简介

长期以来,农业生产都是以田块为基础,把耕地看作是具有农作物均匀生长条件的对象进行管理,利用机械进行统一的耕作播种、灌溉施肥、喷药等,满足于获得农场或田块的平均产量。实际上,在同一块农田内,有许多因素影响着作物的生长和产量,不同地方存在着明显的时空差异性。

精准农业是在全球人口逐渐增多、耕地逐年减少的大背景下，在人们追求以最低的投入、对环境最小的危害，换取最大产量和最好品质的意愿下，由农业机械技术和信息技术相结合发展起来的，是社会需求和科技进步的产物。精准农业中涉及的主要技术包括遥感技术（RS）、地理信息技术（GIS）、卫星导航技术、农业管理系统（ES）、决策支持系统（DSS）、作物生长模拟系统（SS）和变量投入技术（VRT）。

精准农业的核心指导思想就是以农业机械化与信息化为平台进行自动化、智能化管理，即利用现代地球空间信息技术获取农田内影响作物生长和产量的各种因素的时空差异，避免因对农田的盲目投入所造成的浪费和过量施肥施药造成的环境污染。

精准农业要求实时获取地块中每个小区域（每平方米到每百平方米）的土壤与农作物信息，诊断农作物长势和产量在空间上差异的原因，并按每个小区域做出决策，准确地在每个小区域进行灌溉、施肥、喷药等，以求达到最大限度地提高水、肥、药的利用效率。精准农业要求实现3个精准：一是定位的精确，精确地确定灌溉施肥、杀虫的地点；二是定量的精确，精确地确定水、肥、杀虫剂的施用量；三是定时的精确，精确地确定作业的时间。

9.3.1.2 精准农业在中国的发展

20世纪，农业装备技术的发展奠定了机械化的基础，农业生产效率和物质手段取得了长足进展和进步。21世纪，随着农村大量劳动力的转移，劳动力成本的不断提高，农业经营向规模化、标准化快速发展，农业生产技术的信息化、自动化、智能化水平突飞猛进。秉承资源节约、环境友好等可持续发展的理念和技术思想，现代农业技术体系正在确立，而其中的代表性技术就是精准农业。

精准农业是实现农业低耗、高效、优质、安全的重要途径，是全球农业科技革命的方向，是我国实现农业现代化的有效途径。目前，我国在北京、上海、新疆及东北等地均有精准农业示范基地，用"数字"说话的精准农业生产更节约、更环保、更高产，其所带来的经济与环境效益已经凸显。

9.3.1.3 精准农业发展的瓶颈

由于田间作业环境比较复杂，地区差异性较大，目前信息获取仍是制约精准农业技术发展的瓶颈。其中土壤墒情信息采集、农作物病虫害信息和农作物生长发育营养信息的实时快速采集技术等仍是各国发展精准农业亟待解决的难题。

以土壤养分信息采集为例，一种间接测量方法是根据作物的生长情况来判断土壤的肥力，但是作物的生长状况是水分、肥力、种子以及病虫草害等多种因素的综合反映，想要判断准确非常难。目前土壤养分的直接检测方法是在田间划分网格进行土壤取样，化验分析，这种方法土壤取样数较多，成本比较高，且费时费力，所获得的信息时效性极差，不太具备指导意义。

9.3.2 北斗导航系统的作用

9.3.2.1 北斗卫星导航系统在精准农业中的应用

卫星导航系统的快速度、高精度、低成本、操作简单等特点，能快速准确地获取研究区域内农业资源的空间位置信息，提供大量其他常规手段难以得到的资源信息。总结起来，卫星导航技术在精准农业中主要应用于3个方面：

(1)智能化农业机械作业的动态定位，即根据管理信息系统发出的指令，实施田间播种、施肥、灌溉、排水、喷药和收获的精确定位。

(2)农业信息采集样点定位，即在农田设置的数据采集点、自动或人工数据采集点和环境监测点均需采用卫星定位技术确定位置，以便形成数字信息存储与共享。

(3)遥感信息卫星导航定位，即对遥感信息中的特征点用卫星导航技术采集定位数据，以便于与GIS配套应用。

9.3.2.2 北斗卫星导航系统的独有优势

卫星导航系统的不断完善和发展，为实现精准农业提供了基本条件。北斗系统作为我国自主研发的卫星导航定位系统，在实现精准农业上具有十分有利的优势。

(1)精准农业需要获取两种信息：一是土壤信息，包括土壤含水率、pH值、有机质含量、电导率等；二是环境信息，包括环境温度、环境湿度、光照强度、作物病虫害信息等。这些信息的时效性非常重要，需要做到实时传输。北斗系统的短报文通信传输时延基本不超过1s，有效保证了用户定位请求和通信请求等业务传输、处理的时效性。

(2)北斗系统可以实时、快速、全天候测量农田位置信息与对应的时间，受外界环境影响较小；直接接收卫星信号进行三维定位，测量点之间相互独立，不存在误差积累的问题；摆脱了传统测量中必须先布置控制网的约束，可直接对小范围进行测量，减少了中间环节。

(3)北斗系统的知识产权完全为中国所有，系统运行维护全部由中国控制，且具有加密功能，具有安全可靠、采集数据不出境的优点。

9.3.3 基于北斗的农田信息采集处理系统

9.3.3.1 系统简介

该系统综合采用远程数据采集技术、北斗卫星定位通信技术、GIS地理信息技术和卫星遥感技术，实现了土壤含水量、温湿度和地理位置的实时监测、旱情综合分析、土地面积和距离丈量等多种农田信息的综合采集，利用GIS系统强大的图形图像管理功能和叠加显示分析功能，为工作人员和决策者提供可视化的操作和决策平台，为土壤墒情、环境和地理位置等多维动态信息的实时采集及综合应用提供全面和先进的解决方案。

9.3.3.2 系统功能

(1)农田土壤、位置、环境等信息的采集。

(2)前端传感器采集各类数据实时传输到控制中心，再由控制中心整理后传输给农户。

(3)利用地理空间数据库对采集到的数据进行综合管理。

(4)以网页的形式为广大农户提供数据平台服务。

(5)结合农业管理系统，根据产量的空间差异性，分析原因，做出诊断，提出科学处方，指导科学的调控操作，为用户提供决策支持服务。

9.3.3.3 系统结构

基于北斗的农田信息采集处理系统主要由前端监测点、应用服务平台、用户端3个部分组成,如图9-1所示。

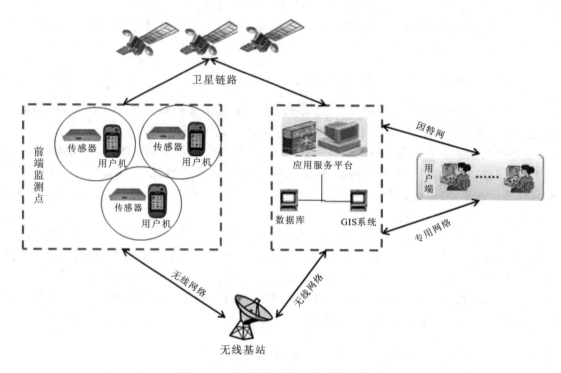

图9-1 农田信息采集处理系统结构图

其中前端监测点将所需信息实时采集,通过通信链路发送至应用服务平台,平台对数据进行分析处理,为用户提供各种服务,用户通过网络访问平台。

9.3.3.4 实现方案

(1)前端监测点。如图9-1所示,前端监测点由传感器和北斗用户机组成,既可以作为便携式设备使用,又可以固定在田间组成数据采集网络,通过无线传输的形式与控制中心进行联系。传感器测出的土壤含水量、pH值等物理量送至数据采集终端,通信模块的控制电路从终端设备读取设备识别号、采集时间、采集数据等相关物理量,并将数据打包后发送。

前端传感器采集到的各类数据通过有线和无线两种方式传输到控制中心。其中无线网络又分为GSM网络和卫星通信网络两种。北斗用户机兼有卫星定位和卫星数据传输功能,配置在地面移动通信网络不能覆盖的采集点,可保证网络通信的实时畅通。

(2)应用服务平台。平台接收数据并进行整理,将这些数据录入本地的专用数据库,这些数据库中的数据被地理信息系统所调用,提供各种可视化的数据管理和应用分析,结合农业管理系统,根据产量的空间差异性,分析原因,做出诊断,提出科学处方,指导科学的调控操作。避免了过量施用农药和化肥造成的生产成本增长和农业生产环境污染,导致农产品品质和价值下降的严重后果；利用 GIS 系统强大的图形图像管理功能和叠加显示分析功能，为工作人员和决策者提供可视化的操作和决策平台。

（3）用户端。各类用户也可以通过互联网或 VPN 虚拟专网对应用服务平台进行访问，以获取所需的各种服务。提供的服务主要有如下几种：①全天不间断数据在线服务；②数据托管服务，即在用户不在线时由监控服务中心储存采集来的数据，用户一上线，立即将这些数据下载到用户本地；③接受用户请求，实施对前端传感器的遥控；④为用户提供远程软件在线升级服务；⑤在得到用户和系统许可的情况下，与其他用户共享数据等。

9.3.4 展望

我国是世界大国，人口多、耕地少的基本国情决定了解决粮食问题的根本出路在于发展现代精准农业。精准农业必将成为新世纪高新技术的热门课题。

我国各地的自然条件、社会经济条件差异明显，农业生产水平差距较大，农业集约化总体水平较低，卫星导航技术在精准农业中的应用极大地提高了农业生产效率，大大提高了经济效益，从而使得精准农业的实践得到迅速推广。现在两者的结合只是初步地涉及到精准施肥、灌溉、防治病虫害和机械耕作等方面，对于更精细、更高要求的农业来说，还要提高卫星定位农业应用的精度要求，例如在制作农田电子地图、土壤采样、变量喷洒和铺设灌溉管道的精确定位等方面还需要更多试验应用。在农业设施发展较快的地区使用精准农业可增加农产品产出，提高农产品品质，节约水、肥资源，保护农业生态环境。

9.4 在林业工作中的应用

将北斗系统这一先进的测量技术应用在林业工作中，能够快速、高效、准确地提供点、线、面要素的精密坐标，完成森林调查与管理中各种境界线的勘测与放样落界，成为森林资源调查与动态监测的有力工具。

北斗技术在确定林区面积，估算木材量，计算可采伐木材面积，确定原始森林、道路位置，对森林火灾周边测量，寻找水源和测定地区界线等方面可以发挥其独特的重要的作用。在森林中进行常规测量相当困难，而北斗定位技术可以发挥它的优越性，精确测定森林位置和面积，绘制精确的森林分布图。

9.4.1 森林调查、资源管理

（1）测定森林分布区域。采用北斗技术对林区面积进行测量，测量人员只要利用北斗技术和相应的软件沿林区周边使用直升机就可以对林区的面积进行测量。过去测定所出售木材的面积要求用测定面积的各拐角和沿周边测量两种方法计算面积，投入的人力物力很大且效率不高，而使用北斗技术进行测量时，沿周边每点上都进行了测量，不仅快而且测量的精度很高。

（2）利用手持北斗仪进行森林资源调查，只需输入坐标，不需引点引线，且位置准确，效率高，复位率达 100%。在东北地区三省的国家森林资源连续清查中，采用美国 GPS 技术进行复位测定，取得了良好的效果，工作效率提高 5~8 倍，定位误差不超过 7m，其成果受到国家林业局的充分肯定。

(3)利用手持北斗导航仪确定界线,如平坦地林班线的伐开和确立标桩。以往该类工作采用角规、拉线等方法,工作强度大,误差大,准确度低,工作效率低。采用北斗技术后,利用其航迹记录和测角、测距功能,不但降低了劳动强度,而且准确度高,落图简便,极大地提高了效率。

(4)利用北斗差分或测量建立林区北斗控制网点,这些具有精密坐标的点位,是林区今后各种工程测量作业必须参照的位置点,如手持导航北斗仪器的坐标误差修正,道路、农田、湿地等的勘测。

(5)利用北斗差分或测量对林区各种境界线实施精确勘测、制图和面积求算,转绘于林业基本用图上,达到对各种森林地类变化的动态监测的目的,测量精度达到分米级。

(6)利用北斗差分或测量进行图面区划界线的精确现地落界,如两荒界、行政区界等。解决普遍存在的现地界线不清和标志位置不准的问题。

9.4.2 森林防火

(1)利用北斗实时差分技术进行森林防火,一是在飞机的环动仪上安装热红外系统和北斗接收机,使用这些机载设备来确定火灾位置,并迅速向地面站报告;二是使用直升机、无人机或轻型固定翼飞机沿火灾周边飞行并记录位置数据,在飞机降落后对数据进行处理并把火灾的周边绘成图形,以便进一步采取消除森林火灾的措施。

(2)采用手持北斗仪进行火场定位,火场布兵,火场面积测算,火灾损失估算,精确度高,安全性强,能够实时、快速、准确地测定火险位置和范围,为防火指挥部门提供决策依据,已为国内外防火机构广泛采用。

9.4.3 植树造林

9.4.3.1 飞播

在没有采用北斗技术之前,飞行员很难对已播和未播林地进行判断,经常会出现重播和漏播的情况,飞播效率很低。采用北斗技术之后,利用其航迹记录功能,飞行员可以轻松了解上次播种的路线,从而有效地避免了重播和漏播。此外,利用航线设定功能,飞行员可以在地面对飞行距离和航线进行设定,在飞行中按照预先设定好的航线工作,极大地降低了作业难度。

9.4.3.2 造林分类、清查

利用北斗导航的航迹记录和求面积功能,林业工作人员很容易对物种林的分布和大小进行记录整理,同时了解采伐和更新的比例,对各林业类型进行标注,方便了林业的管理。在我国黑龙江和吉林、内蒙古等省(区)的分类经营、造林普查、资源调查中,已经开始大量采用北斗技术,取得了很好的效果,不但节省了大量的人力、物力和资金,而且极大地提高了工作效率。实践证明,采用北斗技术完全可以取代传统的角规加皮尺的落后测量手段,并取得极大的经济效益。

由此可见,北斗技术的普遍应用必将促进林业工作向着精确、高效、现代化的方向发展,是今后林业作业中必不可少的工具,如广泛使用一定会取得巨大的经济和社会效益。

9.5 在军事上的应用

卫星导航系统最初就是为军事应用而建立的,主要用于陆、海、空高精度定位和导航,定点轰炸以及舰载导弹制导方面。1991年海湾战争第一次把GPS应用于战场上,装在上衣口袋里的GPS接收机是为了在沙漠中给士兵们指明方向;在后来的一系列战争中,把惯导/GPS集成系统装入导弹和制导导弹,引导它们准确地命中目标,而且使机载炸弹具备了在夜间和恶劣天气条件下的精确打击能力。从1991年的海湾战争、1995年的波黑战争、1998年底的"沙漠之狐"行动、1998年"盟军行动",到2003年的伊拉克战争,美军都大规模使用GPS技术,GPS系统不仅是现代战争的重要支援系统,而且已经成为现代武器装备系统的重要组成部分。

北斗导航定位系统不仅具有导航定位能力,而且还有通信功能。

北斗系统的最大特点是可将移动目标的精确位置在指挥中心计算机屏幕的电子地图上实时地显示出来,便于指挥人员及时掌握移动目标的行进情况。因此,北斗卫星导航系统在军事指挥、部队行动、目标侦察等方面都表现非凡。北斗在现代战争的应用主要有以下几个方面。

9.5.1 指挥控制

北斗在指挥控制方面的应用是指利用北斗短信指挥功能对各级各类指挥机构、作战平台、单兵等实施指挥控制活动。北斗指挥控制具有组网灵活、覆盖范围广等优势,但同时也存在系统容量受限、抗干扰能力弱等不足。

利用北斗实施指挥控制,重点把握以下几点:一是要实施灵活组网,构建合理的指挥关系;二是充分利用北斗代码指挥功能,实施简短高效通信指挥;三是要与数据链、短波等其他手段综合运用,实现对所属部队作战行动的实时可靠指挥;四是综合运用北斗RDSS无线链路和地面有线网两条链路,保证指挥链路的稳定可靠;五是合理控制北斗用户工作频度和工作方式,确保大规模用户的集中使用;六是加强战场频率管控,确保北斗指挥装备正常工作。目前,北斗在指挥控制方面使用的主要装备有指挥机、车(舰、飞机)载机和手持型用户机。

一台北斗指挥机目前可以指挥200台普通用户机,可以实时了解普通用户机所在的位置,可以通过短报文向普通用户机下达指令。

9.5.2 为车、船、飞机定位导航

目前,北斗与惯性制导相结合是军用飞机上普遍采用的一种导航方式,这种导航方式可由北斗提供精确的位置和速度信息,而惯性制导因不易受到干扰,可在无北斗信号时提供导航信号并使系统迅速更新。

借助于北斗,作战飞机可全天候准确无误地执行任务;坦克编队可在没有特征的沙漠地带完成精确的行动;特别行动直升机与攻击直升机能够协同作战。

在空袭行动中,飞行员只需上级指定一个坐标而不必知道轰炸的是什么目标,按计算机的指引(用北斗导航),投下炸弹掉头就行。

9.5.3 为精确制导武器进行精确制导

精确打击是现代战争的一个重要特征。所采用的精确打击武器主要为巡航导弹和精确制导炸弹。将北斗应用到精确制导系统中,具有很高的性能和很高的命中率,北斗已成为精确打击武器的重要组成部分。

另外,北斗受天气、烟雾影响比较小,在伊拉克战争中,美军大量使用 GPS 制导的巡航导弹和炸弹,成功解决了伊军焚烧油田产生大量烟雾干扰的问题。

9.5.4 为作战部队提供定位服务

小型化、手持式北斗接收机携带方便,可与其他手持式通信设备结合在一起,是作战部队不可缺少的设备。

海湾战争期间,GPS 接收机使得部队通过沙漠没有迷失方向。伊拉克战争中,美军将 GPS 接收机安装在装甲车和直升机上,正是通过 GPS 系统提供的精确位置计算等情报,才迂回绕过伊拉克共和国卫队,直插前方薄弱环节,形成前后夹攻的态势。

9.5.5 为救援人员指引方向

作战人员配备北斗导航仪,若受伤或需要救援时,指挥部能根据北斗导航仪提供的信息和位置,迅速安排人员提供支援。

9.5.6 为卫星导航

对军用卫星的导航,确保卫星系统正常工作,是现代战争的重要任务。

北斗卫星运行在 2×10^4 km 高的轨道上,它可为中低轨道卫星导航定轨。只要卫星上携带北斗接收机,就可以连续测量卫星的轨道,当在战区无法使用测控站时,可采用北斗测轨,数据存储,当卫星飞临本国上空时再获取数据,为卫星定轨。也可以根据北斗接收机的测量数据,通过卫星上的计算机,实时自主改进卫星轨道,实现卫星自我导航。

9.5.7 高精度授时

在现代高技术战争中,利用通信、计算机和情报监视系统构成多兵种协同作战指挥系统,必须建立高精度的时间统一勤务系统。北斗单向授时的精度为 50ns,双向授时的精度为 20ns,在战场上,高精度的时间统一系统已经普遍应用。

9.6 在电力系统的应用

电力系统需要准确、安全、可靠的时钟源,为电力系统各类运行设备提供精确的时间基准。实际上,电力系统内部信息交换量大、状态改变快,只有满足一定的时间同步精度,才能对相位比较、故障记录、事件顺序启动等功能给予保障,提高对系统的控制能力和故障分析能力。

时间同步技术可为电力系统各级调度机构、发电厂、变电站、集控中心等提供统一的时间基准，确保实时数据采集时间的一致性，以满足各种系统（如调度自动化系统、能量管理系统等）和设备（如继电保护装置、事件顺序记录、安全稳定控制装置等）对时间同步的要求，提高线路故障测距、相量和功角动态监测、机组和电网参数校验的准确性。

目前我国电力系统中的时间同步技术主要是利用美国的 GPS 全球卫星定位系统。北斗卫星导航系统作为我国自主发展、独立运行的全球卫星导航系统，为电力系统实现时间同步提供了新的技术手段，而其稳定性和安全性也受到越来越多的关注。

稳定、精确、可靠是电力系统时间同步技术的目标。作为利用北斗技术的北斗卫星同步时钟，其输出信号的时间同步准确度、守时稳定度以及设备的可靠性等多项指标决定了电力系统能否将北斗系统作为电力系统时间同步源。

目前利用北斗技术的北斗卫星同步时钟设备已逐渐被电力系统熟悉并应用，其优良的技术指标和先进的技术特点在相关应用项目中得以实现，其同步时钟的主要技术指标已全部达到或优于检测标准，因此其产品已经具备了在电力系统中应用的条件。

在满足电力系统技术指标要求的同时，可利用北斗双向通信技术开发以下功能。

9.6.1 本地时间控制与保持

本地设备通过本地 1PPS 信号与北斗标准 1PPS 信号进行时间测量、比对和控制，将本地晶振锁定在北斗标准 1PPS 信号上，并由本地晶振分频、放大输出本地时间信号。因此在北斗信号全无的情况下，本地 1PPS 及标准时间也能正常输出。

9.6.2 北斗双向对时

本地装置与北斗卫星系统利用双向通信功能发送时标，并计算出传输延迟，从而计算出本地补偿时间。

9.6.3 远程时间状态监控

本地终端监测卫星完好性、设备各模块综合状态信息，并利用双向通信功能发回控制中心处理。

9.6.4 远程时间控制

控制中心通过北斗双向对时获得各终端时间信息，一旦超出告警范围，利用双向通信功能向终端发送时间调制指令，终端接收到该指令后通过移相调整本地时间系统。

9.6.5 对其他电力时钟装置的功能检测

其他电力设备输入 1PPS、B 码或其他信号到本设备中来，通过比对，将其差值、收敛度利用双向通信功能发送到控制中心。控制中心主站控制系统通过北斗中心接收系统进行数据采聚、消息发送，并进行状态报警、统计分析、设备控制等。

缩略语

AODC 时钟数据龄期(Age of Data, Clock)
AODE 星历数据龄期(Age of Data, Ephemeris)
AT 原子时(Atomic Time)
BDS 北斗卫星导航系统(BeiDou Navigation Satellite System)
BDT 北斗时(BeiDou Navigation Satellite System Time)
bps 比特/秒(bits per second)
CDMA 码分多址(Code Division Multiple Access)
CGCS2000 2000中国大地坐标系(China Geodetic Coordinate System 2000)
CORS 连续运行参考站系统(Continuous Operational Reference System)
dBW 分贝瓦(Decibel with respect to 1 watt)
GEO 地球静止轨道(Geostationary Earth Orbit)
GIVE 格网点电离层垂直延迟改正数误差(Grid point Ionospheric Vertical delay Error)
GIVEI 格网点电离层垂直延迟改正数误差指数(Grid point Ionospheric Vertical delay Error Index)
GLONASS 全球导航卫星系统(GLObal Navigation Satellite System)
GPS 全球定位系统(Global Positioning System)
GPST GPS时(GPS Time)
IAT 国际原子时(International Atomic Time)
ICD 接口控制文件(Interface Control Document)
IERS 国际地球自转服务(International Earth Rotation and Reference Systems Service)
IGP 电离层格网点(Ionospheric Grid Point)
IGSO 倾斜地球同步轨道(Inclined Geosynchronous Satellite Orbit)
IGS 国际GNSS服务(International GNSS Service)
ITRF 国际地球参考框架(International Terrestrial Reference Frame)
IPP 电离层穿刺点(Ionospheric Pierce Point)
IRM IERS参考子午面(IERS Reference Meridian)
IRP IERS参考极(IERS Reference Pole)
LSB 最低有效位(Least Significant Bit)
JD 儒略日(Julian Date)
MAC 主辅站技术(Master-Auxiliary Concept)
Mcps 百万码片/秒(Mega chips per second)
MCS 主控站(Master Control Station)
MEO 中圆地球轨道(Medium Earth Orbit)

MHz 兆赫兹（Megahertz）
MJD 约化儒略日（Modified Julian Date）
MSB 最高有效位（Most Significant Bit）
MT 平太阳时（Mean Solar Time）
NTSC 中国科学院国家授时中心（National Time Service Center）
OS 公开服务（Open Service）
RF 射频（Radio Frequency）
PDOP 位置精度因子（Position Dilution of Precision）
QPSK 正交相移键控（Quadrature Phase Shift Keying）
RHCP 右旋圆极化（Right-Handed Circularly Polarized）
RURA 区域用户距离精度（Regional User Range Accuracy）
RURAI 区域用户距离精度指数（Regional User Range Accuracy Index）
RTK 实时动态差分定位技术（Real Time Kinematic）
SIS 空间信号（Signal In Space）
SOW 周内秒计数（Seconds of Week）
ST 恒星时（Sidereal Time）
TGD 群延迟时间改正（Time Correction of Group Delay）
URAE 用户距离误差的二阶导数（User Range Acceleration Error）
URE 用户距离误差（User Range Error）
URRE 用户距离误差的一阶导数（User Range Rate Error）
UDRE 用户差分距离误差（User Differential Range Error）
UDREI 用户差分距离误差指数（User Differential Range Error Index）
ULS 上行链路（Up-Link Station）
URA 用户距离精度（User Range Accuracy）
URAI 用户距离精度指数（User Range Accuracy Index）
UT 世界时（Universal Time）
UTC 协调世界时（Universal Time Coordinated）
UTCOE 协调世界时偏差误差（UTC Offset Error）
VRS 虚拟参考站（Virtual Reference Station）
WN 整周计数（Week Number）
WGS 世界大地坐标系（World Geodetic System）

参考文献

陈明剑. 基于多频载波相位的单点定位新方法的研究[C]. 2006 年第四届博士生学术年会论文, 2006.

陈明剑. 应用多频载波相位组合进行单点定位[J]. 测绘科学技术学报, 2008(2).

陈明剑. M 估计在伪距定位中的应用[J]. 军事测绘, 2003(6): 24-27.

陈小明. 高精度 GPS 动态定位的理论与实践[D]. 武汉: 武汉测绘科技大学, 1997.

韩绍伟. GPS 组合观测值理论及应用[J]. 测绘学报, 1995(2): 8-13.

何海波. 高精度 GPS 动态测量及质量控制[D]. 解放军信息工程大学, 2002.

黄俊华, 陈文森. 连续运行卫星定位综合服务系统建设与应用[M]. 北京: 科学出版社, 2009.

李征航, 魏二虎, 王正涛, 等. 空间大地测量学[M]. 武汉: 武汉大学出版社, 2010.

林瑜滢. 主辅站技术定位原理及算法研究[D]. 郑州: 解放军信息工程大学, 2010.

刘黎. 基于北斗系统的授时技术研究与实现[D]. 合肥: 安徽大学, 2010.

刘利, 时鑫, 栗靖, 等. 北斗基本导航电文定义与使用方法[J]. 中国科学: 物理学、力学、天文学, 2015, 45(7).

刘弘沛, 杨帆, 周建, 等. 北斗导航系统的时间同步技术在电力系统中的应用[J]. 华东电力, 2011(3).

伦兴荣. 基于北斗/GPS 的无人机定向方法研究[D]. 哈尔滨: 哈尔滨工业大学, 2012.

曲国胜, 赖俊彦, 宁宝坤. 卫星定位导航系统在地震应急救援中的应用[J]. 震灾防御技术, 2007.2(4).

隋立芬, 刘雁雨, 王威. 自适应序贯平差及其应用[J]. 武汉大学学报(信息科学版), 2007.

谭述森. 卫星导航定位工程[M]. 北京: 国防工业出版社, 2010.

田建波, 陈刚, 陈永祥. 全球导航定位技术及其应用[M]. 武汉: 中国地质大学出版社, 2013.

王乐. 北斗卫星广播星历及历书参数拟合算法研究[D]. 西安: 长安大学, 2014.

魏子卿, 葛茂荣. GPS 相对定位的数学模型[M]. 北京: 测绘出版社, 1997.

伍岳. 第二代导航卫星系统多频数据处理理论及应用[D]. 武汉: 武汉大学, 2005.

许春明. GPS 动态载波相位测量定位技术研究[D]. 哈尔滨: 哈尔滨工程大学, 2002.

许其凤. 空间大地测量学[M]. 北京: 解放军出版社, 2001.

阮仁桂. GPS 非差相位精密单点定位研究[D]. 郑州: 解放军信息工程大学, 2009.

杨剑. 利用 GPS 三频组合观测值求解模糊度理论及算法研究[D]. 武汉: 武汉大学, 2004.

叶世榕. GPS 非差相位精密单点定位理论与实现[D]. 武汉: 武汉大学, 2002.

喻国荣. 基于移动参考站的 GPS 动态相对定位算法研究[D]. 武汉: 武汉大学, 2003.

章仁为. 卫星轨道姿态动力学与控制[M]. 北京: 北京航空航天大学出版社, 2006.

张晶. BDS 网络 RTK 虚拟参考站数据生成的算法研究[D]. 北京:中国测绘科学研究院,2014.

周扬眉. GPS 精密定位的数学模型、数值算法及可靠性理论[D]. 武汉:武汉大学,2003.

周巍. 北斗卫星导航系统精密定位理论方法研究与实现[D]. 郑州:解放军信息工程大学,2013.

中国卫星导航系统管理办公室. 北斗卫星导航系统公开服务性能规范[S]. 2013.

中国卫星导航系统管理办公室. 北斗卫星导航系统空间信号接口控制文件[S]. 2013.

Gao Y, Li Z. Cycle slip detection and ambiguity resolution algorithms for dual-frequency GPS data processing[J]. Marine Geodesy, 1999, 22(4):169 – 181.

Gurtner W. The Receiver Independent Ex-change Format Version[J/OL]. ftp://igs.org/pub/data/format/ rinex303. pdf,2015. 07.

Han, S. Quality-control issues relating to instantaneous ambiguity resolution for real-time GPS kinematic positioning[J]. Journal of Geodesy, 1997a,71(7):351 – 361.

Teunissen PJG. A canonical theory for short GPS baselines. Part Ⅰ: The baseline precision[J]. J Geod, 1997,71: 320 – 336.

Teunissen PJG. A canonical theory for short GPS baselines. Part Ⅱ: the ambiguity precision and correlation[J]. J Geod, 1997,71: 389 – 401.

Teunissen PJG. A canonical theory for short GPS baselines. Part Ⅲ: the geometry of the ambiguity search space[J]. J Geod, 1997,71: 486 – 501.

Teunissen PJG. A canonical theory for short GPS baselines. Part Ⅳ: precision versus reliability[J]. J Geod, 1997,71: 513 – 525.

Zhang W T. Triple Frequency Cascading Ambiguity Resolution for Modernized GPS and GALILEO[D]. Calgary:University of Calgary. 2005.